国家重点研发计划重点专项（2017YFC1503100）
国家自然科学基金（51304106）
辽宁省自然科学基金（201602354、2019-ZD-0037）　资助出版
辽宁省百千万人才工程项目（2018C01）
中国煤炭工业协会2018年度科学技术研究指导性计划项目（MTKJ2018-251）

重金属铬堆存场地
土壤-地下水污染
控制与修复

李喜林　刘　玲　王来贵　著　>>>>

Soil-Groundwater Pollution Control
and Remediation
of Heavy Metal Chromium Storage Site

化学工业出版社

·北京·

内 容 简 介

本书介绍了铬渣堆存场地污染控制与修复理论和方法，包括土壤和地下水系统污染物溶解释放规律、污染运移规律、污染修复技术，内容涵盖了铬渣污染场地调查、污染控制与修复方法及应用等，系统研究了从污染物堆存到污染修复的全过程。

本书针对铬渣污染场地开展从场地调查、铬渣淋滤到土壤-地下水系统污染、治理修复、安全利用等系统化研究，结合领域新的科研成果，具有较强的实用性和针对性，可供从事土壤及地下水污染控制与修复等的工程技术人员、科研人员和管理人员参考，也可供高等学校环境科学与工程、生态工程及相关专业师生参阅。

图书在版编目（CIP）数据

重金属铬堆存场地土壤-地下水污染控制与修复/李喜林，
刘玲，王来贵著.—北京：化学工业出版社，2021.5（2022.5重印）
ISBN 978-7-122-38662-5

Ⅰ.①重… Ⅱ.①李…②刘…③王… Ⅲ.①铬-重金属污染-土壤污染-污染防治②铬-重金属污染-地下水污染-污染防治 Ⅳ.①X53②X52

中国版本图书馆 CIP 数据核字（2021）第 042122 号

责任编辑：刘兴春 刘 婧　　　　　　文字编辑：白华霞
责任校对：王 静　　　　　　　　　装帧设计：史利平

出版发行：化学工业出版社（北京市东城区青年湖南街 13 号　邮政编码 100011）
印　　装：涿州市般润文化传播有限公司
787mm×1092mm　1/16　印张 17¼　彩插 6　字数 404 千字
2022 年 5 月北京第 1 版第 2 次印刷

购书咨询：010-64518888　　　　　　售后服务：010-64518899
网　　址：http://www.cip.com.cn
凡购买本书，如有缺损质量问题，本社销售中心负责调换。

定　　价：138.00 元　　　　　　　　　　　　　　版权所有　违者必究

| 前言 |

铬渣是铬盐及铁合金等行业在生产过程中排放的有毒废渣。铬渣如果不加处理而长期堆放，其中剧毒的六价铬被雨水、雪水浸后，会随着雨水、雪水和地表水渗入地下，对周边地表水、地下水以及土壤造成严重污染。铬渣的处理和处置、铬渣污染场地土壤-地下水系统的治理和修复被认为是铬盐行业老大难问题，也是世界性环保难题，是国际研究领域的热点和难点问题。

同时，确保人居环境安全也已成为当前我国环保工作的新热点。为此，国家近 10 年先后启动了 863 重点项目"典型工业污染场地土壤修复关键技术研究与综合示范"和国家重点研发计划重点专项"场地土壤污染成因与治理技术"，在包括铬渣在内的各类污染工业场地土壤污染形成机制、监测预警、风险管控、治理修复、安全利用等技术、材料和装备创新等方面开展研发与典型示范，体现了国家对生态文明建设的高度重视。

本书针对铬渣污染场地开展从场地调查、铬渣淋滤到土壤-地下水系统污染、治理修复、安全利用等系统化研究，提出铬污染土还原-吸附-固化联合修复新技术，对科学技术和国民经济发展有较大推动作用，对含重金属废渣堆存场地、废弃露天矿区（如抚顺西露天矿）的污染控制与生态环境修复等方面具有重要的应用价值。全书共 9 章：第 1 章绪论，主要介绍铬污染概况、铬污染迁移规律研究现状、土壤和地下水修复技术研究现状及未来发展趋势；第 2 章主要以我国典型的铬渣污染场地辽宁沈阳为研究对象，介绍场地土壤和地下水调查情况；第 3 章主要通过静、动态实验研究水浸、雨水淋滤条件下，铬渣-水相互作用污染物溶解释放规律；第 4 章主要通过二维土柱试验和三维砂箱试验研究露天堆放铬渣雨水淋滤后对土壤-地下水系统污染特征及污染物运移规律，建立等温吸附模型和吸附动力学方程；第 5 章建立铬渣堆场渗滤液在土壤-地下水系统中的运移耦合动力学模型，并进行数值求解；第 6 章提出还原-吸附-固化联合修复铬污染土的新方法，并进行修复材料和条件优选、力学特性试验、化学特性试验和耐久性试验，建立铬污染土损伤演化模型；第 7 章研究还原-吸附联用处理铬渣渗滤液等高浓度含铬废水新材料和新技术；第 8 章研究铬污染地下水的生物修复技术；第 9 章以辽宁两处典型铬渣堆场为研究对象，对铬污染场地土壤-地下水系统铬污染迁移趋势进行预测，并对铬污染土修复进行案例分析及工程应用效果模拟。

全书由李喜林、刘玲、王来贵著，具体分工如下：第 1 章由王来贵著；第 3 章~第 5 章、第 7 章、第 8 章由李喜林著；第 2 章、第 6 章、第 9 章由刘玲著。全书最后由李喜林统稿并定稿。本书是集体智慧的结晶，赵雪、张佳雯、张颖、范明、于晓婉、马征、全重凯、李克新、刘思初、王琦、潘纪伟、赵国超、丁盛鹏、陈强、习彦会等参与了图书内容涉及的室内试验、图形制作和文档整理等工作，在此表示感谢。

本书在成稿过程中，南开大学周启星教授，辽宁工程技术大学刘海卿教授、张向东教授、周梅高级工程师、狄军贞教授、易富教授、刘向峰教授、杨建林副教授、周新华副教授，青岛理工大学肖利萍教授，辽宁工业大学周立岱教授，河北科技大学张春会教授给予了很大的帮助，并提出了宝贵意见，在此一并表示感谢！

本书在国家重点研发计划重点专项（2017YFC1503100）、国家自然科学基金（51304106）、辽宁省自然科学基金（201602354、2019-ZD-0037）、辽宁省百千万人才工程项目（2018C01）、中国煤炭工业协会 2018 年度科学技术研究指导性计划项目（MTKJ2018-251）等项目联合资助下完成；同时，充分参考了国内外污染场地控制与修复研究领域最新进展。

尽管作者做出了努力，但书中难免存在不妥和疏漏之处，我们殷切希望各位专家、学者对本书提出批评指正和进一步改进的建议，为我国污染场地控制与修复共同贡献力量。

著者

2020 年 9 月

目录

第 1 章

绪 论

1.1 铬渣污染概况

1.1.1 铬渣来源

铬渣是铬盐生产厂和铬铁合金企业在生产过程中排放的剧毒固体废渣[1]。金属铬及铬盐系列产品作为化工-轻工-高级合金材料的重要基础原料,广泛应用于化工、电镀、皮革、陶瓷、高级合金材料、印染、防腐、香料、颜料、医药等多种行业,涉及国民经济15%的商品品种,在国际上被列为最具竞争力的八种资源性原料之一,是国家重要战略性资源[2]。我国铬盐主要有 4 类生产工艺,即铬铁矿焙烧工艺、重铬酸钠中和与酸化工艺、铬酸酐生产工艺、碱式硫酸铬生产工艺[3]。在 4 类生产工艺中,碱式硫酸铬生产工艺(纯碱焙烧硫酸法)是我国采用最多的工艺,其原理为铬铁矿与纯碱混合煅烧,使铬铁矿中 Cr(Ⅲ) 被空气中的氧气氧化成 Cr(Ⅵ),经煅烧而成为熟料,在浸出器中通过多级逆流浸出铬酸钠(Na_2CrO_4)溶液,再加入硫酸,使铬酸钠转化为重铬酸钠($Na_2Cr_2O_7$),再经过浸取工序排出固体废物铬渣。该工艺缺点是资源、能源利用率低,产渣量大,环境污染严重[4]。通常,每生产 1t 金属铬会排放约 10t 铬渣,每生产 1t 铬盐排放 2.5~3t 高毒性铬渣[5]。

我国自 1958 年建成第一条铬盐生产线至今,先后有 70 余家企业生产过铬盐。其间,企业数在 1992 年达到高峰,共有 52 家企业同时进行生产。自 2005 年以来,国家加大对铬盐行业落后产能的淘汰力度,铬盐生产企业已由 2005 年的 25 家减少到 2015 年的 15家,铬盐年生产能力约 32.9 万吨[6,7]。

由于铬盐生产工艺落后、铬渣产生量大,铬渣处置难度大、成本高,处置技术不完善、解毒不彻底、存在二次污染,监督机制不健全、缺乏有效监管等原因,导致铬渣治理进展缓慢[8]。目前,国家和各省(区)市非常重视铬渣处理、处置及污染修复工作,多数铬渣堆放和处置已符合危险废物处置要求,原有堆存于重要水源地和人口稠密地区的铬渣堆场已妥善处置。但是,铬渣清理处置后遗留的铬渣堆存场地仍是污染源。原铬渣堆存场地地表水、地下水和土壤系统遭到严重污染,生态环境和人民身心健康遭受巨大威胁。铬渣的处理和处置、铬渣污染场地土壤-地下水系统的治理和修复被认为是铬盐行业老大难问题,也是世界性环保难题,亟须环保工作者解决[9]。

1.1.2　铬渣危害

铬渣危害包括毒性危害、碱性危害和水化膨胀危害[10]。

（1）铬渣毒性危害

铬渣毒性主要来自 Cr(Ⅵ)，试验证明 Cr(Ⅵ) 的毒性比 Cr(Ⅲ) 大 100 倍。铬渣中的 Cr(Ⅵ) 经雨水淋滤，汇入地表径流或渗入地下污染环境水源，危害农田，损害人畜和其他生物。

Cr(Ⅵ) 具有强氧化性和透过体膜的能力，人体接触 Cr(Ⅵ) 或吸入含 Cr(Ⅵ) 粉尘，对皮肤、呼吸道和消化道会有明显刺激，有可能引起皮肤过敏、皮肤和黏膜溃疡、过敏性哮喘、糜烂性鼻炎和鼻中隔穿孔[11]。铬化合物可能导致眼球结膜充血、有异物感、流泪刺痛，并导致视力减退，严重时角膜上皮剥落[12]。经口摄入少量水溶 Cr(Ⅵ) 虽然能被胃酸和胃内食物分解，但过量摄入不仅损伤口腔、食道和胃肠，而且有部分经肠道吸收至血液中，可引起肾损伤、血功能障碍及骨功能衰竭。人经口摄入 Cr^{6+} 化合物致死剂量约为 1.5～1.6g，经口摄入时可刺激或腐蚀消化道，有频繁呕吐、血便、脱水等症状出现。最为严重的是，铬渣所含的少量铬酸钙已被国际癌症调研机构充分证实是对动物有致癌性的物质[13]。据媒体报道，2011 年震惊全国的"云南曲靖铬污染事件"中离化工厂最近的兴隆村是远近闻名的"重灾村"，该村每年至少有 6～7 人死于癌症（图 1.1）。

图 1.1　云南曲靖铬渣堆场附近的"重灾村"

就 Cr(Ⅵ) 对农田和植物生长的影响看，Cr(Ⅵ) 主要分布在土壤表层，是可溶性污染物，易被植物吸收，主要保留在植物根部，其次是茎叶，主要影响植物生长和产量。在水体中，Cr(Ⅵ) 对水生生物能产生致死作用，并使水体自净作用受到抑制[14]。

（2）铬渣碱性危害

新鲜铬渣的 pH 值为 10～12，铬渣中的碱成分容易经风化雨淋、地表径流而渗入土壤，同时，土壤是诸多细菌、真菌等微生物聚居场所，这些微生物在自然循环中形成了一个生态系统，担负部分碳氮循环任务，而这些微生物一般只能在一定酸碱度条件下生存。因此，如此高碱度物质进入土壤、地表、地下水系统，会严重影响地下水和地表水的质量，能杀灭土壤中微生物，破坏土壤原有结构，使得植物和菌类无法生长[15]（图 1.2）。

（3）铬渣水化膨胀危害

铬渣中方镁石（游离 MgO）、硅酸二钙和铁铝酸钙易风化，在二氧化碳和水作用下方镁石逐渐水化为氢氧化镁或碱式碳酸镁，同时体积膨胀 50%，硅酸二钙和铁铝酸钙有类

图 1.2　铬渣堆场附近土壤和植被被破坏

似作用，导致铬渣表观极限体膨胀率达 70%。这种膨胀具有极大破坏力，不仅会使铬渣堆场围墙发生倒塌，堆场表面不断升高，固封在铬渣下表面的混凝土壳崩裂，也会增加铬渣在工业上应用的难度[16]（图 1.3）。

图 1.3　铬渣防渗墙胀裂

　　铬渣的毒性、碱性和易水化膨胀性所带来的对环境系统和人体健康的危害和损伤已引起人们广泛关注，重视铬渣对土壤-地下水系统污染，开展铬渣及其渗滤液污染规律研究、污染土壤及地下水修复工作意义重大，势在必行。

1.2　国内外研究现状评述

1.2.1　铬渣渗滤液在土壤-地下水系统中的污染运移规律研究现状

　　铬渣渗滤液在土壤-地下水系统中的污染运移规律研究主要涉及污染物溶解释放特性、运移规律分析、模型建立及数值计算等。

铬渣堆存污染物溶解释放特性研究多采用实验室静态浸出实验和动态土柱实验法。在静态浸出实验中，国外学者 Sezgin Yalčin 等[17]、国内学者江澜等[18]采用 CO_2 饱和的蒸馏水、去离子水、醋酸缓冲溶液和硫酸硝酸混酸体系作为提取剂，模拟天然降水和地表水，对铬渣浸出特性进行实验研究，主要考察提取剂、提取时间、液固比、微孔滤膜、提取方式等因素变化对化工铬渣六价铬浸出的影响；Sreeram[19]、刘大银等[20]对新铬渣和陈铬渣组成成分及不同溶出特性进行了对比实验研究；Hillier 等[21]、林晓等[22]采用扫描电镜分析（SEM）、能谱分析（EDX）、X 射线衍射分析（XRD）、电感耦合等离子体发射光谱仪（ICP-OES）和电导率在线监测等手段分析铬渣浸取前后变化特征；柴立元等、盛灿文等、叶鹏等[23-25]研究了铬渣中 Cr(Ⅵ) 的水浸特性、酸浸特性和盐浸特性，建立了水浸过程、酸浸过程和盐浸过程动力学模型。动态铬渣淋滤实验在国内外也有相关研究报道。Barna 等[26]采用连续润湿淋溶方式对露天堆放铬渣进行淋溶实验研究；张晟等[27]采用人工土柱对重庆某化工厂铬渣进行了为期 5 年的不同 pH 值模拟酸雨淋溶实验，获得了铬渣中不同形态铬淋溶释放特点；宋立钢等[28]采用 BCR 4 步连续浸提法对铬渣中的铬形态进行了分析，并通过铬渣动态连续浸提实验与静态浸提实验研究了浸提剂和活性炭对铬渣中铬浸出行为的影响。王振兴[29]采用静、动态酸雨淋溶方法，探究了铬渣溶解释放规律，并用神经网络理论建立了 Cr(Ⅵ) 淋出浓度仿真模型，且利用遗传算法对模型进行了优化。

对于铬渣渗滤液在土壤-地下水中迁移转化规律方面，国内外学者也做了大量研究，涉及络合作用、溶解沉淀、氧化还原、吸附解吸等[30,31]。Rakshit 等[32]、Alumaa 等[33]、Shukla 等[34]、Eary 等[35]学者是国外研究的典型代表，他们对吸附动力学过程的控制进行了较为完整的分析，认为控制吸附动力学过程是：首先溶液中溶质转移至边界层上，然后金属离子从边界层转移至表面，之后是离子吸附，最后是溶质在内部的扩散，其中离子吸附被认为是速度很快的过程。在国内，任爱玲等[36]通过动态一维土柱淋溶实验，研究了含铬污液渗漏对地下水、土壤污染规律，获得了含铬污水在亚黏土、亚砂土、砂土中的平均渗透系数、土壤饱和吸附量、动态截留量及土壤垂向污染特征；高洪阁等[37]对比研究了 Cr(Ⅵ) 在不同岩土中吸附、转化及其迁移特征，得出铬易在水土共存含水层中富集并可转移到地下水中，土壤中 Cr(Ⅲ) 可引起潜在危害；徐慧[38]进行了 Cr(Ⅵ) 随水流迁移的渗流槽模拟试验，并利用新型壳聚糖材料填充渗透性反应墙（PRB），进行 Cr(Ⅵ) 吸附试验研究，结果表明：在重金属迁移试验中，地下水流速是影响 Cr(Ⅵ) 在含水层中迁移的主要因素，含水层介质变化也会对 Cr(Ⅵ) 迁移产生重要影响。

从污染物在土壤-地下水中运移的数学模型看，主要有确定性模型和随机性模型两类。确定性模型由基本对流-弥散方程和相应辅助方程构成，模型参数、变量及边界条件确定，模拟时模型给出唯一且确定的结果。确定性模型一般应用于小尺度均质饱和/非饱和多孔介质中稳态流或非稳态流溶质运移模拟。随机性模型以对流-弥散方程为基础，和确定性模型的区别是参数和边界条件在时间上存在较大变异，模型结果输出变量为一个统计分布或范围。随机性模型一般应用于大的空间尺度污染物传输和平衡模拟。对地下水流和污染问题来说，目前更为实用的是确定性模型[39-41]。近年来，国内外学者针对重金属、有机物在地下水中迁移过程中发生的复杂物理、化学及生物过程，考虑建立相关模型，取得了许多新进展。如对污染物迁移弥散系数提出了与时空有关的表达式，大量室内或野外试验研究使迁移方程中衰减、离子交换、生物、化学反应项系数取值更趋合理，对污染物中固液相浓度相互转化关系研究更深入，吸附条件由平衡等温吸附发展到非平衡吸附模式，边界条件和初始条件设定更趋合理，等等[42]。在地下水数值求解方面应用最广泛的是有限元法和有限差分法。随着耦合模型及其数值求解的开展，边界元法、有限体积法以及非连续数值解法——离散元法得以推广应用[43]。Yeh 等[44]提出的 ALGR-EPCOF 算法在解对流-弥散方程时有较高的精度；Neupauer 和 Wilson[45]应用随机游动法求解地下水溶质运移问题取得了较好效果；对于地下水问题的解决，薛禹群、谢春红[46]还提出了混合有限元、多尺度有限元、自适应有限元、特征有限元等方法。在软件模拟方面，目前国际上最具影响力的地下水渗流及污染运移模拟软件主要有 MODFLOW、MT3D、Visual modflow、Visual Groundwater、GMS、FEFLOW、MT3DMS、PEST、PHREEQC 等，为地下水资源合理开发利用、水质污染防治提供了科学依据[47]。

在模型实际应用方面，蔡金傍等[48]以长江下游江边上某铬渣堆场为研究对象，建立了针对填埋场地地下水污染问题的数学预测模型，并利用该模型对填埋场渗滤液污染地下水进行计算与分析；傅臣家[49]运用批平衡试验和土柱试验，研究了 Cr(Ⅵ) 在土壤中的吸附反应，进行了动力学模型拟合和吸附等温线平衡模型研究，通过土柱试验研究了 Cr(Ⅵ) 在土壤中非平衡运移规律，并应用 HYDRUS-1D 模型进行拟合；张厚坚等[50]以青海某化工厂铬渣堆场为研究对象，运用美国环保署健康风险计算模型评估了现有条件下该场地对周边居民潜在健康风险，并结合场地修复目标，应用地下水溶质运移方程及土壤中 Cr(Ⅵ) 解吸曲线，探讨了场地污染物修复指导限值；赵庆辉等[51]运用 COMSOL 多场耦合分析软件，对 Cr(Ⅵ) 在地下水中运移进行数值模拟，得到了 Cr(Ⅵ) 在地下水中迁移变化规律，为 Cr(Ⅵ) 对地下水污染研究和预测提供了重要分析数据；Jeanine 等[52]运用 PHREEQC 软件研究了铬渣渗滤液组分及淋滤特点，并围绕铬渣堆进行了地球化学模拟研究。

1.2.2　铬污染土壤修复现状

1.2.2.1　铬污染土修复方法国内外研究现状

目前土壤中铬污染的治理主要有两条思路：一是改变铬在土壤沉积物中的存在形态，将 Cr(Ⅵ) 还原为毒性相对较小的 Cr(Ⅲ)，降低其在环境中的迁移能力和生物可利用性；二是将 Cr(Ⅵ) 从被污染的土壤沉积物中清除[53]。围绕这两条思路，国内外发展出一系列修复技术。根据修复土壤的位置是否改变，污染土壤修复技术可分为原位修复和异位修复两种。原位修复对污染物就地处置，使之得以降解和减毒，不需要建设昂贵的地面环境工程基础设施和远程运输，操作维护起来比较简单，更为经济有效，还有一个优点就是可以对深层污染的土壤进行修复。与原位修复技术相比，异位修复技术的环境风险较低，系统处理的预测性高于原位修复。在美国超级基金支持的修复计划（图 1.4）中，原位修复技术所占比例一直呈上升趋势，其平均百分比从 1985～1988 年的 28% 上升到 1995～1999年的 51%[54]。从各种原位和异位土壤修复技术来看，原位固化/稳定化技术、土壤原位蒸汽浸提和原位生物修复是最常用到的原位土壤修复技术，应用频数较高的异位土壤修复技术是异位固化/稳定化技术、异位热解吸技术以及异位生物修复技术[55]。

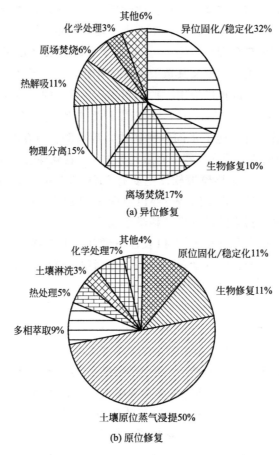

(a) 异位修复

(b) 原位修复

图 1.4　美国超级基金场地修复技术应用情况

　　重金属污染土壤修复技术的选择,应将重金属种类、污染土壤类型、修复成本、修复
效率及二次污染环境风险等作为要考虑的主要因素[56]。针对铬污染土壤修复,国内外发
展出一系列修复技术,如土壤淋洗法、化学还原法、固化/稳定化法、生物修复法、电动
修复法等方法。

　　（1）土壤淋洗法

　　土壤淋洗法是用合适的淋洗液直接作用于土壤或注入地表以下,使土壤固相中的重金
属转移到土壤液相中去,然后再对重金属废水做进一步回收处理的土壤修复方法。铬污染
土壤化学淋洗修复技术成功的关键是筛选出高效、经济、实用、对环境友好的淋洗剂[57]。
随着淋洗技术的发展,可用于清洗重金属污染土壤的淋洗剂较多,包括无机酸淋洗剂、天
然有机酸及其盐淋洗剂、人工合成螯合剂、表面活性剂、复合淋洗剂等[58]。化学淋洗法
由于淋洗剂的特性,土壤性质,铬污染途径、程度、时间、存在形态等的差异,每种淋洗
剂均有其应用的局限性[59]。虽然操作人员不直接接触污染物,但该方法仅适用于砂壤等
渗透系数大的土壤,且引入的淋洗剂易使地下水受到污染、土壤养分流失、土壤变性,因
此较少应用。

　　（2）化学还原法

　　化学还原法基本原理是利用化学还原剂将 Cr(Ⅵ) 还原为 Cr(Ⅲ),从而形成难溶的化

合物，以此降低铬在环境中的迁移性和生物可利用性，达到减轻铬污染危害的目的[60]。在化学还原修复方面，还原剂的选择、修复效果影响因素及技术参数分析仍是研究的关键。还原剂主要有亚硫酸盐类、硫化盐类、硫代硫酸盐类、多硫化物类等硫系还原剂和亚铁盐、纳米铁等铁系还原剂[61]。尽管还原剂具有较好的还原效果，可以有效地将 Cr(Ⅵ) 还原成 Cr(Ⅲ)，但 Cr(Ⅵ) 不仅存在于土壤颗粒的表面，同时还存在于土壤颗粒的内部，土壤颗粒内部的 Cr(Ⅵ) 与还原剂存在接触不良的问题，因此，当这部分 Cr(Ⅵ) 从土壤中浸出时，就需要超量还原剂来还原它。在这个过程中还原剂有可能被冲走，也可能被其他物质氧化，过量的还原剂仍然不能使得其颗粒内部的 Cr(Ⅵ) 得到有效的还原，土壤颗粒内部的 Cr(Ⅵ) 的去除是化学还原法的难点[62]。因此单独使用还原剂修复铬污染土壤效果有限，最好能与其他修复措施共同使用。此外，向土壤中投加大量的还原剂还有可能造成二次污染。从研究成果看，目前缺乏共识的还原剂，现有还原剂对高浓度铬污染土壤的长期稳定性运行效果并不理想。

　　(3) 固化/稳定化法

　　固化/稳定化法 (solidification/stabilization，S/S 技术) 是利用固化剂将污染土壤包裹、固化，使污染物与周围环境隔离，通过固化剂固定污染物，降低污染物在环境中迁移的一种方法 (图 1.5)[63]。固化指的是将液态或是半固态的物质转化成为整体块状或散体固态材料，它并不一定需要有化学反应的进行；稳定化指的是使有毒物质形成物理或者化学稳定的形式，即主要通过污染物与固化材料之间的化学反应实现稳定化。固化的形成主要通过以下几种形式：

　　① 化学措施 (形成沉淀，与水泥等固化剂反应)；

　　② 使用固化剂将污染物与周围环境隔离 (包裹进聚合物或是热塑性材料中)；

　　③ 物理措施 (从液体污染物或污泥中随水分蒸发，吸附附着在合适的固体吸附剂上，玻璃化)[64]。

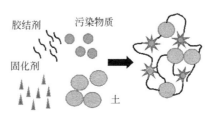

图 1.5　固化/稳定化土壤污染物示意

　　自各国开展 "棕色场地" 的修复计划以来，固化/稳定化技术被越来越多地应用于污染场地的修复。在美国国家优先控制场地名录 (National Priorities List，NPL) 中，截至 2014 年共有 1157 个污染场地实施了 S/S 技术修复处理，其中处理居前 5 位的重金属是铅、铬、砷、镉、铜。S/S 技术被美国环保署评为有效处理《资源保护与恢复法案》 (RCRA) 中所罗列的 57 个有害废物最有效的技术 (Best Demonstrated Available Technology，BDAT)[65]。法国采用 S/S 技术固化废物填埋场中的工业废料[66]。英国通过该方法修复受重金属污染的淤泥[67]。日本已经将 S/S 技术处理污染土壤作为 21 世纪环境岩土工程领域中优先和重点研究课题[68]。国内外的理论研究和工程实践都证明，该方法具有固化材料易得、施工快速、成本低廉、稳定性好等优点，且普遍使用的水泥系固化剂对废物兼容性较高，所能处理的污染成分范围广，处理后的土体力学和结构特性好，渗透性低，对生物降解及紫外线都有很好的抵抗能力，适于大面积污染场地处理[69]。因此，国际岩土工程研究人员都在密切关注此项技术。

S/S 技术利用固化剂与土体混合后发生的一系列物理化学反应达到改良土体目的，所以该方法的关键是选择一种经济而有效的固化/稳定化材料。常用固化材料有水泥、石灰、粉煤灰、高炉矿渣、沸石、磷石灰、磷酸盐、高分子材料、有机物质和氧化还原材料等，在各类固化材料中，水泥、粉煤灰、石灰、高炉矿渣、膨润土、沸石是研究和使用的重点[70]。从目前固化材料研究看，水泥和石灰仍是固化材料选择的重点，但对于重金属铬含量较高的污染土，单一使用水泥等固化材料，铬的浸出浓度难以达标，修复效果不理想，而复合使用多种固化/稳定化材料可以有效改善修复效果，特别是新型材料有待于研究和应用。在固化效果的研究上，目前多是短期（7d、28d）稳定性的研究，对于长期稳定性（半年或 1 年以上），特别是长期自然条件下（风吹日晒、雨淋、季节冻融等）研究数据还十分缺乏，给修复工程的长期效果带来不确定性，需进一步加强研究。

（4）生物修复法

生物修复是指利用生物的生命代谢活动降低环境中有毒、有害物质的浓度或使其完全无害化，从而使污染了的环境能够部分地或完全地恢复到原始状态的过程。生物修复主要包括植物修复和微生物修复两种修复技术[71]。

南开大学周启星教授带领的团队在我国较早开展了植物修复重金属污染土研究[72]。有关铬的超富集植物，得到认同的有津巴布韦的 Dicoma niccolifera Wild 和 Sutera fodina Wild，富集铬最高含量分别为 1500mg/kg 和 2400mg/kg[73]。在生物修复领域，目前对铬污染土壤的治理主要集中于微生物修复方面，即利用原土壤中的土著微生物或向污染环境补充经过驯化的微生物，在优化的操作条件下，这些微生物可以还原、钝化和富集重金属，这一特征可用于减轻污染土壤中重金属污染物的毒害作用[74]。目前已分离出多种对 Cr(Ⅵ) 有还原作用的菌种，如硫酸盐还原菌（*Sulfate-Reducing Baeteria*）、大肠杆菌（*Escherichia coli*）、阴沟杆菌（*Enterobacter cloacae*）、假单胞菌属（*Pseudomonas*）等[75]。

生物修复铬污染土壤技术可以在原位进行修复，也可以进行异位修复，可根据铬污染土壤周边情况选择，处理形式多样，操作相对简单，对环境的扰动较小，二次污染较小，修复费用较低。同时，也存在一些缺陷，例如生物修复技术的修复周期较长，且植物或微生物的生长易受温度、氧气、水分等外界因素影响，特别是高含量 Cr(Ⅵ) 对微生物有毒害作用，某些微生物只能对特定的污染物起作用，用于现场修复的微生物可能存在竞争不过本土微生物以及难以适应环境问题而导致修复效果不理想。因此，将该技术应用于大规模的铬污染土壤修复还存在很多困难[76]。

（5）电动修复法

电动修复法（electroremediation）是一种在 20 世纪 90 年代后才得到重视和发展的原位土壤修复技术。该技术的基本原理是在铬污染土壤两端加上低压直流电场，在电解、电迁移、扩散、电渗、电泳的作用下，将铬迁移到阴极室[Cr(Ⅲ)]或阳极室[Cr(Ⅵ)]，从而得到分离[77]。电动修复法是从饱和土壤层、不饱和土壤层、污泥、沉积物中分离提取重金属、有机污染物的过程，该技术主要用于低渗透性土壤的修复，适用于大部分无机污染物，也可用于放射性物质及吸附性较强的有机物的治理[78]。

电动修复技术具有耗费人工少、接触毒害物质少、经济效益高、适用范围广、修复效果好等优点，同时电动修复法对土壤结构及周围的景观、建筑影响较小。电动修复技术虽然在经济上是可行的，但成本相对较高且操作复杂，特别是土壤环境复杂，常会出现与预期结构相反的情况，从而限制其运用[79]。电动修复法在工程实践中还没有得到广泛应用。

综上所述，对于铬含量较高的污染土壤，单一方法难以完成污染场地修复任务，联合运用多种方法是污染场地修复的发展方向。考虑固化/稳定化法和化学还原法各自的特点，将两者联用，首先利用还原剂将剧毒的 Cr(Ⅵ) 还原为毒性较小的 Cr(Ⅲ)，然后利用固化剂进行固化/稳定化处理，将会大大提升铬污染土的修复效果。

1.2.2.2　铬污染土修复效果评价研究现状

利用 S/S 法修复重金属污染土，不仅避免了重金属对地下水的污染，还能够提高土体强度，满足工程需要。目前国际上用于评价固化/稳定化技术处理重金属污染土修复效果的指标包括无侧限抗压强度试验、渗透试验、化学淋滤试验、耐久性试验（如冻融循环试验、干湿循环试验）、凝固时间试验、膨胀/收缩试验、形态分析与微观检测、小型试验等，同时根据英国环境保护局（UK EA）的要求有必要对这些力学指标进行长期监测[80]。最常用的试验是无侧限抗压强度试验、淋滤试验和耐久性试验。表 1.1 给出了美国环保署制定的 S/S 技术要求。

表 1.1　S/S 技术要求

参数	单位	平均值	试验方法
无侧限抗压强度（UCS）	lb/in²	>50	ASTM D1633
水力传导系数(HC)	cm/s	<1×10⁻⁶	ASTM D5084
浸出试验	mg/L	根据场地具体情况	毒性淋滤试验(TCLP)或合成沉降淋滤试验(SPLP)

注：1lb=0.45359237kg；1in=0.0254m。

（1）污染土壤强度特性评价

污染场地强度特性评价一般通过测定无侧限抗压强度实现。对于 S/S 技术处理的重金属污染场地，不同国家、不同处置用途对无侧限抗压强度最低值要求不同。美国环保署建议填埋场内废物使用 S/S 技术处理后，无侧限抗压强度需高于 0.35MPa；荷兰和法国则建议 UCS 值不小于 1MPa；而我国废物进行固化/稳定化后若填埋处置，则未对固化体提出高强度要求[81]。当固化废物作为土木工程材料综合利用时，通常要求其抗压强度必须大于 10MPa[82]。对于 S/S 技术处理的重金属污染土壤，目前几乎还没有规范规定最小无侧限抗压强度值。从我国工业污染场地再开发利用的角度出发，需要建立相关重金属污染土修复技术标准，明确重金属污染土进行 S/S 技术处理后，28d 无侧限抗压强度最小设计允许值。

（2）污染土淋滤特性评价

判别一种废物是否有害的重要依据是浸出毒性，评价固化/稳定化污染土淋滤特性一般常采用淋滤试验[83]。国际环境岩土工程研究者广泛采用的淋滤试验标准为3类：萃取试验、半动态试验和动态试验[84]。其中萃取试验，包括毒性淋滤试验（toxic characteristic leaching procedure，TCLP）和合成沉降淋滤试验（synthetic precipitation leaching procedure，SPLP），常被用来评价污染场地的固化处理效果[85]。TCLP方法用来检测在批处理试验中固体和不同废物中重金属元素迁移性和溶出性，是美国环保署指定的重金属释放效应评价方法，应用最为广泛。该方法采用醋酸作为浸提剂，土水比1：20，浸提时间为18h[86]。SPLP方法用以模拟废物在酸雨条件下（由于重工业和燃煤造成的大气污染）的暴露和迁移特征。该方法采用硫酸/硝酸配成弱酸溶液，形成无缓冲能力的浸出体系，浸提时间也是18h，适合酸雨地区对于固化/稳定化法处理重金属污染土淋滤特性的影响评价[87]。目前我国已制定正式的固体废物浸出毒性国家标准《固体废物　浸出毒性浸出方法　醋酸缓冲溶液法》（HJ/T 300—2007）和《固体废物浸出毒性浸出方法　水平振荡法》（HJ 557—2010）[88,89]。我国目前采用标准均为静态试验方法，尚未制定出动态淋滤试验和半动态淋滤试验的标准和规范[90]。

目前，我国针对土壤中铬含量的评价标准主要有两个：一个是《土壤环境质量　农用地土壤污染风险管控标准（试行）》（GB 15618—2018）和《土壤环境质量　建设用地土壤污染风险管控标准（试行）》（GB 36600—2018），其中规定了总铬与六价铬的污染风险筛选值（表1.2），此限值是初步筛查判识土壤污染危害程度的标准，土壤中污染物监测浓度低于筛选值，一般可认为无污染危害风险，高于筛选值的土壤具有污染危害的可能性；另一个是《危险废物鉴别标准　浸出毒性鉴别》（GB 5085.3—2007）[91]，该标准规定凡是用10倍质量浸提剂浸取固体废物，浸出水中六价铬超过5.0mg/L，总铬超过15.0mg/L，此固体废物即为具有浸出毒性的危险废物，据此，若铬污染土壤修复后浸出六价铬低于50mg/kg，总铬低于150mg/kg，此土壤即不属于具有浸出毒性的危险物。

表1.2　土壤环境质量中重金属铬的污染风险筛选值　　　　　　　单位：mg/kg

污染物	农业用地，按pH值分组				建设用地	
	≤5.5	5.5~6.5	6.5~7.5	≥7.5	第一类用地	第二类用地
水田总铬	250	250	300	350	—	—
旱地总铬	150	150	200	250	—	—
六价铬	—	—	—	—	3.0	5.7

注："—"表示未做规定。

（3）污染土耐久性评价

复杂的环境因素，如风吹日晒雨淋、季节冻融、碳化作用、酸雨入侵等会对固化/稳定化重金属污染土壤的稳定性产生重要影响。Antemir等[92]研究表明，水泥固化污染土壤在干湿、冻融循环条件下，重金属二次溶解、浸出和水泥水化特性均与温度密切相关。英国环境保护局（UK EA）[93]规定：当工程背景为临近敏感水体时，必须对固化/稳定化技术处理的重金属污染土进行长期监测。Li等、Liu等、Wang等、魏明俐等、章定文等学者分别从干湿循环、冻融循环、碳化作用等方面研究了不同循环次数对重金属锌

（Zn）、铅（Pb）、镉（Cd）污染土的毒性浸出（TCLP）、无侧限抗压强度（UCS）、质量损失等方面的影响，并通过压汞试验（MIP）、化学形态分析（BCR）等手段分析了孔隙变化及工程性质变化的微观机理[94-98]。王向阳等[99]通过毒性浸出试验模拟研究了遭受 NaCl 溶液侵蚀的水泥固化铅污染土的化学稳定性。王哲[100]通过对磷酸镁水泥固化锌污染土进行半动态淋滤试验，研究了酸雨作用下重金属锌的溶出特性。

从目前研究看，对固化/稳定化铬污染土壤的耐久性研究很少，特别是固化铬污染土壤的干湿循环、冻融循环等耐久性评价少见报道，对固化/稳定化技术修复重金属污染土壤的耐久性还未形成统一标准。

1.2.3　含铬水体处理技术的国内外研究现状

目前，国内外常用的含铬水体处理方法分为化学处理法、物理化学处理法、生物处理法三类[101]。

1.2.3.1　化学处理法

（1）钡盐沉淀法

钡盐沉淀法是通过置换反应原理，去除水中 Cr(Ⅵ)。向溶液中投加 $BaCl_2$ 或 $BaCO_3$ 等沉淀剂与铬酸根接触反应，可形成溶度积更小的铬酸钡沉淀[102]。

$$Ba^{2+}+CrO_4^{2-} \Longrightarrow BaCrO_4 \downarrow$$

铬酸钡溶度积常数 K_{sp}：18℃时为 1.6×10^{-10}，25℃时为 2.3×10^{-10}。

钡盐沉淀法的优点是：工艺简单，对 Cr(Ⅵ) 的去除仅需一步；最佳沉淀 pH 值为 6.7～7.5，对设备腐蚀性小；若投放钡盐过量，可以通过加入硫酸盐的形式去除。此方法的主要缺点是：钡盐不易获取、价格高、沉淀不易分离、引入的 Ba^{2+} 会造成二次污染。

（2）还原沉淀法

利用 Cr(Ⅵ) 的强氧化性，向水中加入含有二价铁离子或硫离子的物质作为还原剂，将 Cr(Ⅵ) 转化为 Cr(Ⅲ)，再加入 NaOH 或石灰乳调节 pH 值，降低 Cr(Ⅲ) 在水中的溶解度，使之生成氢氧化物沉淀，进而将其去除。常用的还原剂有 $FeCl_2$、$FeSO_4$、Fe^0、$NaHSO_3$、$Na_2S_2O_3$、$Na_2S_2O_5$、$Na_2S_2O_4$ 等。虽然还原沉淀法处理效果好，但其产生的含铬污泥含有大量的 $Cr(OH)_3$，若随意堆放，暴露在空气中，易被氧化，使 Cr(Ⅲ) 重新转化为 Cr(Ⅵ)[103]，在雨雪的不断冲刷下再次回到环境中，引起二次污染。

（3）电解法

电解法是在电场作用下，用可溶性铁板作阳极向溶液中不断溶出 Fe^{2+}，酸性环境中，Fe^{2+} 可将 Cr(Ⅵ) 还原成 Cr(Ⅲ)，溶液中的 H^+ 向阴极迁移，在阴极板上 H^+ 被还原成 H_2，从而使 H^+ 减少，溶液呈碱性，Cr(Ⅲ) 在 pH 值为 8～10 时可以与 OH^- 形成稳定的 $Cr(OH)_3$ 沉淀，然后通过过滤的方法进行分离。化学反应式为[104]：

阳极：
$$Fe-2e^- \longrightarrow Fe^{2+}$$
$$Cr_2O_7^{2-}+6Fe^{2+}+14H^+ \longrightarrow 2Cr^{3+}+6Fe^{3+}+7H_2O$$

阴极：
$$2H^++2e^- \longrightarrow H_2$$
$$Cr_2O_7^{2-}+6e^-+14H^+ \longrightarrow 2Cr^{3+}+7H_2O$$

电解法具有处理效果好、无二次污染等优点，但仅适于处理小水量；当水量过大时耗电量与铁板消耗量也随之增大，不经济，因此目前应用较少。

（4）光催化还原法

光催化还原法是在光照条件下利用光催化剂作用，通过光生电子将 Cr(Ⅵ) 还原成 Cr(Ⅲ)。常用的光催化材料为 TiO_2、ZrO_2 和类石墨相氮化碳（$g\text{-}C_3N_3$）等。该方法的优点是反应条件温和、还原能力强；缺点是紫外线的吸收范围较窄，光能利用率较低，透光度差，影响光催化效果，并且目前使用的催化剂多为纳米颗粒（太大时催化效果不好），回收困难，因此多在实验室研究阶段[105]。

1.2.3.2　物理化学处理法

（1）吸附法

吸附法是利用吸附材料所具有的较高比表面积或特异官能团对废水中的金属离子进行化学或物理吸附的方法。吸附技术具有以下优点：吸附效果好；吸附材料种类多、来源广；装置简单、能耗低；二次污染小；重复利用率高；等等[106]。吸附剂大致分为天然吸附剂、人工高分子吸附剂和复合吸附剂三类。

天然吸附剂来源广、成本低，较常见的有天然矿物材料及农、林废物等。活性炭具有比表面积大、吸附效率高等优点，以物理吸附方式为主，主要应用于废水中重金属离子的吸附及回收。但由于活性炭价格较高，在实际工程应用中受到限制，目前许多研究人员将微生物技术与活性炭技术相结合处理含铬水体，有效增强了活性炭的吸附能力，这可能成为今后活性炭处理水体的新的研究方向。膨润土的主要成分为蒙脱石，也是一种较为常见的天然矿物吸附材料，对金属离子有较强的交换性和选择吸附性，由于其具有的良好吸附性能，深受国内外研究者的青睐。农、林业废物中，例如秸秆、稻秆、椰子壳等，其主要成分是纤维素、木质素及无机盐等，对重金属离子具有吸附作用，可用于含铬废水中铬的去除。虽然活性炭、膨润土、粉煤灰、沸石、黏土、秸秆等天然吸附材料均已用于含铬水体的处理，但这些天然材料由于低选择性和低负荷能力而具有局限性[107]。因此，对天然材料进行改性应用便成了新的研究方向。另外，人工合成高分子材料是人工合成的聚合物吸附剂，它具备良好的骨架强度及较大的比表面积，也是常见吸附剂中的一类，其在制作过程中根据吸附需要，通过改变合成条件控制材料本身的理化性质。

（2）离子交换法

离子交换法是利用离子交换剂活性基团上的可交换离子与废水中的铬离子进行置换反应，进而将铬离子去除的一种方法。通常，Cr(Ⅵ) 以 CrO_4^{2-} 或 $Cr_2O_7^{2-}$ 形式存在于含铬水体中，可以用阴离子交换树脂去除；Cr(Ⅲ) 以 Cr^{3+} 形式存在，应用阳离子交换树脂去除。离子交换树脂具有大量的可交换基团，对铬的吸附容量大，处理效果好，且处理后的铬可以回收利用，无二次污染。缺点是材料易被氧化和污染，操作管理复杂[108]。

（3）膜分离法

膜分离法是利用选择透过性膜，在浓度差、电位差、压力差等推动力下，溶液中的离子选择通过，达到分离有害成分的目的。电渗析、反渗透、超滤及纳滤技术在工业应用上较为成熟[109]。膜分离法效率高、操作简单、能耗低、自动化程度高、产物易回收利用等优点使其成为具有明显技术优势的新兴方法，但由于机械稳定性差和传输性能低等缺点，限制了其在工业上的广泛应用。

1.2.3.3 生物处理法

（1）微生物法

微生物法主要是在酶的催化作用下，通过微生物自身的代谢功能，分解或转化污（废）水中的污染物质，达到净化水的目的。微生物对污染物质的代谢作用是生物修复技术的基础，因此寻找对某种特定污染物具有分解代谢作用的微生物至关重要。水环境恶化的主要原因是水体中能够降解污染物的微生物含量不足，即使存在少量微生物也会因为水体温度、pH 值、溶解氧浓度、盐类、营养物质等因素的影响而降低其代谢能力。所以，采用微生物修复法修复污染水体通常需要人的参与。

微生物法根据微生物去除污染物的方式主要有生物絮凝法、生物化学法和生物吸附法。生物絮凝法是利用微生物及其代谢产物进行絮凝沉淀的一种处理方式。微生物本身及其代谢产物主要由糖蛋白、纤维素、核酸等天然高分子物质组成，对水中污染物可起到絮凝作用，且微生物本身的线性结构、表面的电荷和亲水性物质都可以增强絮凝效果。生物化学法处理含铬水体是利用微生物将可溶性 $Cr(Ⅵ)$ 转化为不溶性的 $Cr(OH)_3$ 沉淀来去除。生物吸附法是微生物胞内或胞外通过络合、螯合、离子交换、吸附等一系列作用，将水体中的污染物分离出来的一种方法[110]。试验证明，死的和活的微生物都具有良好的表面吸附和络合的能力，但若使污染物能在微生物体内或体外大量富集则要求微生物具有活性。

（2）植物修复法

植物修复首先利用高等植物吸收、富集、沉淀水中重金属离子，然后通过植物特性在植物体内降低重金属离子的活性，以减小扩散的可能性，最后植物将重金属富集在枝叶或根部可收割部分，通过移去这些富集有毒物质的部分，从而降低水中重金属浓度。植物修复技术最重要的是寻找对重金属离子耐毒性强且吸收富集能力强的植物[111]。

1.3 铬污染场地研究及发展趋势

危险废物污染控制，是世界各国所面临的一个严峻问题。铬渣是铬盐及铁合金等行业生产过程中排放的剧毒废渣，属于国家危险废物之一，其有害成分主要是水溶性铬酸钠、酸溶性铬酸钙等含 $Cr(Ⅵ)$ 化合物。含 $Cr(Ⅵ)$ 的化合物具有毒性、强氧化性及强碱性，世界卫生组织已将 $Cr(Ⅵ)$ 化合物列为致癌物质，铬在美国环保署优先控制污染物名单中排名第六位，是 117 种对人体危害极大的优先控制污染物之一[112]。铬渣长期露天堆放，被雨水、雪水淋溶后，渣中的水溶性和酸溶性 $Cr(Ⅵ)$ 作为一种高迁移能力的重要污染物，会随着雨水、雪水和地表水径流对周边地表水、地下水及土壤造成严重污染[113]（图1.6）。而目前，绝大多数铬渣堆放和填埋都不符合危险废物安全处置要求，很多铬渣堆存于重要水源地和人口稠密地区，例如在沈阳、上海、天津、杭州、长沙、重庆、青岛、济南、锦州、包头等地，它们严重威胁着城市生态环境和人民身心健康，被称为"可怕的城市毒瘤"，是地地道道的"城市炸弹"[114]。

铬污染事件在世界范围内并不鲜见，特别是在 20 世纪 70 年代，日本、美国都曾发生

(a) 铬渣污染江水

(b) 铬渣飘尘进入大气

(c) 铬渣遇水后产生剧毒 Cr(Ⅵ) 呈黄绿色

(d) 堆存铬渣侵占破坏土地

图 1.6　铬渣对环境的污染

过严重铬污染事件，1993 年发生在美国加利福尼亚州的铬污染案引起轰动后还被搬上银幕。事实上，电影中的情节离我们并不远，在我们城市周边，被一些企业遗留下来的"无主"铬渣山（堆）已悄悄隐藏了几十年。2011 年 8 月发生的中国云南曲靖铬污染事件震惊世界，再一次唤醒了人们对铬渣的关注。由铬渣造成的污染事故比比皆是，给当地人民生产生活造成了极大危害，铬渣渗滤液污染周边地下水和土壤，造成的污染扩散更是难以估量。比较典型的例子还包括：重庆铬盐生产基地排出铬渣，经雨淋、流失、渗透、飘尘等方式进入大气、水体和土壤，造成区域中 Cr(Ⅵ) 的溶出浓度为 $800\sim1000\text{mg/L}$，约合每年地下废渣和污染土壤溶出的 Cr(Ⅵ) 有 140t 左右入嘉陵江；青岛红星化工厂内约 15 万吨铬渣露天堆放在未采取任何措施的地面上，部分渗滤液直接进入娄山河并最终排入胶州湾，2003 年检测地下水中 Cr(Ⅵ) 含量最高达 $148\sim170\text{mg/L}$，污染土壤总量约 $19.5\times10^4\text{m}^3$；包头化工二厂堆存在厂内的铬渣使得东河区 52% 地下水受到污染，被污染的地下水 Cr(Ⅵ) 含量最高达 144.55mg/L，超出国家地下水 Ⅴ 类水质标准 1000 倍，场地污染土壤约 $2.4\times10^4\text{m}^3$；杭州市化工厂厂区及周边区域土壤中铬浓度最高达到 21811.31mg/kg，大大超过了相关环境质量标准；青海省海北化工厂位于海北州海晏县湟水源头金银滩草原，排放大量高浓度含 Cr(Ⅵ) 废水及生产母液和 $4.8\times10^4\text{m}^3$ 废渣，造成了严重的地下水污染；沈阳新城子堆存的 $3\times10^5\text{t}$ 铬渣污染了周围环境近 50 年；锦州合金厂自 20 世纪 50 年代堆放铬渣 10 多万吨，数年后发现污染面积达到 70 多万米²，使该地区 10km 范围内的 1800 眼井不能使用[115]。

　　较为严重的铬渣污染事故警示我们，科学有效地进行铬渣处理、控制及治理土壤、地下水中铬污染是一项非常重要且紧迫的工作。我国的"十一五"规划已将铬渣污染治理列为国家环境治理重点工程项目，明确要求对历史堆存铬渣及受污染土壤-地下水系统进行综合治理，实现所有堆存铬渣的无害化置。2007 年，环保部制定了《铬渣污染治理环境保护技术规范(暂行)》，明确提出全国铬渣处理和推行铬盐清洁生产的指导思想、治理原则和治理目标，并提出了相应政策措施，对铬渣解毒、综合利用、最终处置及过程中所涉及的铬渣识别、堆放、挖掘、包装、运输和贮存等各个环节环境保护和污染控制、铬渣解毒产物和综合利用产品的安全性评价，及环境保护监督管理等都做了系统规定[116]。目前，《铬渣污染场地风险防控和治理修复规划》《铬污染土壤异位修复治理技术指南》《铬污染场地风险防控技术指南》等技术标准正在制定之中，这些法律法规、技术规范的制定和完整执行，以及铬渣污染场地危害的彻底消除还有待时日。

因此，为了防治铬渣堆场渗滤液污染地下水和土壤，可采用室内试验、理论分析、数值模拟和现场应用相结合的研究方法，研究不同地区铬渣渗滤液污染物的迁移规律，揭示铬渣中污染物的析出、释放机理以及污染物在不同地区土壤-地下水系统中迁移转化的内在机制，建立铬渣渗滤液污染物在土壤-地下水系统中运移的三维耦合动力学数学模型，预测预报堆存场铬渣渗滤液污染物迁移转化的动态及趋势。筛选铬污染土修复制剂，确定最佳修复条件，揭示联合修复机理，并模拟外界自然条件，研究干湿循环、冻融循环等条件下铬污染土体联合修复后的强度、毒性浸出、质量损失率、生物毒性和微观结构变化规律，获得联合修复铬污染土在不同外界环境因素影响下的力学和生物、化学稳定性，为铬渣堆场污染土修复提供理论基础。

铬渣堆场土壤-地下水系统污染控制与修复研究，不仅对重金属溶解释放机理、重金属在土壤-地下水系统中运移规律及污染土壤-地下水系统修复技术研究有重要理论意义，而且对渗流力学、环境工程等学科发展也有巨大推动作用，具有重要科学价值。同时，研究成果将为堆存场防渗技术和防治土壤、地下水污染提供科学依据，为建立有效的铬渣堆场渗滤液污染防控体系，制定修复措施，保护土壤和地下水系统免受污染提供理论和技术支持，具有重要的现实意义和广阔的应用前景。

参考文献

[1] 纪柱. 铬渣治理工程实用技术 [M]. 北京：化学工业出版社，2011.
[2] 李兆业. 我国铬盐现状与展望 [J]. 铬盐工业，2004，2：40-50.
[3] 匡少平. 铬渣的无害化处理与资源化利用 [M]. 北京：化学工业出版社，2007.
[4] 王懿萍. G 地区铬渣污染状况分析及治理对策探讨 [D]. 成都：西南交通大学，2004.
[5] 石磊，赵由才，牛冬杰. 铬渣的无害化处理和综合利用 [J]. 中国资源综合利用，2004，10：5-8.
[6] 李克，王芳，陈瑛. 我国铬渣污染地块现状与政策建议 [C]//中国环境科学学会. 2018 中国环境科学学会科学技术年会论文集 (第一卷). 合肥：中国环境科学学会，2018：6.
[7] 国家发展和改革委员会，国家环境保护总局. 铬渣污染综合整治方案 [R]，2005.
[8] 谭建红. 铬渣治理及综合利用途径探讨 [D]. 重庆：重庆大学，2005.
[9] 孟凡生. 中国铬渣污染场地土壤污染特征 [J]. 环境污染与防治，2016，38 (6)：50-53.
[10] 杨卫国，陈家军，陈大扬，等. 铬渣的危害与解毒技术 [J]. 中国环保产业，2008，1：48-50.
[11] 朱建华，王莉莉. 不同价态铬的毒性及其对人体影响 [J]. 环境与开发，1997，12 (3)：46-48.
[12] Gibb H J，Lees P S J，Pinsky P F. Lung Cancer Among Workers in Chromium Chemical Production [J]. Ameri-

can Journal of Industrial Medicine, 2000, 38: 115-126.

[13] 纪柱. 铬渣的危害及无害化处理综述 [J]. 铬盐工业, 2003, 35 (3): 1-4.

[14] 史黎薇. 铬化合物的健康效应 [J]. 中国环境卫生, 2003, 6 (13): 125-129.

[15] 李爱琴, 唐宏建, 王阳峰. 环境中铬污染的生态效应及其防治 [J]. 中国环境管理干部学院学报, 2006, 126 (1): 75-78.

[16] Masscheleyn P H, Delaune R D, Patrick J. Eh and pH Effects on Arsenic Properties in Soil [J]. J Environ. Qual., 1991, 20 (3): 522-527.

[17] Yalčin S, Ünlü K. Modeling Chromium Dissolution and Leaching from Chromite Ore-Processing Residue [J]. Environmental Engineering Science, 2006, 23 (1): 187-201.

[18] 江澜, 王小兰, 单振秀. 化工铬渣六价铬浸出试验方法研究 [J]. 重庆工商大学学报 (自然科学版), 2005, 22 (2): 139-142.

[19] Sreeram K J. Some Studies on Recovery of Chromium from Chromite Ore Processing Residue [J]. Indian Journal of Chemistry, 2003, 42A: 2447-2454.

[20] 刘大银, 蔡鹤生, 孙小静, 等. 风化铬渣与新鲜铬渣中六价铬溶出特性的研究 [J]. 安全与环境工程, 2002, (4): 1-5.

[21] Hillier S, Roe M J, Geelboed J S, et al. Role of Quantitative Mineralogical Analysis in the Investigation of Sites Contaminated by Chromite Ore Process Residue [J]. The Science of the Total Environment, 2003, 308 (1-3): 195-201.

[22] 林晓, 曹宏斌, 李玉平, 等. 铬渣中 Cr(Ⅵ) 的浸出及强化研究 [J]. 环境化学, 2007, 26 (6): 805-809.

[23] 柴立元, 赵堃, 舒余德, 等. 铬渣 NaCl 浸出动力学 [J]. 中南大学学报 (自然科学版), 2007, 38 (3): 445-449.

[24] 盛灿文, 柴立元, 王云燕, 等. 铬渣中六价铬水浸动力学研究 [J]. 安全与环境工程, 2006, 13 (3): 40-44.

[25] 叶鹏, 全学军, 秦险峰, 等. 铬铁矿无钙焙烧渣盐酸浸出 [J]. 化工学报, 2019, 70 (11): 4428-4436.

[26] Barna R, Moszkowicz P, Gervais C. Leaching Assessment of Road Materials Containing Primary Lead and Zinc Slags [J]. Waste Manage, 2004, 24: 945-950.

[27] 张晟, 彭莉, 王定勇, 等. 酸雨淋溶对铬渣中 Cr⁶⁺ 释放的影响 [J]. 环境化学, 2007, 26 (4): 512-515.

[28] 宋立钢, 毛磊, 杨宝滋, 等. 铬渣中铬的浸出行为 [J]. 工业安全与环保, 2015, 41 (02): 26-28.

[29] 王振兴. 重金属 Cr(Ⅵ) 迁移模型及健康风险动态评价预警研究 [D]. 长沙: 中南大学, 2011.

[30] Mohan D, Singh K P, Singh V K. Trivalent Chromium Removal from Wastewater Using Low Cost Activated Carbon Derived from Agricultural Waste Material and Activated Carbon Fabric Cloth [J]. Journal of Hazardous Materials, 2006, B135: 280-295.

[31] 白利平, 王业耀. 铬在土壤及地下水中迁移转化研究综述 [J]. 地质与资源, 2009, 18 (2): 144-148.

[32] Rakshit S, Pal S, Bhattacharya S, et al. Physical and Numerical Modeling for Assessing Chromium Migration and Retention Dynamics in Clayey Soil [J]. Journal of the Indian Chemical Society, 2018, 96: 275-280.

[33] Alumaa P, Kirso U, Petersell V, et al. Sorption of Toxic Heavy Metals to Soil [J]. International Journal of Hygiene and Environmental Health, 2002, 204 (5-6): 375-376.

[34] Yu L J, Shukla S S, Dorris K L, et al. Adsorption of Chromium from Aqueous Solutions by Maple Sawdust [J]. Journal of Hazardous Materials, 2003, B100: 53-63.

[35] Eary L E, Davis A. Geochemistry of an Acidic Chromiumsulfate Plume [J]. Applied Geochemistry, 2007, 22: 357-369.

[36] 任爱玲, 郭斌, 刘三学, 等. 含铬污液在土壤中迁移规律的研究. 城市环境与城市生态 [J]. 2000, 13 (2): 54-56.

[37] 高洪阁, 李自英, 陈丽惠, 等. 铬在土壤和地下水中的相互迁移规律及地下水中铬的去除方法 [J]. 环境研究, 2002, 5 (1): 23-24.

[38] 徐慧, 仵彦卿. 六价铬在具有渗透性反应墙的渗流槽中迁移实验研究 [J]. 生态环境学报, 2010, 19 (8): 1941-1946.

[39] 徐建，戴树桂，刘广良. 土壤和地下水中污染物迁移模型研究进展 ［J］. 土壤与环境，2002，11（3）：299-302.

[40] 张红梅，速宝玉. 土壤及地下水污染研究进展 ［J］. 灌溉排水学报，2004，23（3）：70-74.

[41] Taron J，Elsworth D，Min K B. Numerical Simulation of Thermal- Hydrologic- Mechanical-Chemical Processes in Deformable，Fractured Porous Media ［J］. International Journal of Rock Mechanics & Mining Sciences，2009，46（5）：842-854.

[42] Tsang C F. Introductory Editorial to the Special Issue on the DECOVALEX-THMC Project ［J］. Environ Geol，2009，57：1217-1219.

[43] 孙培德，杨东全，陈奕柏. 多物理场耦合模型及数值模拟导论 ［M］. 北京：中国科学技术出版社，2007.

[44] Yeh G T，Chang G R，Short T E. An Exact Peak Capturing and Oscillation-Free Scheme to Solve Advection-Dispersion Transport Equations ［J］. Water Resour Res，1992，28（11）：2937-2951.

[45] Neupauer R M，Wilson J L. Adjoint Method for Obtaining Backward in Time Location and Travel Time Probabilities of a Conservative Groundwater Contaminant ［J］. Water Resour Res，1999，35（11）：3389-3398.

[46] 薛禹群，谢春红. 地下水数值模拟 ［M］. 北京：科技出版社，2007.

[47] 陈泽昂，谢水波，何超冰，等. 浅层地下水中污染物迁移模拟技术研究现状与发展趋势 ［J］. 南华大学学报（自然科学版），2005（1）：78-81.

[48] 蔡金傍，段祥宝，朱亮. 含铬废渣填埋场渗滤液污染地下水问题实例分析 ［J］. 安全与环境工程，2004，11（1）：12-14.

[49] 傅臣家，刘洪禄，吴文勇，等. 六价铬在土壤中吸持和迁移的试验研究 ［J］. 灌溉排水学报，2008，27（2）：9-13.

[50] 张厚坚，王兴润，陈春云，等. 典型铬渣污染场地健康风险评价及修复指导限值 ［J］. 环境科学学报，2010，30（7）：1445-1450.

[51] 赵庆辉，王兴润，张增强. 地下水六价铬运移的仿真及场地修复限值探讨 ［J］. 环境工程，2011，29（2）：16-19.

[52] Geelhoed J S，Meeussen J C L，et al. Identification and Geochemical Modeling of Processes Controlling Leaching of Cr(Ⅵ) and Other Major Elements from Chromite Ore Processing Residue ［J］. Geochimica et Cosmochimica Acta，2002，66（22）：3927-3942.

[53] 蔡焕兴，梁金利，段雪梅，等. 铬渣污染场地修复技术研究进展 ［J］. 环境监控与预警，2012，4（5）：48-50.

[54] 周启星，宋玉芳. 污染土壤修复原理与方法 ［M］. 北京：科学出版社，2004.

[55] Koptsik G N. Modern Approaches to Remediation of Heavy Metal Polluted Soils：a Review ［J］. Eurasian Soil Science，2014，47（7）：707-722.

[56] 徐小希. 水泥基复合材料对铬污染土壤的固化/稳定化研究 ［D］. 杭州：浙江大学，2012.

[57] 白利平，罗云，刘俐，等. 污染场地修复技术筛选方法及应用 ［J］. 环境科学，2015，36（11）：4218-4224.

[58] 串丽敏，赵同科，郑怀国，等. 土壤重金属污染修复技术研究进展 ［J］. 环境科学与技术，2014，37（120）：213-222.

[59] 宋菁. 典型铬渣污染场地调查与修复技术筛选 ［D］. 青岛：青岛理工大学，2010.

[60] 苏慧杰，方战强. 纳米零价铁修复 Cr(Ⅵ) 污染土壤的研究进展 ［J］. 农业资源与环境学报，2015，6（32）：1-6.

[61] 王宇峰，杨强，刘磊，等. 不同还原剂对某铬渣污染场地修复效果的实验研究 ［J］. 环境污染与防治，2017，39（04）：384-387，391.

[62] 刘增俊，夏旭，张旭，等. 铬污染土壤的药剂修复及其长期稳定性研究 ［J］. 环境工程，2015，33（2）：160-163.

[63] 宋云，李培中，郝润琴. 我国土壤固化/稳定化技术应用现状及建议 ［J］. 环境保护，2015，（15）：28-33.

[64] 张晓婉，王岩，解恒，等. 水泥基复合材料铬污染土壤的固化/稳定化修复技术研究 ［J］. 中国金属通报，2019（05）：245-246，248.

［65］ 周启星. 污染土壤修复技术再造与展望［J］. 环境污染治理技术与设备，2002，3（8）：36-40.

［66］ Al-Tabbaa A. Stabilisation/Solidification of Contaminated Materials with Wet Deep Soil Mixing［J］. Land Contamination & Reclamation，2003，11（1）：697-731.

［67］ Barrera-Díaz C E，Lugo-Lugo V，Bilyeu B. A Review of Chemical，Electrochemical and Biological Methods for Aqueous Cr(Ⅵ) Reduction［J］. Journal of Hazardous Materials，2012，223-224：1-12.

［68］ 尹贞，张钧超，廖书林，等. 铬污染场地修复技术研究及应用［J］. 环境工程，2015，33（1）：159-162.

［69］ 可欣，张毓，李延吉，等. Cr污染土壤原位固定化修复技术研究进展［J］. 沈阳航空工业学院学报，2010，27（2）：73-76.

［70］ Dermatas D，Moon D H. Chromium Leaching and Immobilization in Treated Soils［J］. Environmental Engineering Science，2006，23（1）：77-87.

［71］ 黄慧，陈宏. 植物修复重金属汞、镉、铬污染土壤的研究进展［J］. 中国农学通报，2010，26（24）：326-329.

［72］ 周启星，罗义. 污染生态化学［M］. 北京：科学出版社，2011.

［73］ 韦朝阳，陈同斌. 重金属超富集植物及植物修复技术研究进展［J］. 生态学报，2001，21（7）：1196-1203.

［74］ Rita E J，Ravisankar V. Bioremediation of Chromium Contamination-A Review［J］. International Journal of Research In Earth & Environmental Sciences，2014，1（6）：20-26.

［75］ 王鑫. 铬污染土壤的修复技术研究综述［J］. 环境工程，2015，33（S）：847-849.

［76］ 邓红艳，陈刚才. 铬污染土壤的微生物修复技术研究进展［J］. 地球与环境，2012，40（3）：466-472.

［77］ 胡艳平，徐政，王巍，等. 电动修复治理环境中的铬污染研究进展［J］. 稀有金属，2015，39（10）：941-947.

［78］ 孙铁珩，李培军. 土壤污染形成机理与修复技术［M］. 北京：科学出版社，2005.

［79］ Cappal G，Gioannis G D，Muntoni A，et al. Combined Use of a Transformed Red Mud Reactive Barrier and Electrokinetics for Remediation of Cr/As Contaminated Soil［J］. Chemosphere，2012，86：400-408.

［80］ 赵述华，陈志良，张太平，等. 重金属污染土壤的固化/稳定化处理技术研究进展［J］. 土壤通报，2013，06：1531-1536.

［81］ Mulder E，Feenstra L，Brouwer J P，et al. Stabilization/Solidification of Dredging Sludge Containing Polycyclic Aromatic Hydrocarbons［C］//Proceedings of International Conference on Stabilization/Solidification Treatment and Remediation. London：Balkema，2005：241-247.

［82］ 赵由才. 危险废物处理技术［M］. 北京：化学工业出版社，2003.

［83］ 陈祖奇，安丽. 国外关于稳定化/固化的有毒有害污染物的渗漏实验方法的研究进展［J］. 城市环境与城市生态，2000，13（4）：48-51.

［84］ 刘兆鹏，杜延军，蒋宁俊，等. 基于半动态淋滤试验的水泥固化铅污染黏土溶出特性研究［J］. 岩土工程学报，2013，35（12）：2212-2218.

［85］ 李小平，程曦. 毒性浸出试验（TCLP/SPLP）在固化/稳定化（S/S）技术修复重金属污染土壤的应用［C］//中国环境科学学会. 2013中国环境科学学会学术年会论文集（第五卷）. 北京：《中国学术期刊（光盘版）》电子杂志社，2013：5079-5085.

［86］ Office of Solid Waste and Emergency Response，U. S. Environmental Protection Agency. Test Methods for Evaluation of Solid Wastes，Physical Chemical Methods（SW 846 Online）：Toxicity Characteristic Leaching Procedure（Method1311）［R］. Washington D C：U S EPA，1992.

［87］ Office of Solid Waste and Emergency Response，U. S. Environmental Protection Agency. Test Methods for Evaluation of Solid Wastes，Physical Chemical Methods（SW 846 Online）：Synthetic Precipitation Leaching Procedure（Method 1312）［R］. Washington D C：US EPA，1992.

［88］ 国家环境保护总局. HJ/T 300—2007 固体废物　浸出毒性浸出方法　醋酸缓冲溶液法［S］. 北京：中国环境科学出版社，2007.

［89］ 环境保护部. HJ 557—2010 固体废物　浸出毒性浸出方法　水平振荡法［S］. 北京：中国环境科学出版社，2010.

[90] Yin C Y，Mahmud H B，Shaaban M G. Stabilization/Solidification of Lead-Contaminated Soil Using Cement and Rice Husk Ash [J]．Journal of Hazardous Materials，2006，137（3）：1758-1764.

[91] 国家环境保护总局．GB 5085.3—2007 危险废物鉴别标准　浸出毒性鉴别 [S]．北京：中国环境科学出版社，2007.

[92] Antemir A，Hills C D，Carey P J，et al. Long-Term Performance of Aged Waste Forms Treated by Stabilization/Solidification [J]．Journal of Hazardous Materials，2010，181（1）：65-73.

[93] United Kingdom Environment Agency（UK EA）．Review of Scientific Literature on the Use of Stabilisation/Solidification for the Treatment of Contaminant Soil，Solid Waste and Sludges [R]．Aztec West，Bristol：Environment Agency，2004.

[94] Li J S，Xue Q，Wang P，et al. Effect of Drying-Wetting Cycles on Leaching Behavior of Cement Solidified Lead-Contaminated Soil [J]．Chemosphere，2014，117：10-13.

[95] Liu H K，Lu H J，Zhang X，et al. An Experimental Study on Cement-Solidified Cd-Contaminated Soils under Drying-Wetting Cycles [J]．Journal of Testing and Evaluation，2018，46（2）：493-506.

[96] Wang Q，Cui J Y. Study on Strength Characteristics of Solidified Contaminated Soil under Freeze-Thaw Cycle Conditions [J]．Advances in Civil Engineering，2018（1）：1-5.

[97] 魏明俐，伍浩良，杜延军，等．冻融循环下含磷材料固化锌铅污染土的强度及溶出特性研究 [J]．岩土力学，2015，36（S）：215-219.

[98] 章定文，张涛，刘松玉，等．碳化作用对水泥固化/稳定化铅污染土溶出特性影响 [J]．岩土力学，2016，37（1）：41-48.

[99] 王向阳，刘晶晶，查甫生，等．氯盐侵蚀作用对水泥固化铅污染土化学稳定性的影响 [J]．东南大学学报（自然科学版），2016，46（S1）：169-173.

[100] 王哲，丁耀塱，许四法，等．酸雨环境下磷酸镁水泥固化锌污染土溶出特性研究 [J]．岩土工程学报，2017，39（04）：697-704.

[101] 王隽，郑炜，杜欢．Cr(Ⅵ) 处理技术研究新进展 [J]．环境生态学，2020，2（07）：94-98.

[102] 谢东丽，叶红齐．钡盐法处理六价铬 Cr(Ⅵ) 废水的研究 [J]．应用化工，2012，（04）：656-658，663.

[103] 刘芳．还原沉淀法对含铬重金属废水的处理研究 [J]．环境污染与防治，2014，36（04）：54-59.

[104] 刘鹏宇，王晓琴，常青，等．铝炭微电解去除废水中六价铬的可行性研究 [J]．中国环境科学，2019，39（10）：4164-4172.

[105] Islam J B，Furukawa M，Tateishi I，et al. Photocatalytic Reduction of Hexavalent Chromium with Nanosized TiO_2 in Presence of Formic Acid [J]．Chem Engineering，2019，3（2）：33.

[106] 吕建波，刘东方，李杰，等．水中铬的吸附法处理技术研究现状与进展 [J]．水处理技术，2013，39（12）：5-10.

[107] 王家宏，常娥，丁绍兰，等．吸附法去除水中六价铬的研究进展 [J]．环境科学与技术，2012，35（02）：67-72.

[108] 辛金豪．离子交换法处理回用电镀含铬废水的研究进展 [J]．资源节约与环保，2015（07）：36，39.

[109] Mohammeda K，Sahub O. Recovery of Chromium from Tannery Industry Waste Water by Membrane Separation Technology：Health and Engineering Aspects [J]．Scientific African，2019，4：1-9.

[110] Li Xilin，Fan Ming，Liu Ling，et al. Treatment of High-Concentration Chromium-Containing Wastewater by Sulfate-Reducing Bacteria Acclimated with Ethanol [J]．Water Science and Technology，2019，80（12）：2362-2372.

[111] 王爱丽，王芳，商书波，等．沉水植物菹草对含铬废水的修复实验设计 [J]．实验技术与管理，2018，35（12）：62-64.

[112] IFC. Health Safety and Environment Guidelines for Chromium [M]．Paris：International Chromium Development Association，2001.

[113] 李喜林，赵雪，周启星，等．废铁屑-改性粉煤灰联用处理铬渣渗滤液 [J]．环境工程学报，2016，10（06）：2793-2799.

［114］ Tinjum J M，Benson C H，Edi T B. Mobilization of Cr(Ⅵ) from Chromite Ore Processing Residue Through Acid Treatment ［J］. Science of the Total Environment，2008，391 (1)：13-25.

［115］ 宋菁. 典型铬渣污染场地调查与修复技术筛选 ［D］. 青岛：青岛理工大学，2010.

［116］ 国家环境保护总局. HJ/T 301—2007. 铬渣污染治理环境保护技术规范（暂行）［S］. 北京：中国环境科学出版社，2007.

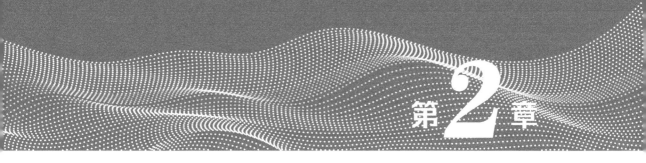

铬渣理化性质及铬污染场地调查

2.1 铬渣理化性质

2.1.1 铬渣样品采集

研究针对辽宁省铬渣堆存场，辽宁省现有主要铬渣堆存场两处，一处位于沈阳市沈北新区，另一处位于锦州铁合金厂。采样时运用随机和等量原则，采用"蛇形采样法"，确定 10 个铬渣采样点位，将采样点位各个样品进行混合，按"四分法弃取"缩分。取回的样品按要求放于实验室内，以备实验之用[1]。锦州铬渣样品为生产过程产生的新渣，铬渣结构较为松散，大部分呈粉状；而沈阳铬渣为长期堆存的陈渣，风化程度较高，暴露于空气中的部分呈黄色，颗粒较细。

2.1.2 铬渣物理性质

铬渣是一种有毒固体废渣，形态上属于粒径不等的颗粒状坚硬烧结固体，外观呈土黄色或灰黄色，碱度较高，同质量铬渣水浸出时浸出液颜色锦州铬渣较沈阳铬渣黄，体现水溶态Cr(Ⅵ)含量较高。铬渣具体物理性质如表 2.1 所列，颗粒分析采用筛析法，实验结果如表 2.2 所列。具体测定方法按照中华人民共和国国家标准《土工试验方法标准》（GB/T 50123—2019）进行。

表 2.1 铬渣物理性质

类别	容重/(g/cm³)	干容重/(g/cm³)	天然含水量/%	饱和含水量/%	孔隙度/%	pH 值
锦州铬渣	1.92	1.66	13.70	25.16	13.54	10.45
沈阳铬渣	1.37	1.08	21.32	36.54	21.17	11.07

表 2.2 铬渣粒径分布   单位：%

粒径/mm	<0.075	0.075~0.25	0.25~0.5	0.5~1.0	1.0~2.0	2.0~5.0	5.0~10	>10
锦州铬渣	3.4	20.7	16.6	15.2	3.9	20.1	13.8	6.3
沈阳铬渣	1.9	5.4	23.5	13.7	17.5	19.2	12.8	6.0

从表 2.1 中可以看出，沈阳铬渣的天然含水率、饱和含水率和孔隙度比锦州铬渣大，但容重较锦州铬渣小，12h 浸出液 pH 值较锦州大。

从表 2.2 可以看出，锦州铬渣与沈阳铬渣粒径＞2.0mm 的颗粒含量分别为 40.2%、38%，粒径＞0.075mm 的颗粒分别占 96.6%、98.1%，从颗粒级配看锦州铬渣和沈阳铬渣均为砾砂。

2.1.3　铬渣化学成分

对锦州铬渣和沈阳铬渣样品进行化学组成实验测试，结果如表 2.3 所列。

表 2.3　铬渣化学组成　　　　　　单位：%

产地	总铬	Cr_2O_3	CaO	MgO	Al_2O_3	SiO_2	Fe_2O_3	Cr^{6+}
沈阳	3.79	3.5	26～28	28～30	6～8	8～10	10	0.4
锦州	6.8	5.9	25.4～26.2	22.4～28	4.3	5.9～7.8	6.8～7.2	1.0

由表 2.3 可以看出，沈阳铬渣总铬平均含量为 3.79%，Cr(Ⅵ)（以 Cr_2O_3 计）平均含量为 3.5%，水溶性 Cr(Ⅵ) 为 0.4%；锦州铬渣总铬平均含量为 6.8%，Cr(Ⅵ)（以 Cr_2O_3 计）平均含量为 5.9%，水溶性 Cr(Ⅵ) 为 1.0%；同质量的铬渣，锦州铬渣总铬、Cr(Ⅵ)（以 Cr_2O_3 计）及水溶性 Cr(Ⅵ) 含量均高于沈阳铬渣，可见，同等条件下锦州铬渣浸出 Cr(Ⅵ) 浓度高于沈阳铬渣。

2.1.4　铬渣矿物组成

铬渣浸出液显碱性是因为铬渣中常含大量钙镁化合物，其矿物组成随原料产地和生产配方不同而有所不同，国内铬渣常见物相组成如表 2.4 所列[2]。

表 2.4　铬渣主要物相组成

物相名称	物相分子式	相对含量/%
四水铬酸钠	$Na_2CrO_4 \cdot 4H_2O$	2～3
铬铝酸钙	$3CaO \cdot Al_2O_3 \cdot CaCrO_4 \cdot 12H_2O$	1～3
碱式铬酸铁	$Fe(OH) \cdot CrO_4$	≤1
β-硅酸二钙	β-$2CaO \cdot SiO_2$	≤25
铁铝酸钙	$4CaO \cdot Al_2O_3 \cdot Fe_2O_3$	≤25
方镁石	MgO	≤20
α-亚铬酸钙	α-$CaCr_2O_4$	5～10
碳酸钙	$CaCO_3$	≤3
铬酸钙	$CaCrO_4$	≤1
铬铁矿	$(Mg \cdot Fe) \cdot Cr_2O_4$	中
α-水合氧化铝	α-$Al_2O_3 \cdot H_2O$	少
硅酸铁	$FeSiO_3$	中

续表

物相名称	物相分子式	相对含量/%
水合铝酸钙	$3CaO \cdot Al_2O_3 \cdot 6H_2O$	少
硅酸铬	Cr_2SiO_3	可能存在
氧化铬	Cr_2O_3	可能存在

通过化学相分析及 X 射线相分析测定，铬渣中四水铬酸钠、铬铝酸钙、铬酸钙、碱式铬酸铁、铁铝酸钙-铬酸钙固溶体和硅酸钙-铬酸钙固溶体六种组分含有 Cr(Ⅵ)。其中游离铬酸钙和四水铬酸钠为水溶相，易被雨水、雪水及地表水溶解，是铬渣初期污染的主要来源；其余四种组分所含 Cr(Ⅵ) 不易被转化成水溶性 Cr(Ⅵ)，但由于铬渣长期露天堆存，会与空气中的 CO_2 和水发生反应，转化为水溶性 Cr(Ⅵ)，从而造成铬渣渗滤液对水环境系统的中、长期污染。另外，Hillier[3]用多种仪器分析证明铁铝酸钙含少量Cr(Ⅲ)，分子式用 $Ca_4(Al_x, Fe, Cr_{1-x})_2O_{10}$ 表示。

2.2　铬污染土壤-地下水系统的基本理论

露天堆放铬渣被雨水、雪水淋溶后，渣中有害元素将发生溶解释放作用，随淋溶液径流进入地表水、地下水和土壤中，对水环境及土壤系统造成严重污染，污染过程如图 2.1 所示[4]。铬渣渗滤液污染组分在土壤-地下水系统中迁移转化过程十分复杂，影响铬在多孔介质中迁移转化方式的主要有：对流、弥散和反应三种作用。其中弥散分为分子扩散和机械弥散；而反应较为复杂，主要包括吸附、衰变、组分反应、生物降解等。另外，影响污染物迁移的因素还有土壤类型、土壤 pH 值、土壤矿物、土壤有机质含量、孔隙率、含水率、土壤孔隙结构大小和分布等特性参数，边界和初始条件、污染源几何形状及污染物释放方式等。铬在土壤-地下水系统中的迁移转化特征，常常是以上各因素综合作用的结果。

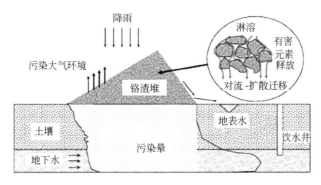

图 2.1　堆存铬渣对土壤-地下水系统的污染过程

2.2.1　多孔介质与流体连续介质

铬渣渗滤液在土壤-地下水中的迁移与接触介质的结构密切相关，土壤作为一种复杂地质体，具有非均质性、各向异性和非连续性，为了运用连续方程定量描述土壤中流体和物质的运动规律，引入多孔介质概念和流体连续介质概念，把复杂的土壤-地下水中的微观渗流和污染物迁移问题，转化为多孔介质、连续介质中的渗流和污染物迁移问题，把微观物理参量转化成宏观物理参量（在实际中测到的物理参量大多数是宏观量，如物质密度、多孔介质孔隙率、流体流速等）[5]。

2.2.1.1　多孔介质

多孔介质具有以下特征[6]。

① 多孔介质并不单独存在，而是处于多相物质（固、液、气）之中，且占据多相物质部分空间。在多相物质中至少有一相不是固体，它们可以是气相或液相。固相称为固体骨架，气相和液相所占空间称为孔隙空间。当多孔介质孔隙完全充满液体时称为饱和介质，而孔隙中有气体时则称为非饱和介质。

② 在多孔介质中，固体相遍及整个多孔介质，空间上接近均匀分布。在每一个表征单元内必须存在固体颗粒，且固体颗粒比表面积较大，孔隙较狭窄，由此决定了流体在多孔介质中的流动性状，此时流体运动状态为层流。

③ 保证构成孔隙空间的某些孔洞应相互连通，以确保流体通过。就流体通过多孔介质的流动来说，相互连通的孔隙为有效孔隙，这说明多孔介质具有允许流体通过的连通通道。

2.2.1.2　流体连续介质

多孔介质中存在固体骨架和孔隙空间，孔隙空间中存在流体，用一种假想水流代替在孔隙中流动的真实地下水必须满足以下 3 个条件：a. 两种水流（假设水流与真实水流）的推动力相等；b. 通过同一断面的流量相等；c. 在孔隙中所受阻力相等。满足上述条件的假想水流称为渗透水流（简称渗流），这种流体可以看作连续介质。连续介质概念的本质是质点，它是从分子水平通过平均化转化到微观水平的。一个质点是包含在一个小体积中的许多分子的集合体，可以应用流体质点的连续方程和运动方程来描述水在多孔介质中的流动。

2.2.2　溶质对流

对流是指污染物随着流动的地下水在多孔介质中运动，可表示为：

$$v_x = -\frac{K}{h} \times \frac{\mathrm{d}h}{\mathrm{d}L} \tag{2.1}$$

式中　v_x——平均线速度；

　　　K——渗透系数；

　　　h——水头损失；

　　　L——水流方向长度。

在多孔介质中，渗流速度等于污染物平均线速度，求解溶质传输方程正是利用这个速度。由对流作用引起的一维质量通量与土壤水通量和溶质浓度有关，可由式（2.2）表示[7]：

$$J_c = qc \tag{2.2}$$

式中 J_c——溶质的对流通量（密度），表示单位时间、单位面积土壤上由于对流作用所通过的溶质的质量或物质的量，$mol/(m^2 \cdot s)$；

q——土壤水通量（密度），表示单位时间通过单位面积（垂直流动方向）的水量，m/s；

c——溶质浓度，mol/m^3。

溶质对流运移既可发生在饱和土壤中，也可发生在非饱和土壤中，但在非饱和情况下对流不一定是溶质运移的主要过程。

2.2.3 水动力弥散

在多孔介质饱和流动区域的某点缓慢地连续注入含某种示踪剂的溶液，则在注入点周围示踪物质逐渐散布开，并不断占有流动区域中越来越大的部分，超出了仅按平均流动所预测占据的范围。而且示踪物质不仅有沿着流动方向的纵向扩展，还有垂直于流动方向的横向扩展[8]。可以说，水动力弥散现象是一种宏观现象，而其根源却在于多孔介质复杂微观结构与流体非均一的微观运动。事实上，水的动力弥散是溶质在多孔介质中分子扩散和机械弥散两种物质输运过程同时作用的结果，二者合起来称为水动力弥散作用。在研究地下水污染物运移问题中水动力弥散系数是一个非常重要的参数。

（1）分子扩散

分子扩散是分子布朗运动的一种现象，是由浓度梯度和无规则分子运动而导致的扩张，主要是物理化学作用的结果，因此也称为物理化学弥散。溶质在浓度梯度的作用下由浓度高处向浓度低处扩散运动，以使液体中的溶质浓度趋于均匀。扩散迁移可以在没有流速的情况下进行。一维模型中由扩散引起的地下水中的物质迁移遵循 Fick 第一扩散定律，即：

$$J_s = -D_s \frac{dc}{dx} \tag{2.3}$$

式中 J_s——溶质的扩散通量，$mol/(m^2 \cdot s)$；

$\frac{dc}{dx}$——浓度梯度；

D_s——溶质有效扩散系数，它一般小于该溶质在纯水中的扩散系数 D_0，m^2/s。

由于土壤水并没有充满整个空间，而仅仅是充满含水层孔隙，所以多采用式（2.4）表示：

$$J_s = -\theta D_s \frac{dc}{dx} \tag{2.4}$$

式中 θ——体积含水率，m^3/m^3。

在流速很低情况下，如在密实土壤或黏土中，或者长时间物质迁移过程中，扩散作用仅仅是其中一个因素，扩散系数一般为常数，温度为 25℃时，取值在 $(1\sim2)\times10^{-9} m^2/s$ 之间。一般来说，地下水弥散系数比这个值要大几个数量级，当地下水有流速时弥散作用就会占主导地位。

（2）机械弥散

机械弥散是由介质的不均匀性引起流体流速及流线的改变而产生的。这些变化可以由单个孔道之间摩擦引起，也可以因孔道间速度不等或路径长度变化而产生。弥散作用是平均线性速度和弥散度的函数，实验室土柱试验的弥散度一般为厘米级，而野外研究的取值可能会从 1 米到几千米。

图 2.2 表示多孔介质中污染物形成纵向弥散的主要因素。

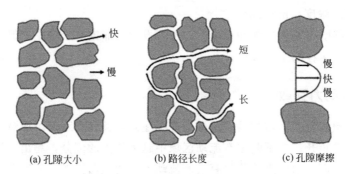

(a)孔隙大小　　　　(b)路径长度　　　　(c)孔隙摩擦

图 2.2　产生纵向弥散度的因素

孔隙大小、路径长度和孔隙摩擦是影响弥散的主要因素，由于这些因素的存在，使得弥散的发生大体有 3 种情况：a. 由于流体具有黏滞性，使得孔隙的中心和边缘流速不同，单个孔隙通道中轴处流速大，而越接近固体表面处，流速越小；b. 土壤介质各孔隙断面尺寸大小不一，使得同孔隙中的流速分布不一样，同流量下，孔隙越小流速越大；c. 颗粒骨架的阻挡作用，使得流体质点实际运动是曲折起伏的。

实践证明，机械弥散方程也服从 Fick 定律，即：

$$J_h = -\theta D_h \frac{dc}{dx} \tag{2.5}$$

式中　J_h——溶质的机械弥散通量，$mol/(m^2 \cdot s)$；

　　　D_h——机械弥散系数，m^2/s。

由此可得水动力弥散方程：

$$J_{sh} = -\theta D \frac{dc}{dx} \tag{2.6}$$

式中　J_{sh}——溶质水动力弥散通量，$mol/(m^2 \cdot s)$；

　　　D——水动力弥散系数，m^2/s。

当多孔介质中的流体流动时，机械弥散与分子扩散是同时存在的，机械弥散使得示踪剂质点沿微观流管运移，分子扩散不但使单条流管中浓度趋于均一，而且还可使示踪剂质点在流管之间运移。通常机械弥散在总弥散中发挥主要作用，当流速甚小时分子扩散作用也将变得明显[3]。示踪剂沿平均流动方向扩展称为纵向弥散，沿垂直于平均流动方向扩展称为横向弥散。

2.2.4　化学反应作用

保守性物质（如 Cl^-）在土壤介质中迁移时一般受对流和水动力弥散两种方式综合作用；非保守性物质（如 Cr^{6+}），在土壤-地下水中运移时，污染物之间或污染物与土壤和水环境介质之间则还存在吸附作用、衰变作用、生物降解作用、通过简单多组分反应的转化作用等，相较对流和弥散作用要复杂得多，是目前研究中较为关注的问题[9]。

2.2.4.1　吸附作用

在大多数地下水污染运移问题中，起主导作用的反应是吸附作用。吸附解吸、离子交换、可逆性沉淀、土壤介质过滤、截留统称为吸附作用。污染物在土壤-地下水系统中运移时，溶质与含水介质发生相互作用，带负电胶体吸附阳离子，带正电胶体吸附阴离子，在吸附过程中，胶体微粒上原来吸附的离子和溶液中离子之间进行离子交换作用。因此，吸附会阻滞污染物迁移，使污染物迁移速度变慢，通过单位距离所需迁移时间比地下水流动时间长，污染区域范围比只有对流和弥散时小。

对于重金属污染物在土壤中的吸附，可用吸附等温线进行定性和定量描述。吸附等温线是在一个吸附体系中，在等温条件下，污染物在固相介质中的吸附量与其液相浓度之间依赖关系曲线。常见吸附等温线模型包括 Henry 线性模型、Freundlich 非线性模型、Langmuir 非线性模型和 Temkin 非线性模型[10]。

（1）Henry 线性模型

$$W = k_P C$$

或
$$W = mC - b \tag{2.7}$$

式中　W——平衡时土壤所吸附的溶质质量，g/kg；

C——平衡时液相溶质的质量浓度，mg/L；

k_P——吸附分配系数，或称为线型吸附系数，L/kg；

m——回归系数，表示污染物对土壤的亲和力；

b——截距，表示无污染物时土壤释放的污染物的量，mg/mg。

k_P 是吸附分配系数，表示溶质在土壤胶体和液相中的分配比，是研究污染物迁移能力的一个重要参数。k_P 值越大，说明污染物在土壤胶体中的分配比例越大，越容易被吸附，而不易迁移；反之，则相反。

（2）Langmuir 等温吸附模型

$$\frac{C}{W} = \frac{1}{aW_s} + \frac{C}{W_s} \tag{2.8}$$

式中　C——吸附平衡时溶液质量浓度，mg/L；

W——平衡时的吸附量，μg/g；

W_s——最大吸附量，μg/g；

a——等温吸附常数。

（3）Freundlich 等温吸附模型

$$\lg W = \lg K_F + \frac{1}{n} \lg C \tag{2.9}$$

式中　K_F，$\frac{1}{n}$——吸附常数；

C——吸附平衡时溶液质量浓度，mg/L；

W——平衡时的吸附量，μg/g。

（4）Temkin 等温吸附模型

$$W = a + K \lg C \tag{2.10}$$

式中　　C——吸附平衡时溶液质量浓度，mg/L；

　　　　W——平衡时的吸附量，μg/g；

　　a，K——等温吸附常数。

2.2.4.2　衰变或生物作用

研究放射性物质时，放射性物质的物理衰变会导致它在地下水中浓度不断降低；同样，当研究有机物在地下水中迁移转化时，生物降解作用也会导致它在地下水中浓度不断降低，这两种情况都应当考虑。

有机物生物降解浓度变化一般符合 Monod 动力学衰变，其方程为：

$$U = U_{max} \frac{C}{K_s + C} \tag{2.11}$$

式中　　　U——菌体生长比速，g/(g·h)；

　　　　K_s——半饱和常数，g 基质/L；

　　　　　C——限制性基质浓度，g 基质/L；

　　U_{max}——最大比生长速率。

放射性物质自然衰减一般符合一级反应动力学方程：

$$c_t = c_0 e^{-\lambda t} \tag{2.12}$$

式中　　c_0——初始浓度，mg/L；

　　　　c_t——在时间 t 时的浓度，mg/L；

　　　　λ——衰减系数，d^{-1}；

　　　　t——时间，d。

2.2.4.3　转化机理

（1）铬在土壤中的价态

自然界中铬常以三价和六价两种稳定价态存在，有时会有四价和五价两种中间态出现，但极不稳定。土壤中的六价铬主要以 CrO_4^{2-} 和 $HCrO_4^-$ 存在，而三价铬则以 Cr^{3+}、$CrOH^{2+}$、$Cr(OH)_2^+$、$Cr(OH)_3$、$Cr(OH)_4^-$、$Cr(OH)_5^{2-}$ 等形式存在。Cr(Ⅲ) 和 Cr(Ⅵ) 的存在形式与土壤和地下水 pH 值有很大关系，一定 Pe 和 Eh 下水溶液中 Cr 热力学稳定如图 2.3 所示[11]。

由图 2.3 可以看出，Cr(Ⅵ) 在中性和偏碱性土壤中，以 CrO_4^{2-} 为主；在偏酸性土壤中（pH<6），以 $HCrO_4^-$ 为主。而 Cr(Ⅲ) 在强酸性土壤中（pH<4），主要以 $Cr(H_2O)_6^{3+}$ 形式存在；而当 4<pH<5.5 时，主要以 $CrOH^{2+}$ 形式存在；在中性至碱性（pH=6.8~11.3）土壤中，趋向于形成 $Cr(OH)_3$ 沉淀；当 pH>11.3 时，则以 $Cr(OH)_4^-$ 形式存在。

（2）铬在土壤中的存在形态

图 2.4 反映了重金属在土体中的多种存在形态，归纳起来主要包括：a. 重金属离子作为粒状污染物与土体颗粒并存；b. 以液膜形式将土体包裹其中；c. 作为污染物吸附在土体颗粒表面；d. 作为污染物被土颗粒吸收；e. 重金属离子以液相状态存在于土体孔隙中；f. 重金属离子以固相状态存在于土体孔隙中[12]。

多组分多相复杂体系的土壤中存在着各种结合态铬，而对于重金属铬来讲，形态决定

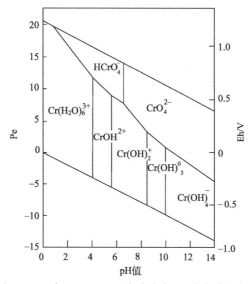

图 2.3　一定 Pe 和 Eh 下水溶液中 Cr 热力学稳定图

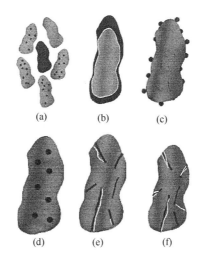

(a)　　　　(b)　　　　(c)

(d)　　　　(e)　　　　(f)

图 2.4　土体中重金属离子的存在形态

它的环境效应，直接影响它的毒性、迁移以及在自然界中的循环，因此，单从价态来区分并不能反映土壤环境中铬的特性。铬在土壤中处于动态的形态转化过程中，会通过溶解、沉淀、凝聚、络合、吸附等各种反应形成不同的化学形态。

对于土壤中铬的存在形态，不同学者有不同的划分方法。目前，被人们广泛接受的理论是 Tessier 提出的化学试剂分步提取法[13]。Tessier 将固体颗粒物中重金属的化学形态分为可交换态、碳酸盐结合态、铁锰氧化物结合态、有机结合态和残渣态五种。

1）可交换态　指吸附在黏土颗粒及腐殖酸等颗粒物上的重金属，水相中的重金属离子组成和浓度变化受该形态重金属吸附和解吸过程影响，因而，可交换态重金属对环境变化敏感，在土壤-地下水系统中容易迁移转化，能被植物吸收，能反映人类近期排污影响及对生物的毒性作用。

2）碳酸盐结合态　指容易与颗粒物中碳酸盐结合或形成碳酸盐沉淀的重金属，该形态重金属对 pH 值变化较为敏感，在酸性条件下易溶解释放而进入环境中。

3）铁锰氧化物结合态　天然水体中的铁锰氧化物常以铁锰结核或凝结物形式附着于颗粒上，是微量重金属的强吸附剂。重金属常与铁锰氧化物结合在一起或与氢氧化物形成沉淀，该部分重金属在氧化还原电位和 pH 值上升时，形成铁锰结合态。

4）有机结合态　土壤中各种有机物与土壤中重金属螯合形成有机结合态，这部分重金属较稳定，但也会随有机质降解而逐步释放。有机结合态重金属可反映水生生物活动及人类排放富含有机污水的情况。

5）残渣态　残渣态在自然界中不容易释放，能长期在沉积物中保持稳定，不容易被植物所吸收。残渣态重金属主要受矿物成分、岩石风化及土壤侵蚀影响。

由此可见，重金属的五种形态中，前三种形态稳定性差，后两种形态稳定性强，相对来讲前三种形态重金属容易对环境造成危害。

（3）铬在土壤中的转化

土壤中铬的转化包括两方面：价态的转化和形态的转化。土壤中铬价态和形态往往随着土壤条件的变化而转化，土壤中不同形态铬的转化关系如图 2.5 所示。

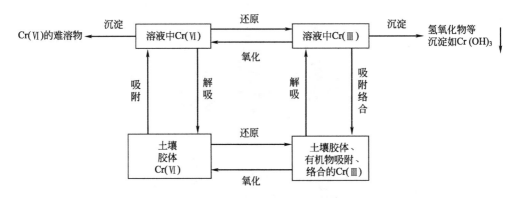

图 2.5　土壤中不同形态铬的转化关系

关于土壤铬价态转化，影响因素主要包括以下两个方面。

1）土壤 pH 值和氧化还原电位 Eh 值　在一定 pH 值和 Eh 值条件下，Cr(Ⅲ) 和 Cr(Ⅵ) 在土壤中可以通过氧化还原反应相互转化，其转化的方程为：

$$2Cr^{3+} + 7H_2O \longrightarrow Cr_2O_7^{2-} + 14H^+ + 6e^- \tag{2.13}$$

根据 Nernst 方程有：

$$Eh = E_0 + \frac{0.059}{6} \lg [H^+]^{14} \tag{2.14}$$

根据式（2.14），已知不同土壤 pH 值，就可估算 Cr(Ⅲ) 和 Cr(Ⅵ) 转化的土壤临界氧化还原电位 Eh 值。

2）土壤有机质含量、无机胶体组成及土壤质地

在有机质作用下，Cr(Ⅵ) 可被还原为 Cr(Ⅲ)，形成难溶性 Cr(OH)₃ 沉淀或为土壤胶体所吸附。土壤中有机质还原 Cr(Ⅵ) 的能力随有机质含量增加而增强，当土壤中有机质含量大于 2% 时，Cr(Ⅵ) 几乎全部被还原为 Cr(Ⅲ)。土壤 pH 值对 Cr(Ⅵ) 的还原有一定的影响，有机质对 Cr(Ⅵ) 的还原作用随土壤 pH 值升高而降低。Fe⁰、Fe²⁺、S²⁻ 能使 Cr(Ⅵ) 迅速还原为 Cr(Ⅲ)，其还原能力随着 Fe²⁺、S²⁻ 含量增高而增强[14]。

2.3 铬污染场地土壤及地下水污染调查

2.3.1 铬渣堆场周围地下水污染特征

沈阳铬渣堆场位于沈阳沈北新区（原新城子区），地处沈阳市区北郊，自 20 世纪 50 年代就已开始生产铬渣，当时的企业生产工艺较为落后，铬矿提取率较低，在造成原材料浪费的同时，有大量铬盐残留于矿渣中，形成占地约 30 亩（1 亩＝666.7m²）的"铬渣山"，铬渣山积存铬渣 30 多万吨。堆存场距区政府仅 2km，距周围农田保护地仅几十米，离最近农灌地下水井 1km，离沈阳市黄家水源地约 10km，离辽河约 15km，对周边群众的健康和生态环境危害极大。雨水冲刷流经地表后 Cr(Ⅵ) 浓度超过国家排放标准 50 多倍，厂区外堆放场以北约 50 万米² 的洼地、农田呈一扇形污染区域，土壤中总铬含量均已超出《土壤环境质量　农用地土壤污染风险管控标准（试行）》（GB 15618—2018）中农用地土壤污染风险管制值。翻耕农田土壤可见铬渣颗粒，造成周边农田欠收，粮食不能食用，人畜出现铬中毒。20 世纪 80 年代，堆存区内重污染区域（约 3 万米²）Cr(Ⅵ) 土壤穿透层达到 10m，由于该地区地下水位较高，厂内地下水井一直弃用，厂外地下水未见 Cr(Ⅵ) 超标。

1998 年，铬渣山用凌镁板和沥青玻璃布作为防水材料，建设水泥地面防渗设施，进行了封闭处理，铬渣污染开始得到控制。不同年份厂区内外地下水监测结果如表 2.5 所列。

表 2.5　铬渣堆场附近地下水监测结果

监测井号	采样地点	采样时间/a	六价铬浓度/(mg/L)
1#	铬渣堆场内 40m 深	1996	0.061
		2001	0.08
2#	铬渣堆场内 15m 深	1976	7.46
		1996	22.21
3#	铬渣堆场内 70m 深	1996	0.0022
		2005	0.005
4#	铬渣堆场外监测井	1996	0.75
		2005	1.16
5#	厂区外 1km 民用井	1996	0.001
		2005	0.003

由表 2.5 可见，2001 年监测数据表明堆存区内 40m 井水中 Cr(Ⅵ) 浓度达到 0.08mg/L，超过《地下水质量标准》（GB/T 14848—2017）Ⅲ类标准；2005 年监测显示，堆存区内 70m 地下水中 Cr(Ⅵ) 浓度达到 0.005mg/L，厂区外 1km 民用井 Cr(Ⅵ) 浓度达到 0.003mg/L，可见铬（Ⅵ）对地下水的污染程度和范围进一步变深变广，堆存区附近水源已无法使用。2007 年，沈阳铬渣山被列为省危险废物治理工程项目，铬渣开始进行处理利用，但消除铬渣对土壤-地下水系统的污染还需时日[15-17]。

2.3.2　铬渣堆场周围土体污染特征

为了解沈阳铬渣堆场及周围土体污染情况，对堆场铬渣及堆场东侧原生产车间和北侧农田的表层土（0~20cm）和深层土（20~40cm）取样测定，测定结果如表2.6所列。

表 2.6　铬渣堆场周边区域土体检测结果

序号	采样地点	总铬/(mg/kg)	六价铬/(mg/kg)
1	渣山样品	42500.0	10120.2
2	堆场东 50m 表层土	20120.6	8695.0
3	堆场东 50m 深层土	13542.5	10200.2
4	堆场东 200m 表层土	6530.0	3010.0
5	堆场东 200m 深层土	4360.0	3998.5
6	堆场北 500m 农田表层土	1950.4	560.6
7	堆场北 500m 农田深层土	1065.5	750.0
8	堆场北 1000m 农田表层土	266.2	118.5
9	堆场北 1000m 农田深层土	246.8	168.6

由表2.6可知，六价铬和总铬均以铬渣堆场为中心向周围扩散迁移，铬含量随着与堆场距离的增加而减小，除铬渣本身六价铬和总铬含量非常高外，堆场东侧原铬渣生产车间所在区域表层土和深层土的铬含量较高，这些地区都曾有堆放、填埋、运输铬渣的历史，所以土壤中铬含量较高。堆场北侧是农田区域，土体检测表明，该区域 1km 内的土壤均受到了铬的污染。分析原因，引起铬渣中铬离子水平迁移的动力，应该是风力和水力共同作用的结果，由于沈阳全年主导风向为南风，在风力作用下，铬渣扬尘飘到农田中，再随着降雨淋滤进入深层土壤，在土壤-地下水系统中不仅沿水平方向运移，而且能够垂直运移，从而导致铬渣堆存场地及周边土壤遭受严重的污染。

从表2.6还可以看出，深层土中总铬含量虽小于表层土，但 Cr(Ⅵ) 含量却大于表层土，体现 Cr(Ⅵ) 具有较强的向下迁移趋势，而 Cr(Ⅲ) 容易被吸附而运移缓慢。分析原因，铬渣中水溶性和酸溶性 Cr(Ⅵ) 会随着降雨或地下水发生垂直运移，化工厂停产多年，没有新的铬渣产生，旧的铬渣逐渐得到安全处理处置，随风力飘落铬渣逐渐变少，因而容易被吸附的 Cr(Ⅲ) 集聚在表层土中，体现表层土总铬含量大于深层土，不易被土壤颗粒吸附的 Cr(Ⅵ) 不断运移，体现深层土 Cr(Ⅵ) 含量大于表层土，这也正是其长期潜在的危害所在，且不能自行修复。

2.4　铬污染土壤及地下水修复目标

2.4.1　铬的相关应用标准

鉴于铬渣排放可能对人体和环境造成巨大的危害，世界各国都对铬排放含量进行严格限制，日本、加拿大、泰国分别规定铬含量排放标准最高为 2mg/L、2.5mg/L 和 0.5mg/L[18]；

对于土壤中铬的环境安全标准和最大浓度，世界各国也做了相应规定，如表 2.7 所列[19-21]。

表 2.7　世界一些国家土壤铬最大容许浓度　　　　单位：mg/kg

项目	澳大利亚	新西兰	英国	加拿大	美国	德国
总铬	50					
Cr(Ⅵ)		10	25	8		
Cr(Ⅲ)		600	600	250	1500	200

我国《污水综合排放标准》（GB 8978—1996）中规定 Cr(Ⅵ) 最高容许排放限值为 0.5mg/L；在《生活饮用水卫生标准》（GB 5749—2006）中规定生活饮用水中 Cr(Ⅵ) 含量不能超过 0.05mg/L；我国规定在居民居住区大气中 Cr(Ⅵ) 的一次最高容许浓度限值为 0.0015mg/m³[22]；在《地表水环境质量标准》（GB 3838—2002）和《地下水质量标准》（GB/T 14848—2017）中 Cr(Ⅵ) 容许浓度分为五级，如表 2.8 所列；《土壤环境质量　农用地土壤污染风险管控标准（试行）》（GB 15618—2018）和《土壤环境质量　建设用地土壤污染风险管控标准（试行）》（GB 36600—2018）规定的土壤环境质量中重金属铬的污染风险筛选值，如表 1.2 所列。

表 2.8　水环境中六价铬质量标准　　　　单位：mg/L

标准	Ⅰ类	Ⅱ类	Ⅲ类	Ⅳ类	Ⅴ类
《地表水环境质量标准》	≤0.01	≤0.05	≤0.05	≤0.05	≤0.1
《地下水质量标准》	≤0.005	≤0.01	≤0.05	≤0.1	>0.1

2.4.2　铬污染土壤修复目标

重金属污染土修复是否达到标准，最重要的是无侧限抗压强度和毒性淋滤特性两个方面。

目前对于重金属污染场地修复后土体无侧限抗压强度最低限值，国内外没有统一的标准，不同国家和不同处置用途的强度限值不同。作为填埋场内废弃物使用，美国环保署建议无侧限抗压强度需高于 0.35MPa，荷兰和法国则建议不小于 1MPa，当固化废物作为土木工程材料综合利用时，我国通常要求其抗压强度必须大于 10MPa。

对于重金属铬污染物浸出浓度最低限值，目前使用的环境标准有 3 个：

①《危险废物鉴别标准　浸出毒性鉴别》（GB 5085.3—2007）规定，凡是用 10 倍质量浸提剂浸取固体废物，浸出水中六价铬超过 5.0mg/L，总铬超过 15.0mg/L，此固体废物即为具有浸出毒性的危险废物；

②《生活垃圾填埋场污染控制标准》（GB 16889—2008）规定，浸出水中六价铬浓度限值 1.5mg/L，总铬限值 4.5mg/L；

③《铬渣污染治理环境保护技术规范（暂行）》（HJ/T 301—2007）规定的标准限值：六价铬浸出液浓度≤0.5mg/L，总铬浸出液浓度≤1.5mg/L。

沈阳铬污染场地修复后，固化铬污染土计划作为路基填料使用，为了有利于长期安全、稳定使用，修复后土体无侧限抗压强度应达到 10MPa，浸出浓度应符合《铬渣污染治理环境保护技术规范（暂行）》（HJ/T 301—2007）规定。

2.4.3 铬污染地下水修复目标

依据 2017 年 11 月，国土资源部、水利部组织修订的《地下水质量标准》（GB/T 14848—2017）中 Cr(Ⅵ) 容许浓度Ⅲ类标准，铬污染地下水修复目标为 Cr(Ⅵ) 含量不能超过 0.05mg/L。

参考文献

[1] 肖利萍. 煤矸石淋溶液对地下水系统污染规律的研究 [D]. 锦州：辽宁工程技术大学，2007.

[2] 匡少平. 铬渣的无害化处理与资源化利用 [M]. 北京：化学工业出版社，2007.

[3] Hillier S，Roe M J，Geelboed J S，et al. Role of Quantitative Mineralogical Analysis in the Investigation of Sites Contaminated by Chromite Ore Process Residue [J]. The Science of the Total Environment，2003，308 (1-3)：195-201.

[4] 姜相国. 煤矸石山中多组分溶质释放-迁移规律的研究 [D]. 锦州：辽宁工程技术大学，2010.

[5] 仵彦卿. 多孔介质污染物迁移动力学 [M]. 上海：上海交通大学出版社，2007.

[6] 赵阳升. 多孔介质多场耦合作用及其工程响应 [M]. 北京：科学出版社，2010.

[7] 董志勇. 环境水力学 [M]. 北京：科学出版社，2006.

[8] 魏新平，王文焰. 溶质运移理论的研究现状和发展趋势 [J]. 灌溉排水，1998 (4)：58-63.

[9] 王全九，邵明安，郑纪勇. 土壤中水分运动与溶质迁移 [M]. 北京：中国水利水电出版社，2007.

[10] 朱学愚，钱孝星. 地下水水文学 [M]. 北京：中国环境科学出版社，2005.

[11] Calder L M. Chromium Contamination of Groundwater [J]. Advances in Environmental Science and Technology，1988，20：215-229.

[12] 王艳. 黄土对典型重金属离子吸附解吸特性及机理研究 [D]. 杭州：浙江大学，2012.

[13] Tessier A，Campbell P G C，Bisson M. Sequential Extraction Procedure for the Speciation of Particulate Trace Metals [J]. Analytical Chemistry，1979，51 (7)：844-850.

[14] 张晟，彭莉，王定勇，等. 酸雨淋溶对铬渣中 Cr^{6+} 释放的影响 [J]. 环境化学，2007，26 (4)：512-515.

[15] 常文越，陈晓东，冯晓斌，等. 含铬 (Ⅵ) 废物堆放场所土壤/地下水的污染特点及土著微生物的初步生物解毒实验研究 [J]. 环境保护科学，2002，28 (114)：31-33.

[16] 张丽华，王恩德. 辽宁省新城子铬渣有毒物质含量分析及铬渣处理对策研究 [C] //中国环境科学学会. 中国环境科学学会学术年会优秀论文集. 北京：环境科学出版社，2008：868-870.

[17] 赵光辉，常文越，陈晓东，等. 典型场地铬 (Ⅵ) 迁移路径分析及耐铬植物初步筛选 [J]. 环境保护科学，2011，(3)：40-43.

[18] 蔡宏道. 环境污染与卫生检测 [M]. 北京：人民卫生出版社，1981：61-72.

[19] World Health Organization. Guidelines for Drinking-water Quality [R]. third edition. Geneva：WHO，1988.

[20] EU's Drinking Water Standards. Council Directive 98/83/EC on the Quality of Water Intended for Human Consumption [R]. Adopted by the Council，1998.

[21] US EPA. Drinking Water Standards and Health Advisories [R]. 2004.

[22] 景学森，蔡木林，杨亚提. 铬渣处理处置技术研究进展 [J]. 环境技术，2006 (3)：33-35.

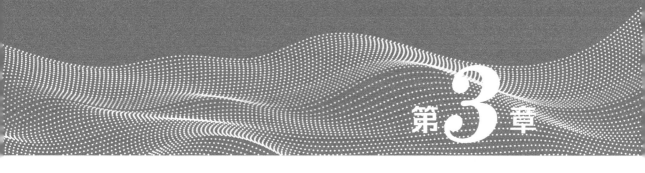

铬渣-水相互作用污染物溶解释放规律

由于技术、经济、管理等原因，一些铬盐厂的铬渣，特别是已关停企业的无主铬渣，多数露天堆放在未采取任何防渗措施的场地上，或者填埋在未防渗的地下，经雨淋、水冲、浸透等方式，渣中的有害物质[主要为 Cr(Ⅵ)]溶出，从而污染土壤、地表水和地下水环境系统。

铬渣主要通过水体危害环境，近年来，由铬渣引发的环境公害事件都是水体受到铬渣污染，研究铬渣中 Cr(Ⅵ) 的浸出特性，有助于对铬渣危害进行正确评价并对铬渣污染进行有效防治。

笔者及其团队采集了沈阳、锦州的铬渣样品，在对其成分进行分析的基础上，考虑不同固液比、浸取剂 pH 值、浸出时间、搅拌强度、铬渣粒度、温度等影响因素，模拟大气降水，通过铬渣静态浸出实验和动态土柱淋溶实验，研究揭示铬渣浸溶释放特点，揭示其溶解释放的内在机制、规律，为铬渣对地下水污染的治理提供科学依据。

3.1 铬渣静态浸出实验

铬渣静态浸出实验是对铬渣中污染组分在环境中与水接触浸出或渗滤过程的实验室或野外实验模拟，主要方法是将铬渣与浸取剂混合，经过一段时间浸出，分析检测确定浸出液中污染组分浓度，了解铬渣在堆放过程中的浸出迁移规律，建立合适的浸出液浓度预测模型，对铬渣浸出液处理系统设计和铬渣堆场安全性能评价具有重要意义。

铬渣振荡浸出过程是一种强化的浸出过程，和铬渣堆场废物在入渗水的作用下的浸出过程相比，其浸出速度明显大于后者。但一方面它们的浸出规律是相同或相似的；另一方面，铬渣振荡浸出过程可以反映在最不利情况下铬渣中有害物质的最大浸出速率和浸出浓度。

3.1.1 实验装置及实验方法

铬渣静态浸出实验通常有实验室容器式浸出实验、柱式或测渗计式浸出实验及野外浸出实验 3 种做法。

① 铬渣实验室容器式浸出实验是将铬渣和浸取剂（本实验用去离子水）按一定比例混合，加入特制密封容器中，通过振荡或搅拌方式使铬渣与浸取剂保持接触的"静态实验"；

② 柱式或测渗计式浸出实验是将铬渣装入浸取柱中，浸提剂连续流过铬渣的"动态实验"；

③ 野外浸出实验对铬渣在野外堆放的浸出行为进行真实模拟，但由于相比较来讲是最昂贵、耗时和费力的浸出实验，一般很少应用。

目前，各国铬渣浸出毒性试验以实验室容器式浸出实验和柱式浸出实验为主[1]。

实验采用容器式浸出方法，浸取剂为去离子水，pH 值为 6.6～6.9。按固液比取一定量铬渣与去离子水混合，装入 1000mL 的锥形瓶中，采用振荡平衡法，用恒温振荡器进行铬渣浸出特性实验，测定不同固液比、浸取剂 pH 值、浸出时间、搅拌强度、铬渣粒度大小、温度等因素对铬渣中污染物溶解释放的影响，浸出液在不同时间取样，过 $0.45\mu m$ 微孔滤膜过滤，收集滤液，测定滤液中 Cr(Ⅵ) 浓度和滤液 pH 值。

实验用铬渣分别为沈阳铬渣和锦州铬渣，两地区铬渣物理性质、粒径分布、化学成分及矿物组成测定结果见第 2 章表 2.1～表 2.4。采集的样品在实验室内自然风干，去除杂物，经多次四分法均匀混合后，将铬渣放于烘箱中，在温度 105℃条件下烘干 2h，粉碎后过一系列的尼龙网筛，制成符合实验需要的铬渣样品。

3.1.2　Cr(Ⅵ) 测定方法

实验采用平行双样法，按照《固体废物　浸出毒性浸出方法　翻转法》(GB 5086.1—1997) 获取浸出液，根据铬渣浸出液的浓度不同选择不同测定方法，用硫酸亚铁铵滴定法 (GB/T 15555.7—1995) 测定浸出液中高浓度 Cr(Ⅵ) 含量（>1mg/L），用二苯碳酰二肼分光光度法 (GB/T 15555.4—1995) 测定浸取液中低浓度 Cr(Ⅵ) 含量（≤1mg/L），pH 值用 PHS-3C 型精密 pH 计测定。

3.1.3　铬渣污染组分溶解释放特性

3.1.3.1　不同固液比对铬渣中污染物溶解释放的影响

固液比是影响可溶性物质脱离固相表面的离子扩散效果的重要因素。固液比越小，固相表面附近可溶性成分浓度与液相中平均浓度的差值就越大，则扩散效果就越显著，越有利于溶解过程的进行。为此，考察固液比对铬渣在水浸溶条件下 Cr(Ⅵ) 溶解释放规律的影响。选取温度 25℃、搅拌强度 150r/min、铬渣粒度≤2mm，改变铬渣样品固液质量比，测定不同浸溶时间上清液 Cr(Ⅵ) 浓度和 pH 值，结果如图 3.1～图 3.4 所示。

由图 3.1 和图 3.2 可以看出，无论锦州铬渣样品还是沈阳铬渣样品，固液比对浸出液中 Cr(Ⅵ) 浓度影响很大。当固液比较小时（固液比 1:20），浸出液污染物浓度较低，而浓度梯度较大；随着固液比的增大（由 1:20 增到 1:10 和 1:5），浸出 Cr(Ⅵ) 浓度也相应增大，但浓度梯度变小。可见，随着固液比的降低，稀释作用在不同固液比浸出中起主导作用，Cr(Ⅵ) 的浸出浓度逐渐降低，但是 Cr(Ⅵ) 浸出总量却在增加，其原因可能

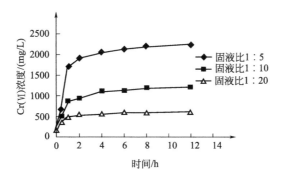

图 3.1　锦州铬渣固液比对六价铬浸出浓度的影响

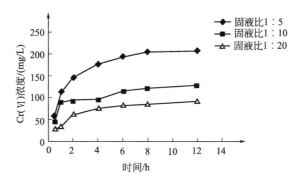

图 3.2　沈阳铬渣固液比对六价铬浸出浓度的影响

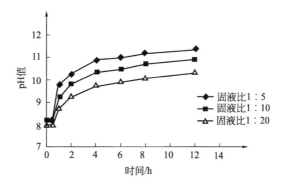

图 3.3　锦州铬渣不同固液比铬渣浸溶 pH 值随时间的变化

是固液比减小有利于一些难溶物质的沉淀溶解平衡向溶解方向移动[2]。

从浸出时间对铬渣中污染物溶解释放的影响来看（以锦州铬渣固液比 1∶10 为例），随着浸出时间的延长，浸出 Cr(Ⅵ) 浓度随之增大，在初始阶段，快速浸出，2h 内浸出液 Cr(Ⅵ) 浓度达到 926.85mg/L，之后浸出速率变慢，浸出曲线呈现平台状，至 12h 接近平衡，此时浓度为 1204.35mg/L。沈阳铬渣具有相同规律。这是因为 Cr(Ⅵ) 从铬渣中浸出是一个快速达到平衡的过程，在浸出初期，浸出主要是表面铬的浸出，因此浸出速率较快；随着表面铬的溶解，浸出过程转移到铬渣内部，是铬通过毛细管的扩散过程，这一过程比较缓慢。总体看来，一般浸出 8~12h 即可达到浸出平衡。

不同固液比铬渣浸溶 pH 值随时间变化曲线如图 3.3 和图 3.4 所示。可以看出，随固

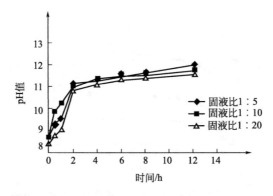

图 3.4　沈阳铬渣不同固液比铬渣浸溶 pH 值随时间的变化

液比增大，浸出液 pH 值逐渐增加；浸出液 pH 值随时间延长逐渐增大，同时可见铬渣浸取液碱性很高，这与铬渣成分有很大关系。铬渣物相中含有大量方镁石（游离氧化镁），溶于水即产生水镁石（氢氧化镁）；硅酸二钙、铁铝酸钙等矿物水化将产生氢氧化钙。这些氢氧化物的产生使得铬渣浸取液 pH 值往往高达 10 以上。

对比锦州铬渣和沈阳铬渣浸出浓度（以渣样固液比 1∶10 为例），可以看出，锦州铬渣 12h Cr(Ⅵ) 浸出浓度为 1204.35mg/L，沈阳铬渣却只有 127.04mg/L。可见，同质量铬渣，锦州铬渣为新渣，水溶态 Cr(Ⅵ) 含量较高，而沈阳铬渣为陈渣，水溶态 Cr(Ⅵ) 含量较低，几乎为锦州铬渣的 1/10。

3.1.3.2　浸取剂 pH 值对铬渣中污染物溶解释放的影响

铬渣中的铬由不同形态组成，其中酸溶态是铬渣的重要形态之一。因此，酸度对铬渣中铬的溶出具有重要影响。选定固液比 1∶10、搅拌强度 150r/min、温度 25℃、铬渣粒度≤2mm，用 HAc-NaAc 缓冲溶液作为浸取剂，调节浸取剂 pH 值分别为 2.3、4.1、6.0、8.4、10.8，铬渣与浸取剂混合，测定不同浸溶时间上清液 Cr(Ⅵ) 浓度和 pH 值，结果如图 3.5～图 3.8 所示。

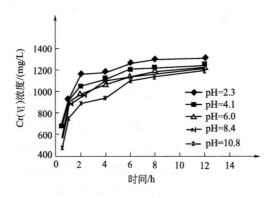

图 3.5　浸取剂 pH 值对锦州铬渣六价铬浸出浓度的影响

由图 3.5 和图 3.6 可以看出，浸取剂 pH 值对铬渣中污染物的溶解释放有着重要影响，浸取剂 pH 值越小，Cr(Ⅵ) 溶解释放速率越快，溶解释放量也越大。从锦州铬渣浸出来看，pH 值在 4.1 以下时，表现较为明显，pH 值在 6.0 和 8.4（中性范围左右）时，浸出液 Cr(Ⅵ) 浓度相差不大，除强酸性（pH=2.3）外，12h 浸出平衡浓度相当。从沈

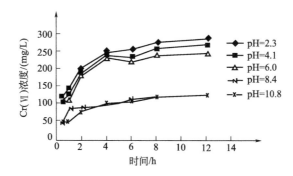

图 3.6 浸取剂 pH 值对沈阳铬渣六价铬浸出浓度的影响

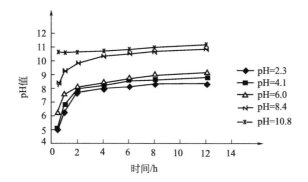

图 3.7 浸取剂 pH 值对锦州铬渣浸出液 pH 值的影响

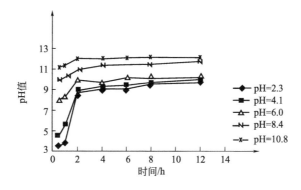

图 3.8 浸取剂 pH 值对沈阳铬渣浸出液 pH 值的影响

阳铬渣浸出来看，pH 值在酸性范围（pH≤6）内时，表现较为明显，pH 值在碱性范围（8.4 和 10.8）时，浸出液 Cr(Ⅵ) 浓度几乎没有差别。

由于铬渣本身呈强碱性，铬渣中的六价铬也多以碱性的 $Cr_2O_4^{2-}$ 形式存在。当浸取剂 pH 值较小时，铬渣中部分碱性难溶铬酸盐类与水中的酸发生反应，使难溶铬酸盐溶解，$Cr_2O_4^{2-}$ 转变为 $Cr_2O_7^{2-}$，使进入浸出液中的 Cr(Ⅵ) 增多，且随酸性增强六价铬的溶解量相应增大；同时，HAc-NaAc 缓冲溶液作为浸取剂，醋酸根阴离子对 Cr(Ⅵ) 金属阳离子有螯合作用，它能破坏矿物晶体结构，从而有利于被晶体包裹的、存在于晶格中的 Cr(Ⅵ) 的溶解浸出[3]。当浸取剂 pH 为中性时，碱性的难溶铬酸盐类不发生溶解。当使用碱性水淋滤时，不但不能促进碱性难溶铬酸盐类溶解，反而更有利于碱性难溶铬酸盐类生成。因此，铬渣堆的酸化将极大地促进重金属铬向环境释放，尤其在我国酸雨严重的南方地区更加严重，需加强管理。

由图 3.7 和图 3.8 可见，随着浸取剂 pH 值的增大，铬渣浸出液 pH 值也逐渐增大，浸取剂 pH 值越大，浸出液 pH 值变化越小。浸出液 pH 值除了受到浸取剂 pH 值影响外，还受到铬渣碱度影响，当浸取剂 pH 值较大时，铬渣的影响占据绝对优势，浸取剂 pH 值的影响不明显，浸取剂 pH 值较小时，其对浸出液的影响才表现出来。无论浸取剂 pH 值多大，浸出液在 2h 后 pH 值都进入了碱性范围，由于浸取过程是一个中和反应过程，这反映了铬渣强的酸中和能力。

因此，从铬渣解毒角度看，酸性条件下不稳定的水溶态铬和酸溶态铬同时溶出，十分有利于 Cr(Ⅵ) 的回收；从铬渣堆放角度看，铬渣堆的酸化将极大地促进重金属铬向环境释放，尤其在我国酸雨严重的南方地区更加严重，需加强管理。

3.1.3.3 振荡速度对铬渣中污染物溶解释放的影响

振荡浸出在保持污染物溶解释放规律和静置状态一致情况下，可以加速浸出过程进行，同时也能反映在最不利情况下，铬渣中有害物质最大浸出速率和浸出浓度。选定固液比 1:10、温度 25℃、铬渣粒度 ≤2mm，改变振荡速度（分静置 50r/min、100r/min、150r/min 和 200r/min），测定不同浸泡时间上清液 Cr(Ⅵ) 浓度，结果如图 3.9 和图 3.10 所示。静置时结果如图 3.11 和图 3.12 所示。

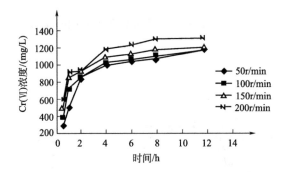

图 3.9 振荡速度对锦州铬渣六价铬浸出浓度的影响

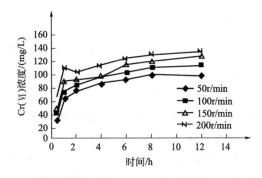

图 3.10 振荡速度对沈阳铬渣六价铬浸出浓度的影响

由图 3.9 可以看出，振荡速度对锦州铬渣中污染物的溶解释放有较大影响。在振荡时，由于加快了固液界面的更新速度，提高了浓度梯度，污染物溶解释放速度大大加快。

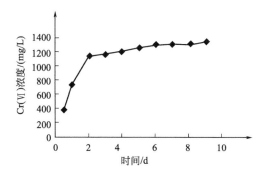

图 3.11　静置条件下锦州铬渣浸出液中六价铬浓度随浸出时间的变化

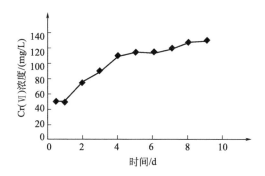

图 3.12　静置条件下沈阳铬渣浸出液中六价铬浓度随浸出时间的变化

随着振荡速度的增加，污染物溶解释放速度明显加快，转速为 50r/min、100r/min、150r/min、200r/min 时，仅 8h Cr(Ⅵ) 浸溶浓度分别达到 1073.48mg/L、1111.0mg/L、1176.6mg/L 和 1218.85mg/L。振荡产生的高速涡流能迅速地将扩散层厚度减小至一定程度，从而减小 Cr(Ⅵ) 从固相表面通过扩散层扩散至液相中时的扩散阻力，从而使扩散速率增加；随着振荡时间的延长或振荡速度达到一定值后，无法继续加速离子或分子的扩散速率，从浸出动力学角度分析[4]，此时浸出过程受渣内固相层内扩散控制，液膜外扩散不再起主导作用。而由图 3.11 可以看出，静置浸泡时，铬渣中 Cr(Ⅵ) 溶解释放速度很慢，2d 时达到 1119.8mg/L，10d 时才达到 1318.31mg/L。

　　对于沈阳铬渣样品（图 3.10 和图 3.12），振荡速度对污染物的溶解释放同样具有较大影响。随着振荡速度的增加，污染物溶解释放速度明显加快，转速为 150r/min 时，2h Cr(Ⅵ) 浸溶浓度便达到 91.36mg/L。而静置浸泡时，铬渣中 Cr(Ⅵ) 溶解释放速度很慢，2d 时达到 76.35mg/L，9d 时才达到 132.34mg/L。

3.1.3.4　铬渣粒度大小对铬渣中污染物溶解释放的影响

　　随着铬渣堆放时间的延长，铬渣将出现风化现象，特别在人类活动干扰下，铬渣粒度也会发生变化，部分铬渣由大块结构逐渐疏松为小颗粒，所以有必要研究揭示粒度大小对铬渣污染组分溶解释放的影响。选定固液比 1∶10、搅拌强度 150r/min、温度 25℃，控制铬渣样品粒径（10～30 目、30～100 目、100～200 目），测定不同浸泡时间上清液 Cr(Ⅵ) 浓度，结果如图 3.13 和图 3.14 所示。

　　由图 3.13 和图 3.14 可以看出，无论是锦州铬渣还是沈阳铬渣，铬渣粒径大小对铬渣

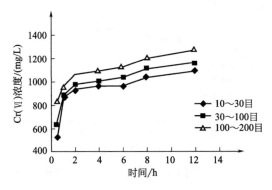

图 3.13 锦州铬渣粒度对六价铬浸出浓度的影响

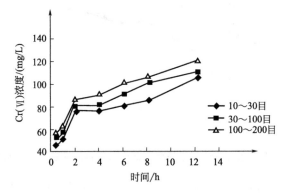

图 3.14 沈阳铬渣粒度对六价铬浸出浓度的影响

中污染物溶解释放速率影响较大，随着粒径变小，浸出液中 Cr(Ⅵ) 浓度明显增高，浸出的六价铬质量也明显增多。可见，粒径越小，单位质量铬渣总表面积越大，使得固液接触界面面积越大，铬酸盐的溶解释放速率加快，溶解作用更加充分。另外，铬渣粒径越小，铬矿物的单体解离度就越大，六价铬迁移到液体中的可能性就越大，其浸出率也就越高。

因此，对于堆存铬渣，随着堆放时间的延长，铬渣风化后粒径逐渐变小，受到雨淋、水浸溶时，铬渣中 Cr(Ⅵ) 释放质量和速率明显增加，对环境污染持续加剧。另外，若采用淋洗法回收铬渣时，将铬渣破碎筛分后处理，将有利于铬渣的回收。

3.1.3.5 温度对铬渣中污染物溶解释放的影响

浸取液的温度是影响固相中可溶性物质的溶解度的重要因素，其温度越高，可溶性物质的分子微粒运动就越剧烈，其在溶解液中的溶解度也就越高。选定固液比 1∶10、搅拌强度 150r/min、铬渣粒度≤2mm，调节温度分别为 15℃、25℃ 和 35℃，分别测定不同浸溶时间上清液 Cr(Ⅵ) 浓度，结果如图 3.15 和图 3.16 所示。

由图 3.15 和图 3.16 可以看出，锦州铬渣和沈阳铬渣随着温度升高，六价铬浸出浓度都不断增大，因为铬渣在溶液中溶解为吸热过程，铬渣溶于水时吸收热量，根据平衡移动原理，当温度升高时，平衡有利于向吸热反应方向移动；铬渣中水溶性铬酸钠的分子微粒运动随温度升高而变得剧烈，液相黏度降低，其在溶解液中的溶解度也就增大。反应后期，由于铬渣表面溶解度相对较大的铬酸钠几乎全部溶解出来，酸溶性的铬酸钙由于溶解

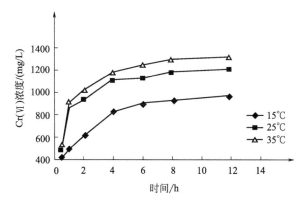

图 3.15　温度对锦州铬渣六价铬浸出浓度的影响

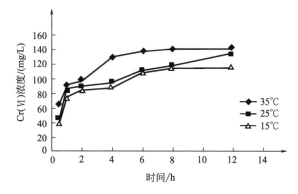

图 3.16　温度对沈阳铬渣六价铬浸出浓度的影响

度较小，且随温度升高而减小，因此很难再溶解，从而浸出体系中铬渣浓度保持平衡状态。因此，在铬渣解毒中需要合理控制反应温度才能有利于 Cr(Ⅵ) 的有效溶出。

3.1.4　铬渣中 Cr(Ⅵ) 溶解释放的动力学机理

铬渣的浸溶过程是铬渣与水相互作用后，铬渣中可溶性物质溶解到水中的过程。由前面实验可以看出，影响铬渣溶解的因素主要有固液比、铬渣粒径大小、温度、振荡速度、浸取剂 pH 值等。Cr(Ⅵ) 的浸出可分为两个阶段：首先是表面 Cr(Ⅵ) 与水作用下的快速溶解过程，这个阶段 Cr(Ⅵ) 迅速溶出，体现初始阶段比较大的浓度变化；其后是内部被包裹的 Cr(Ⅵ) 的缓慢溶出，内部成分由于溶解度不同而呈现不同扩散能力，从而成为影响 Cr(Ⅵ) 浸出的主要控制步骤，体现铬渣中 Cr(Ⅵ) 的溶出是典型的内扩散控制模型。水溶性铬酸钠随着铬渣粒径减小、温度升高、振荡速度增大脱离铬渣颗粒界面缓慢向溶液扩散，酸溶性铬酸钙在酸性浸出剂浸出条件下，才向溶液中扩散。铬渣中 Cr(Ⅵ) 溶解释放速率遵循动力学机理，且服从 Fick 扩散定律，即：

$$\frac{\mathrm{d}c}{\mathrm{d}t} = -\frac{DA}{V} \times \frac{\mathrm{d}c}{\mathrm{d}x} = -\frac{DA}{V} \times \frac{c-c'}{\delta} \tag{3.1}$$

式中　$\dfrac{\mathrm{d}c}{\mathrm{d}t}$——扩散速率（溶解速率）；

D——扩散系数，与扩散物质及介质的黏度、温度等因素有关；

A——固液接触界面面积；

V——溶液体积；

δ——扩散层厚度；

c'——Cr(Ⅵ) 铬渣表面附近的饱和的浓度；

c——Cr(Ⅵ) 在溶液内部的浓度；

$\dfrac{\mathrm{d}c}{\mathrm{d}x}$——浓度梯度，$\dfrac{\mathrm{d}c}{\mathrm{d}x} = c - \dfrac{c'}{\delta}$。

式中 D、A、V、δ 对同一固体和同一溶液来说都是常数。

① 根据 Fick 定律，固液比越小，浸溶液 Cr(Ⅵ) 浓度也越低，但浓度梯度越大，则单位质量铬渣中 Cr(Ⅵ) 溶解扩散速率越快；

② 铬渣粒径越小，固液接触界面面积 A 就越大，Cr(Ⅵ) 溶解释放速率越快；

③ 振荡速度增大会加快固液界面的更新速度，减小扩散层厚度，增大固液接触界面面积，从而加快 Cr(Ⅵ) 溶解释放速率；

④ 浸取剂 pH 值的减小，导致铬渣中难溶性铬酸钙的溶出，从而使得浓度梯度增大，单位质量铬渣的 Cr(Ⅵ) 溶解释放速率增加；

⑤ 升高温度会降低液相黏度，增大扩散系数，从而增大 Cr(Ⅵ) 溶解扩散速率。

应该指出的是，具体的扩散系数 D 等需通过大量的实验研究确定。

3.2　铬渣动态淋溶特征

用蒸馏水模拟外部雨水作用，运用土柱对铬渣进行动态淋溶实验，研究揭示铬渣动态淋溶释放特点，测定铬渣中六价铬在大气降水淋滤作用下对地下水污染的强度，获得不同地区铬渣在雨水淋溶时的溶解释放机理，为防治铬渣对地下水污染提供科学理论依据。

3.2.1　实验装置及实验方法

实验采用内径为 100mm、高 1m 的有机玻璃柱 2 根，装置如图 3.17 所示。每根柱底部先垫纱布后放入洗净的石英砂捣实至高 50mm，然后分别放入锦州和沈阳堆场铬渣样品各 2000g，并捣实，上层再放 50mm 石英砂，以防铬渣溅出。加入去离子水润湿 24h 进行淋滤。

3.2.2　实验过程

采用土柱动态淋滤实验方法，考虑该地区雨水 pH 值在 6.8~7.5 之间，用去离子水模拟大气降水对铬渣进行淋滤实验，研究不同地区铬渣淋滤过程中 Cr(Ⅵ) 和总铬溶解释放规律。锦州和沈阳地区年平均降雨量分别为 690mm 和 735mm，设计淋滤速率分别为 37.5mL/h 和 40.0mL/h，每次收集淋滤液量分别为 900mL 和 960mL（相当于 2 个月降雨量），共收集相当于 4 年降雨量的淋滤液（锦州和沈阳铬渣淋滤液分别为 20660mL 和

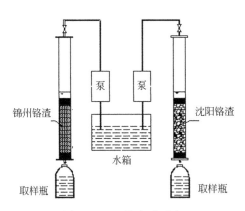

图 3.17　土柱实验示意

22280mL)。淋滤时先在铬渣上部加 50mm 去离子水，用恒流泵控制流速，稳定每天淋滤液量，每 24h 取样一次，然后进行 Cr(Ⅵ)、总铬和 pH 值测定，总监测时间约为 552h[5]。

3.2.3　铬渣动态淋溶污染组分溶解释放规律

3.2.3.1　铬渣中六价铬和总铬溶解释放规律分析

根据实验结果，分别绘制锦州地区和沈阳地区铬渣淋溶曲线，如图 3.18 和图 3.19 所示。

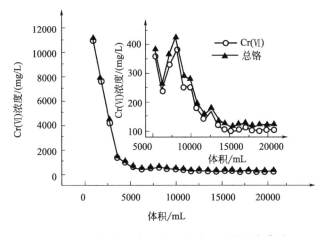

图 3.18　锦州铬渣淋滤液六价铬和总铬浓度曲线

图 3.18 和图 3.19 分别为锦州和沈阳铬渣淋滤液六价铬和总铬浓度随淋滤液体积变化曲线，考虑锦州铬渣淋滤液六价铬和总铬浓度曲线区分不明显，将淋滤液总体积大于 5000mL 水样以图内辅图形式表示。从图 3.18 和图 3.19 可以看出，无论是锦州的新铬渣还是沈阳的陈铬渣，也无论是 Cr(Ⅵ) 还是总铬，淋滤过程中，离子浓度都是经历先迅速下降再缓慢下降的过程。相较锦州新铬渣，沈阳陈铬渣 Cr(Ⅵ) 和总铬浓度下降都较慢，并且初始浓度也较低。对于锦州新铬渣，淋滤 6d，淋滤液中 Cr(Ⅵ) 浓度就由 10888.6mg/L 降到了 356.73mg/L，总铬浓度由 11201.4mg/L 降到了 382.91mg/L；后续淋滤过程中，Cr(Ⅵ) 和总铬浓度都继续下降，但下降速度趋于缓慢；到 16d 时，Cr(Ⅵ) 浓度降至 99.56mg/L，

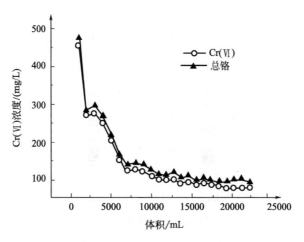

图 3.19　沈阳铬渣淋滤液六价铬和总铬浓度变化曲线

总铬浓度降至 120.02mg/L，之后保持平衡；至淋滤 23d 时，Cr(Ⅵ) 浓度仍为 99.52mg/L，总铬浓度降至 119.3mg/L。以上结果说明铬渣具有持续溶出 Cr(Ⅵ) 和 Cr(Ⅲ) 的特性[6]，铬渣堆放将会对地下水造成长期严重的污染。而同质量的沈阳陈铬渣，淋滤过程中，Cr(Ⅵ) 和总铬浓度都较锦州新铬渣低，浓度下降速度也都较锦州新铬渣缓慢。淋滤 6d，淋滤液中 Cr(Ⅵ) 浓度由 455.55mg/L 降到 151.34mg/L，总铬浓度由 474.35mg/L 降到 165.74mg/L；后续淋滤过程中，Cr(Ⅵ) 和总铬浓度都缓慢下降；到 20d 时，Cr(Ⅵ) 浓度降至 76.35mg/L，总铬浓度降至 91.44mg/L，之后保持平衡；至淋滤 23d 时，Cr(Ⅵ) 浓度仍为 76.35mg/L，总铬浓度降至 91.42mg/L。沈阳陈铬渣比锦州新铬渣初始溶出浓度低，溶出速度慢，从惠秀娟等[7]和王斌远等[8]对沈阳和锦州铬渣的形态分析可推断原因为：锦州新铬渣中可交换态铬含量高，导致吸附在铬渣表面的铬酸钠（Na_2CrO_4）、游离铬酸钙（$CaCrO_4$）等可溶性铬发生溶解作用而大量溶出；而沈阳陈铬渣长期露天堆存，风化严重，已经雨水多年淋滤，可交换态铬多数已溶出，进入土壤和地下水系统，有机物与重金属螯合形成的有机结合态铬和长期在沉积物中保持稳定的残渣态铬含量高，不易释放。纪柱[9]对新旧铬渣组成变化的研究表明，经历长期风化和雨淋后的铬渣，可溶性铬随水流失，其余铬渣中除铬铁矿 [$Mg(CrAlFe)_2O_4$] 未变外，其他物相多发生了明显变化，硅酸二钙（$2CaO \cdot SiO_2$）和铝酸钙（$3CaO \cdot Al_2O_3$）消失，铁铝酸钙（$4CaO \cdot Al_2O_3 \cdot Fe_2O_3$）发生水化反应变为含 Cr(Ⅵ) 的水榴石[$Ca_3Al_2(H_4O_4 \cdot CrO_4)_3$]及多种无定形物（氢氧化铬、氢氧化铝、硅胶等），这也是陈铬渣低浓度、缓慢持续溶出原因。

3.2.3.2　铬渣中三价铬溶解释放规律分析

根据淋滤结果绘制三价铬溶出规律及淋出液三价铬占总铬质量浓度百分比曲线，结果如图 3.20 和图 3.21 所示。

从图 3.20 和图 3.21 可以看出，无论锦州新铬渣还是沈阳陈铬渣，相比 Cr(Ⅵ) 的溶出，Cr(Ⅲ) 的溶出量均较少，锦州新铬渣 Cr(Ⅲ) 溶出量占总铬溶出量的 1.65%～17.05%，沈阳陈铬渣 Cr(Ⅲ) 溶出量占总铬溶出量的 3.96%～21.41%。

从 pH 值角度分析，由图 3.22 和图 3.23 可以看出，锦州新铬渣和沈阳陈铬渣淋滤液 pH 值分别在 10.13～12.16 和 12.22～12.57 之间波动，淋滤液 pH 值都非常高，导致

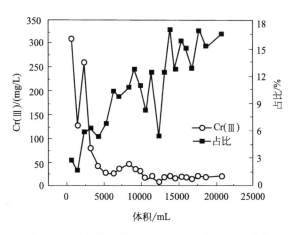

图 3.20　锦州铬渣淋滤液三价铬浓度及占比曲线

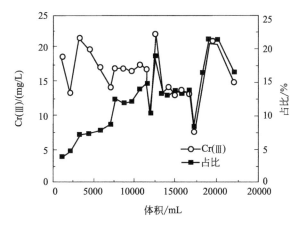

图 3.21　沈阳铬渣淋滤液三价铬浓度及占比曲线

Cr(Ⅲ) 的溶出量很少。从 Cr(Ⅲ) 溶出规律分析，锦州新铬渣 Cr(Ⅲ) 溶出浓度先迅速下降后缓慢下降再保持稳定，与 Cr(Ⅵ) 变化规律基本一致，而 Cr(Ⅲ) 溶出占比呈波动性上升趋势；与锦州新铬渣相比，沈阳陈铬渣 Cr(Ⅲ) 溶出浓度一直在 7.6～22.73mg/L 之间呈波动性变化，而 Cr(Ⅲ) 溶出量占总铬溶出量的百分比亦呈波动性上升趋势。这是因为，碱性环境下，铬渣中 Cr(Ⅵ) 主要以 CrO_4^{2-} 形式存在，容易溶出，而 Cr(Ⅲ) 主要以 $Cr(OH)_3$ 和 $Cr_xFe_{1-x}(OH)_3$ 形式存在[10]，另外，铬渣颗粒表面也容易吸附 Cr(Ⅲ)，因而溶出量相对较少。

3.2.3.3　铬渣淋滤液中六价铬和总铬溶解释放衰减曲线

根据实验数据点，采用最小二乘法拟合，建立铬渣淋滤液中 Cr(Ⅵ) 和总铬的质量浓度与降雨量（淋滤液体积）之间关系模型，结果显示，锦州新铬渣的 Cr(Ⅵ) 和总铬溶出模型与一般污染物溶出规律不同，呈双指数衰减曲线关系，而沈阳陈铬渣 Cr(Ⅵ) 和总铬溶出模型呈幂函数衰减曲线关系，结果如表 3.1 所列。分析原因，锦州铬渣为新铬渣，而Maria 等[11]研究发现，新铬渣含有大量可溶的铬酸钠和铬酸钙，刚开始淋滤时，铬酸钠由于溶解度大而迅速大量溶出，因而起始 Cr(Ⅵ) 和总铬浓度非常高，之后，转向以溶解

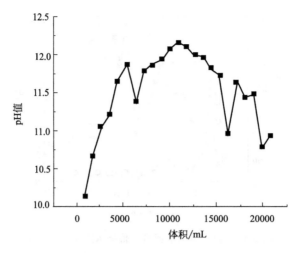

图 3.22　锦州铬渣淋滤液 pH 值变化

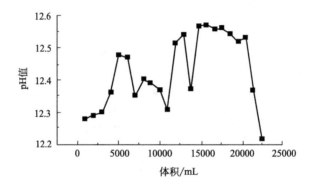

图 3.23　沈阳铬渣淋滤液 pH 值变化

度稍小的铬酸钙溶出为主，淋出液 Cr(Ⅵ) 和总铬浓度变化减小；沈阳陈铬渣的淋出相当于新铬渣完成了初始淋出过程，其淋出符合一般污染物淋出规律[12]。

表 3.1　铬渣中 Cr(Ⅵ) 和总铬淋滤释放回归方程

样品名称	分析项目	拟合衰减方程	R^2
锦州新渣	Cr(Ⅵ)	$C = 73.039 + 341.921 e^{-\frac{V}{4582.590}} + 2.669 \times 10 - 6 e^{-\frac{V}{93.623}}$	0.974
	T_{Cr}	$C = 87.702 + 342.957 e^{-\frac{V}{4669.069}} + 2.999 \times 10 - 6 e^{-\frac{V}{92.750}}$	0.970
沈阳陈渣	Cr(Ⅵ)	$C = 24790.147 V^{-0.582}$	0.960
	T_{Cr}	$C = 19317.732 V^{-0.541}$	0.956

表 3.1 中，C 为降水量（淋滤液体积）为 V 时淋滤液某组分质量浓度，单位为 mg/L；V 为淋出液体积，单位为 mL。由表 3.1 回归结果可以看出，淋出液中 Cr(Ⅵ) 和总铬浓度（C）和淋出液体积（V）之间呈显著负相关，相关系数均大于 0.90。因此，利用铬渣中污染物淋滤释放规律模型，可得到 Cr(Ⅵ) 和总铬释放质量浓度随降雨量（淋滤液体积表示）变化规律，近而定量地预测铬渣中 Cr(Ⅵ) 和总铬对土壤-地下水系统的污染强度。

参考文献

[1]　Wen J，Jiang T，Gao H，et al. Comparison of Ultrasound-Assisted and Regular Leaching of Vanadium and Chromium from Roasted High Chromium Vanadium Slag［J］. JOM，2018，70（2）：155-160.

[2]　李喜林，王来贵，赵奎，等. 铬渣浸溶 Cr(Ⅵ) 溶解释放规律研究——以锦州堆场铬渣为例［J］. 地球与环境，2013，41（05）：518-523.

[3]　林晓，曹宏斌，李玉平，等. 铬渣中 Cr(Ⅵ) 的浸出及强化研究［J］. 环境化学，2007，26（6）：805-809.

[4]　江澜，王小兰，单振秀. 化工铬渣六价铬浸出试验方法研究［J］. 重庆工商大学学报（自然科学版），2005，22（2）：139-142.

[5]　刘玲，刘海卿，韩亮，等. 铬渣动态淋滤重金属铬溶解释放规律研究［J］. 地球与环境，2016，44（05）：581-585.

[6]　肖凯，李国成. 铬渣中六价铬滤出特性研究［J］. 土木工程与管理学报，2013，30（2）：46-51.

[7]　惠秀娟，马汐平，徐成斌，等. 沈阳市新城子铬渣堆存区土壤铬污染分布及形态分析［J］. 黑龙江环境通报，2009，33（3）：50-53.

[8]　王斌远，陈忠林，李金春子，等. 铬渣中铬的赋存形态表征和酸浸出特性［J］. 哈尔滨工业大学学报，2015，47（8）：17-20.

[9]　纪柱. 铬渣长期堆存后的组成变化及对治理的影响［J］. 无机盐工业，2006，38（9）：8-12.

[10]　张晟，彭莉，王定勇，等. 酸雨淋溶对铬渣中 Cr^{6+} 释放的影响［J］. 环境化学，2007，26（4）：512-515.

[11]　Maria C，Sirine C，Matthew A，et al. Microstructural Analyses of Cr(Ⅵ) Speciation in Chromite Ore Processing Residue（COPR）［J］. Environmental Science Technology，2009，43（14）：5461-5466.

[12]　Deok H，Mahmoud W，Dimitris D，et al. Long-Term Treatment Issues with Chromite Ore Processing Residue（COPR）：Cr^{6+} Reduction and Heave［J］. Journal of Hazardous Materials，2007（143）：629-635.

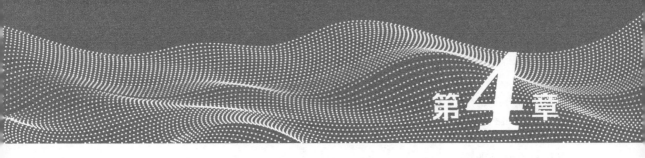

铬渣渗滤液在土壤-地下水系统中的运移规律

根据重金属污染物在土壤-地下水系统中迁移、转化和积累规律，可将其分为积累性重金属污染物和迁移性重金属污染物。积累性重金属污染物大多只积累在耕植层土壤中，容易被植物吸收，较难向下迁移，如镉、铅等重金属，这类污染物进行着"人类产生污废水—耕作层—农作物"的小循环；迁移性重金属污染物除了小部分在耕作层土壤中积累并向植物迁移外，大部分向地下水中运移，如铬、砷（类金属）等。铬污染物大量向土壤-地下水系统迁移，会使水体遭受严重污染。研究不同土壤对铬的吸附特性、含铬污染物在土壤-地下水系统中的运移规律，对于降低生物有效形态铬含量，进而治理铬污染土壤和地下水有着非常重要的意义。

本章以铬渣渗滤液作为主要研究对象，选择人类赖以生存的土壤-地下水系统作为研究环境，采用静态土壤吸附实验、动态土柱淋滤实验和非均质砂箱试验相结合的方法，从不同维度研究不同土壤对 $Cr(VI)$ 的吸附机制及土壤基本理化性质对 $Cr(VI)$ 吸附的影响，揭示 $Cr(VI)$ 在土壤中的分布特征和迁移规律，为净化被铬污染的环境创造合适条件。

4.1 土壤采集及性质测定

研究所用土壤取自锦州铬渣堆存区 2km 以外未受污染的洁净棕壤土，采用钻孔取样，取 0.2～6m 粉质黏土和 2.5～8.2m 粉质砂土，所取土样用聚乙烯塑料袋封装，在实验室去除杂物，过 10 目筛，自然风干。

土样物理性质参考《土工试验方法标准》（GB/T 50123—2019）测定，土样化学成分参考《土壤农业化学常规分析方法》[1]测定。测定结果如表 4.1 和表 4.2 所列。

表 4.1 土样的物理性质

项目	土壤干容重 /(g/cm³)	2h 湿密度 /(g/cm³)	12h 饱和密度 /(g/cm³)	孔隙度 /%	颗粒组成（按质量百分比计）/%	
					砂粒	黏粒
粉质黏土	1.54	1.89	1.97	42.9	42	32
粉质砂土	1.58	1.86	1.91	34.2	78	3.9

表 4.2　土样化学组成

项目	pH 值	有机质/(g/kg)	阳离子交换量(CEC)/(cmol/kg)	化学成分质量分数/%					
				MgO	CaO	Na₂O	K₂O	P₂O₅	SiO₂
粉质黏土	8.2	65.6	20.9	1.0	1.6	3.7	1.2	0.4	53.2
粉质砂土	7.9	10.3	7.9	0.3	1.6	3.3	0.9	18.3	74.2

4.2　土壤对铬渣渗滤液静态吸附实验

不同土壤对铬吸附作用不同，影响铬在土壤和地下水中迁移转化机制，弄清不同土壤对 Cr(Ⅵ) 的吸附机制及不同条件下土壤对铬吸附的影响，获得土壤吸附等温线，建立吸附动力学方程，揭示不同土壤对铬的吸附还原动力学机制，可为防治铬对地下水污染提供科学依据。

本次静态土壤吸附实验取过 10 目筛子的粉质砂土和粉质黏土各 10g 与铬渣渗滤液 100mL 混合，装入 250mL 的锥形瓶中，采用振荡平衡法，用恒温振荡器以 150r/min 进行不同土壤吸附实验，测定铬渣渗滤液浓度、吸附时间、pH 值、温度等因素对土壤吸附铬渣渗滤液中污染物的影响，溶液在不同时间取样，过 0.45μm 微孔滤膜过滤，收集滤液，测定滤液中 Cr(Ⅵ) 浓度和滤液 pH 值。

4.2.1　不同条件下土壤对铬吸附的影响研究

4.2.1.1　吸附时间对土壤吸附 Cr(Ⅵ) 的影响研究

控制溶液 Cr(Ⅵ) 浓度 20mg/L，反应温度 25℃，测定不同振荡时间对吸附量的影响，结果如图 4.1 所示。

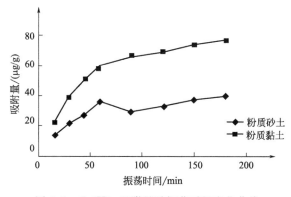

图 4.1　Cr(Ⅵ) 吸附量随振荡时间变化曲线

从图 4.1 可知，随吸附时间延长，粉质黏土和粉质砂土对 Cr(Ⅵ) 的吸附量都逐渐增加，在初始 1h 内增长较快，1h 时粉质黏土和粉质砂土基本达到吸附平衡，1h 后吸附速度放缓。相较粉质黏土，粉质砂土的吸附能力较差，而且在 90min 时 Cr(Ⅵ) 从砂土中解吸出来，出现"反吐现象"［反吐现象是土壤吸附 Cr(Ⅵ) 后解析作用增强的表现，此时水中 Cr(Ⅵ) 浓度升高，土壤对 Cr(Ⅵ) 吸附量降低］，笔者认为应该是粉质砂土所含黏粒和有机质较少，吸附性相对较差，容易解吸的缘故[2]。当 Cr(Ⅵ) 与土壤接触时，会同时发生吸附作用和还原作用，接触初期以 Cr(Ⅵ) 的吸附作用为主，随时间延长，还原作用所占的比例逐渐增加。为了研究土壤对 Cr(Ⅵ) 的吸附，减少 Cr(Ⅵ) 的还原量，并尽量使 Cr(Ⅵ) 达到吸附平衡，本实验中均采用 1h 作为吸附平衡时间。

4.2.1.2 污染物浓度对土壤吸附 Cr(Ⅵ) 的影响研究

控制反应温度 25℃，测定不同 Cr(Ⅵ) 浓度溶液的土壤吸附效果，结果如图 4.2 所示。

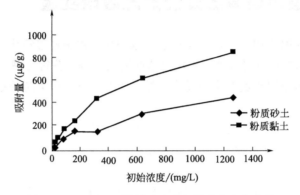

图 4.2 Cr(Ⅵ) 吸附量随溶液初始浓度变化曲线

从图 4.2 可以看出，随 Cr(Ⅵ) 初始浓度增加，粉质黏土和粉质砂土对 Cr(Ⅵ) 的吸附量都逐渐增加，但吸附率却逐渐降低。初始浓度越小，吸附量降低越大。粉质黏土吸附量明显高于粉质砂土，其原因是粉质黏土的黏粒和有机质含量高、直径小、接触面积大等特点，因而吸附性较强。

4.2.1.3 pH 值对土壤吸附 Cr(Ⅵ) 的影响研究

控制溶液 Cr(Ⅵ) 浓度 20mg/L、反应温度 25℃，测定不同 pH 值条件对土壤吸附 Cr(Ⅵ) 的影响，结果如图 4.3 所示。

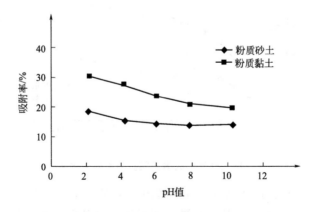

图 4.3 Cr(Ⅵ) 吸附率随溶液 pH 值变化曲线

在吸附过程中，pH 值是重要影响因素之一，土壤 pH 值影响土壤吸附表面电荷、进入土壤铬的形态以及它们之间的络合反应，因而必然对吸附率产生影响。从图 4.3 可以看出，随溶液 pH 值增加，粉质黏土和粉质砂土对 Cr(Ⅵ) 的吸附率都逐渐下降，且 pH 显碱性后下降趋势缓慢，特别是粉质砂土对 Cr(Ⅵ) 的吸附在 pH>6 时，吸附率就趋于平稳。因为酸性条件下土壤中的 Cr(Ⅵ) 主要以 $HCrO_4^-$ 存在，而在碱性条件下主要以 CrO_4^{2-} 存在，由此推断粉质黏土和粉质砂土中 Cr(Ⅵ) 被吸附的主要形态是 $HCrO_4^-$，而迁移形态为 CrO_4^{2-}，当 pH>7.0 时，由于 Cr 的存在形态发生变化，土壤溶液中负电荷数增加，因而吸附率下降。

4.2.1.4　温度对土壤吸附铬的影响研究

控制溶液 Cr(Ⅵ) 浓度 20mg/L，测定不同温度条件对土壤吸附 Cr(Ⅵ) 的影响，结果如图 4.4 所示。

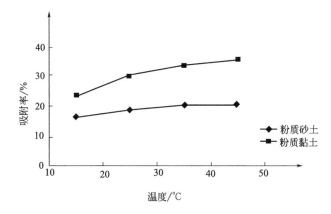

图 4.4　Cr(Ⅵ) 吸附率随温度变化曲线

从图 4.4 可以看出，随温度增加，粉质黏土和粉质砂土对 Cr(Ⅵ) 的吸附率均逐渐增大，但粉质黏土比粉质砂土增加幅度大。这与土壤胶体含量有关，因为土壤胶体对 Cr(Ⅵ) 的吸附是一个吸热过程，胶体含量越大，吸热越多，吸附率增加越大。根据液相吸附理论分析，随着温度升高，吸附剂与溶剂的亲和力增强。从吸附过程来分析，溶液中 Cr(Ⅵ) 首先需要克服吸附剂颗粒周围液膜阻力，扩散到吸附剂外表面，然后才能向吸附剂细孔深处扩散。升高温度，不仅使得溶液中 Cr(Ⅵ) 克服土壤表面液膜阻力能力增强，而且有利于土壤表面吸附 Cr(Ⅵ) 沿土壤微孔向其内部迁移，使可供使用表面吸附位增多。

4.2.2　土壤对 Cr(Ⅵ) 的吸附动力学

4.2.2.1　等温吸附模型

用于描述土壤中重金属离子吸附的数学模型通常有 Langmuir 等温吸附模型、Freundlich 等温吸附模型、Temkin 等温吸附模型。

（1）Langmuir 等温吸附模型

根据实验结果，应用 2.2.4.1 部分 Langmuir 等温吸附模型拟合，结果如图 4.5 和图 4.6 所示。

（2）Freundlich 等温吸附模型

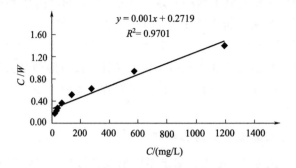

图 4.5 粉质黏土吸附 Cr(Ⅵ) 的 Langmuir 等温吸附模型拟合

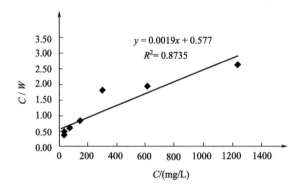

图 4.6 粉质砂土吸附 Cr(Ⅵ) 的 Langmuir 等温吸附模型拟合

根据实验结果，应用 2.2.4.1 部分 Freundlich 等温吸附模型拟合，结果如图 4.7 和图 4.8 所示。

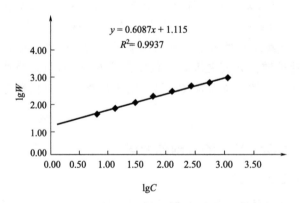

图 4.7 粉质黏土吸附 Cr(Ⅵ) 的 Freundlich 等温吸附模型拟合

(3) Temkin 等温吸附模型

根据实验结果，应用 2.2.4.1 部分 Temkin 等温吸附模型拟合，结果如图 4.9 和图 4.10 所示。根据图 4.5～图 4.10 可得，吸附等温模型特征如表 4.3 所列。

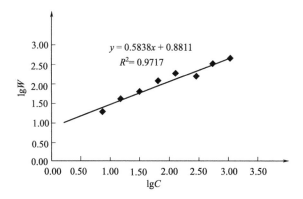

图 4.8 粉质砂土吸附 Cr(Ⅵ) 的 Freundlich 等温吸附模型拟合

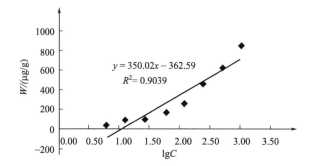

图 4.9 粉质黏土吸附 Cr(Ⅵ) 的 Temkin 等温吸附模型拟合

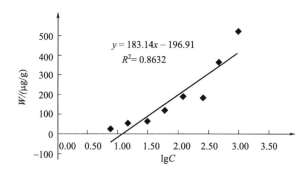

图 4.10 粉质砂土吸附 Cr(Ⅵ) 的 Temkin 等温吸附模型拟合

从表 4.3 可以看出，无论粉质黏土还是粉质砂土，三种吸附式均有较好的拟合度，相关系数均达到显著水平，但粉质黏土吸附性明显高于粉质砂土；从相关系数 r 分析，无论粉质黏土还是粉质砂土，Freundlich 等温方程拟合＞Langmuir 等温方程拟合＞Temkin 方程拟合，说明用 Freundlich 等温方程能更好地描述粉质黏土和粉质砂土对 Cr(Ⅵ) 的吸附。但 Freundlich 方程和 Temkin 方程均无法表征出土壤吸附容量，更不能说明吸附强度因子与吸附容量的关系以及土壤对 Cr(Ⅵ) 的吸附机理。Langmuir 方程能同时表征吸附容量和吸附强度，更能说明二者之间的关系，并常将其式中的吸附容量 W_s 当作实际最大吸附量加以运用，吸附强度因子 a 表征了土壤中有机、无机及各种复合胶体与离子的结合能，a 值越大，土壤胶体与离子结合能越大，吸附越强[3]。因此，用 Langmuir 方程来描述粉质黏土和粉质砂土对 Cr(Ⅵ) 的吸附优于 Freundlich 方程和 Temkin 方程。

表 4.3 吸附等温线特征

土壤名称	Langmuir 方程			Freundlich 方程			Temkin 方程		
	$\frac{1}{aW_s}$	W_s	r	$\lg K_F$	$1/n$	r	a	K	r
粉质砂土	0.577	526.3	0.9346	0.8811	0.5838	0.9857	−196.91	183.14	0.9291
粉质黏土	0.2719	1000	0.9849	1.115	0.6087	0.9968	−362.59	350.02	0.9507

综上，粉质黏土和粉质砂土对 Cr(Ⅵ) 的吸附可用 Langmuir 方程、Freundlich 方程和 Temkin 方程很好地描述，若以最大吸附量来考虑则以 Langmuir 方程为好。这也说明粉质黏土和粉质砂土对 Cr(Ⅵ) 的吸附既有物理吸附也有化学吸附。

4.2.2.2 吸附动力学

液相吸附的吸附机理由三个基本过程组成。第一个过程是吸附质在吸附剂粒子表面的液膜内扩散，这个过程中吸附速率与液膜扩散速率有关。第二个过程是颗粒内部扩散阶段，经液膜扩散到吸附剂表面的吸附质向细孔深处扩散，该过程又分为细孔扩散和表面扩散两个过程。细孔扩散是吸附质分子在细孔内的气相中扩散；表面扩散是已经吸附在孔壁上的分子在不离开孔壁的状态下转移到相邻的吸附位上。第二个过程的扩散速率主要由颗粒内的扩散速率决定。第三个过程是吸附质分子吸附在细孔内的吸附位上。在通常物理吸附中，第三个过程吸附速率很快，可以认为在细孔表面各个吸附位上吸附质浓度和吸附量平衡，因此总吸附速率最终取决于前两个基本过程[4]。

化学反应动力学所反映的是在一定温度下，物质浓度和反应时间之间的关系。在一定温度下，研究不同吸附时间内不同土壤对 Cr(Ⅵ) 的吸附量，进而可得出反应速率变化规律和物质浓度随时间的变化规律。

常用来描述重金属离子吸附动力学的方程主要有 Elovich 公式、双常数速率公式和抛物线扩散公式。

Elovich 公式：

$$C = a + b\ln t \tag{4.1}$$

双常数速率公式：

$$\ln C = a + b\ln t \tag{4.2}$$

抛物线扩散公式：

$$C = a + kt^{\frac{1}{2}} \tag{4.3}$$

式中　C——时间 t min 时单位质量的土壤吸附量，$\mu g/g$；

a，b，k——常数。

根据实验结果，绘制粉质黏土和粉质砂土吸附 Cr(Ⅵ) 动力学模型，结果如图 4.11～图 4.16 所示。

根据图 4.11～图 4.16 可得，粉质黏土和粉质砂土吸附 Cr(Ⅵ) 动力学表达式如表 4.4 所列。

从表 4.4 可以看出，粉质黏土相较粉质砂土动力学拟合程度更高且吸附性更好。用 Elovich 公式、双常数速率公式、抛物线扩散公式对粉质黏土和粉质砂土吸附动力学曲线

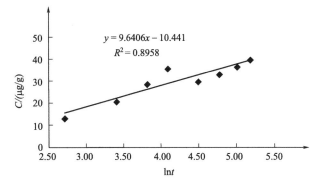

图 4.11　粉质砂土吸附 Cr(Ⅵ) 的 Elovich 公式拟合

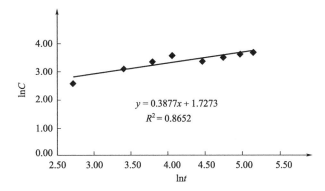

图 4.12　粉质砂土吸附 Cr(Ⅵ) 的双常数速率公式拟合

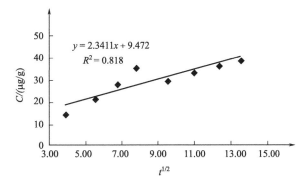

图 4.13　粉质砂土吸附 Cr(Ⅵ) 的抛物线扩散公式拟合

进行拟合，拟合程度均较好，达到显著性水平；粉质黏土和粉质砂土的三种动力学方程的拟合程度顺序均为：Elovich 公式＞双常数速率公式＞抛物线扩散公式；这与青紫泥、黄筋泥田、黄棕壤、旱地红壤[5]及黄土性土壤[6]对 Cr(Ⅵ) 的吸附动力学结果一致，而与砖红壤、水稻土等土壤可以采用抛物线方程描述[7]，褐土、黑土等土壤很难用动力学方程描述[7]这一结果不同。这说明土壤类型、土壤组分、pH 值、氧化还原电位等不同，其吸附动力学方程也不同。因此，对于不同地区铬污染土壤的治理，需根据当地土壤实际情况，建立相应土壤对 Cr(Ⅵ) 的吸附动力学方程，揭示土壤对 Cr(Ⅵ) 的吸附特性，从而找到控制、治理铬污染土壤的对策。

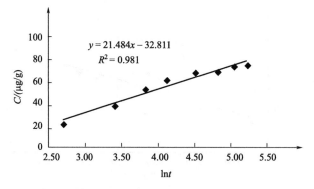

图 4.14 粉质黏土吸附 Cr(Ⅵ) 的 Elovich 公式拟合

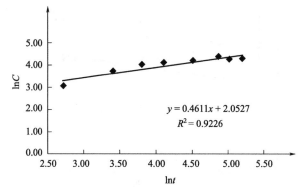

图 4.15 粉质黏土吸附 Cr(Ⅵ) 的双常数速率公式拟合

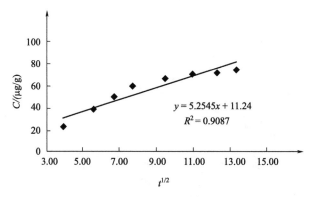

图 4.16 粉质黏土吸附 Cr(Ⅵ) 的抛物线扩散公式拟合

表 4.4 粉质黏土和粉质砂土吸附 Cr(Ⅵ) 动力学表达式及参数

模型类型	土壤类型	表达式	系数		r
			a	$b(K)$	
Elovich 公式	粉质砂土	$y = 9.6406x - 10.441$	-10.411	9.6406	0.9465
	粉质黏土	$y = 21.484x - 32.811$	-32.811	21.484	0.9905
双常数速率公式	粉质砂土	$y = 0.3877x + 1.7273$	1.7273	0.3877	0.9302
	粉质黏土	$y = 0.4611x + 2.0527$	2.0527	0.4611	0.9605
抛物线扩散公式	粉质砂土	$y = 2.3411x + 9.472$	9.472	2.3411	0.9044
	粉质黏土	$y = 5.2545x + 11.24$	11.24	5.2545	0.9533

4.3 铬渣渗滤液对土壤-地下水污染的动态规律

目前，我国铬渣累积堆存量达 400 万吨以上，每年产生新铬渣达 10 万吨以上。铬渣中 Cr 以不同价态存在，Cr(Ⅲ) 及金属铬毒性较小，Cr(Ⅵ) 毒性较大，因此 Cr(Ⅵ) 是重金属有毒有害废物的代表。为此，研究 Cr(Ⅵ) 在土壤-地下水系统中的迁移转化将为科学有效地预测地下水污染情况提供参考依据。

采用室内土柱动态淋溶对比试验，通过对不同土壤的（粉质砂土、粉质黏土和分层土）研究，揭示铬渣渗滤液主要污染组分在不同土壤-地下水系统中的运移机理，探究铬渣渗滤液中 Cr(Ⅵ) 在土壤-地下水系统中的运移规律，获得研究区土壤介质渗透系数、水动力弥散系数以及其他模型参数，为模拟污染组分在地下水系统中的运移提供实测参数。

4.3.1 室内土柱动态模拟试验装置

土柱试验的模拟条件（如土壤密实度、扰动程度、入渗方式、水位控制、温度）对试验结果有重要影响，结合实际，自行研究、设计一套土柱装置。土柱装置主要由 3 根有机玻璃柱、恒水位水箱、储液桶、潜水泵、水位继电器、导管、取样管、阀门等组成，见图 4.17。每根土柱长（l）100cm，内径 10cm。柱子上每隔一定距离设置取样口，根据需要开启取样。

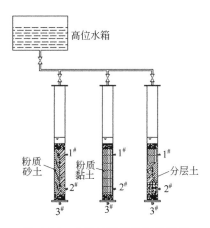

图 4.17　土柱试验实物图及示意

试验用土壤和静态试验相同，根据锦州和沈阳地质条件进行装柱。试验考虑测定铬渣淋溶液在粉质黏土、粉质砂土和分层土（由粉质黏土和粉质砂土组成）中运移规律，因此，设计 3 根土柱，第 1 根装粉质黏土，第 2 根装粉质砂土，第 3 根装分层土，具体装填如下。

① 粉质黏土柱：柱中装填粉质黏土高度为 50cm，底部和上部各装 4cm 的石英砂，底层垫 5 层纱布，装柱时要分层捣实，尽量与实际土层密实度保持一致，使试验土样的容重为 1.54g/cm³。

② 粉质砂土柱：柱中装填砂土高度为 50cm，底部和上部各装 4cm 的石英砂，底层垫

5层纱布，装柱时要分层捣实，尽量与实际土层密实度保持一致，使试验土样的容重为 1.58g/cm³。

③ 分层土柱：柱中装填土壤分为三层，上层装填粉质黏土 15cm、中间层装填砂土 20cm、下层装填砾石 20cm，土层最上部装 4cm 石英砂，底层垫 5 层纱布，装柱时要分层捣实，尽量与实际土层密实度保持一致。

土柱设置 3 个取样口，3# 取样口位于最底端，2# 取样口距 3# 取样口垂直距离为 10cm，1# 取样口位于最上端，距离 2# 取样口 30cm，距离土壤表面 10cm。通过在同一时间对土柱土壤中不同位置取样监测，对不同土壤淋滤情况进行对比分析，获得铬渣淋滤液对地下水污染的水岩作用机理。

4.3.2 土壤介质水动力弥散系数和弥散度测定

水动力弥散系数是描述溶质在多孔介质中运移的重要参数，国内外学者针对污染物在不同土层中的弥散规律已经开展了大量研究工作，研究方法包括室内试验、野外试验或经验公式估算法[8,9]。在国内，对砂土研究较多，但对粉质黏土和分层土研究较少，本节以锦州市某铬渣堆存场附近实际土层为研究对象，通过室内水动力弥散试验，研究污染物在不同类型土壤水环境中运移时的弥散系数。

试验选用非吸附性、穿透能力强的保守性氯离子（Cl⁻）为示踪剂，用 NaCl 为药剂，加蒸馏水进行配制，NaCl 溶液中的 Cl⁻ 浓度大约是地下水中 Cl⁻ 浓度的 60～120 倍[10]，锦州铬渣堆存场附近实际地下水中 Cl⁻ 浓度为 276mg/L[11]，因此本试验配制 NaCl 溶液浓度为 1384.3mg/L。

试验前，先用蒸馏水淋洗土柱，直至淋滤液中无杂质离子后进行弥散试验。试验采用定水头（3cm）、定浓度的连续注入法，关闭 1# 和 2# 取样口，每隔一定时间在试验土柱出口处（3# 取样口）取样测定流出液中 Cl⁻ 含量，当浓度达到示踪剂原液浓度时停止试验。

考虑到 Cl⁻ 为保守性离子，其在土壤中迁移过程一般不考虑吸附和降解作用，可用对流-弥散迁移转化模型来描述，运移模型按垂向一维问题处理，弥散系数计算公式为[12]：

$$D_L = \frac{v^2}{8t_{0.5}}(t_{0.84} - t_{0.16})^2 \tag{4.4}$$

式中　$t_{0.16}$——取样点处的相对浓度 c/c_0 达到 0.16 的时间；

　　　$t_{0.5}$——取样点处的相对浓度 c/c_0 达到 0.5 的时间；

　　　$t_{0.84}$——取样点处的相对浓度 c/c_0 达到 0.84 的时间；

　　　v——土柱中孔隙水流速，$v = \dfrac{L'}{t_{0.5}}$，其中 L' 为取样管到土柱起端距离。

以时间 t 为横坐标，c/c_0 为纵坐标，绘制粉质黏土、粉质砂土和分层土中氯离子（Cl⁻）的穿透曲线，如图 4.18～图 4.20 所示。

将图 4.18 试验数据代入式（4.4）可得，粉质黏土弥散系数为 1.99×10^{-4} m²/d，纵向弥散度 $\alpha_L = \dfrac{D_L}{v} = 1.73 \times 10^{-3}$ m，横向弥散度一般取纵向弥散度的 1/24～1，本书取 1/5，则 $\alpha_T = 3.46 \times 10^{-4}$ m。

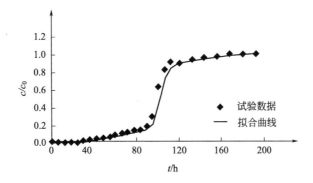

图 4.18　粉质黏土中氯离子穿透曲线

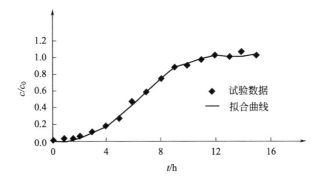

图 4.19　粉质砂土中氯离子穿透曲线

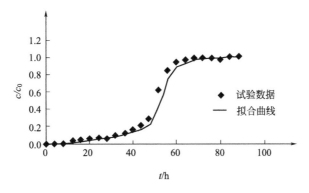

图 4.20　分层土中氯离子穿透曲线

将图 4.19 试验数据代入式（4.4）可得，粉质砂土弥散系数 $D_L = 0.0706 \mathrm{m^2/d}$，纵向弥散度 $\alpha_L = 0.0378 \mathrm{m}$，横向弥散度 $\alpha_T = 7.56 \times 10^{-3} \mathrm{m}$。

将图 4.20 试验数据代入式（4.4）可得，分层土弥散系数 $D_L = 0.00112 \mathrm{m^2/d}$，纵向弥散度 $\alpha_L = 0.00481 \mathrm{m}$，横向弥散度 $\alpha_T = 9.62 \times 10^{-4} \mathrm{m}$。

4.3.3　土壤介质渗透系数测定

渗透系数 K，也称水力传导系数，是一个重要的水文地质参数，在描述流体在土壤-地下水中的渗透行为时具有重要作用。对于均质流体，渗透系数可用 Darcy 定律得到：

$$v = \frac{Q}{A} = K \times \frac{\Delta H}{L} = KJ \tag{4.5}$$

式中　v——Darcy 流速，m/s；

　　　　Q——渗流量，m³/s；

　　　　A——断面积，m²；

　　　　K——渗透系数，m/s；

　　　ΔH——水头差，m；

　　　　L——流体流经砂样长度，m；

　　　　J——水力坡度。

由一维水动力弥散试验监测可知，1# 和 2# 取样口之间距离 $L=30\text{cm}$，粉质黏土、粉质砂土和分层土柱水头差分别为 55cm、23cm 和 46cm，流量分别为 0.08mL/min、3mL/min 和 0.2mL/min，代入式(4.5) 得 3 种土壤的渗透系数 K 分别为 $9.26 \times 10^{-6}\text{cm/s}$、$8.31 \times 10^{-4}\text{cm/s}$ 和 $2.77 \times 10^{-5}\text{cm/s}$。

4.3.4　Cr(Ⅵ)在土壤-地下水系统中的运移规律

（1）溶液淋滤过程

试验开始前，先将 3 根土柱缓慢从上向下用清水淋滤，控制土柱顶端液面水头保持在 3.0cm 左右，每隔一定时间测量土柱各取样口土壤水出流量，当出流量达到稳定时（约 24h），将土柱上端的清水迅速吸干，换成 Cr(Ⅵ) 浓度为 226.8mg/L 的铬渣淋溶液。每隔一定时间从土柱各取样口取样分析，当溶质浓度达到平衡即原始浓度值后停止取水样。试验结果如图 4.21～图 4.23 所示。

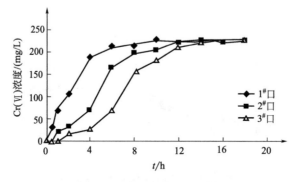

图 4.21　粉质砂土渗出液 Cr(Ⅵ) 浓度变化曲线

从图 4.21～图 4.23 可以看出不同土壤 Cr(Ⅵ) 浓度的时空动态变化趋势。从总趋势看，无论粉质砂土、粉质黏土还是分层土，淋滤渗出液中 Cr(Ⅵ) 浓度都是一定时间后才被检出，最初浓度较低，随后浓度值逐渐升高，出现最大值后趋于稳定，其值与所用铬渣渗滤液浓度相当，说明土柱对污染物失去截留能力；从空间运移看，对每种土柱，3 个取样口的最大值都随渗透距离依次落后；不同土壤，Cr(Ⅵ) 达到渗出平衡的时间不同，粉质黏土达到平衡时间最长，粉质砂土达到平衡时间最短。对粉质砂土柱，1#、2#、3# 取样口起始检出浓度依次落后 0.5h、1h 和 2h，达到平衡浓度时间依次为 10h、14h 和 16h；对分层土柱，1#、2#、3# 取样口起始检出浓度依次为 16h、24h 和 24h，达到平衡浓度

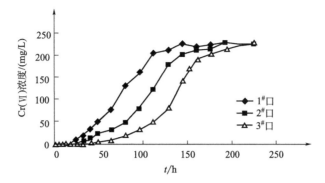

图 4.22　粉质黏土渗出液 Cr(Ⅵ) 浓度变化曲线

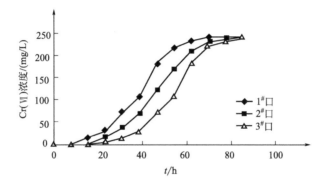

图 4.23　分层土渗出液 Cr(Ⅵ) 浓度变化曲线

时间依次为 72h、80h 和 88h；对粉质黏土柱，1#、2#、3# 取样口起始检出浓度依次落后 24h、32h 和 40h，达到平衡浓度时间依次为 114h、192h 和 224h。这再次说明，粉质黏土黏粒比表面积大，对 Cr(Ⅵ) 的吸附能力远大于粉质砂土。

从水岩作用机理分析，铬渣渗滤液在入渗过程中，发生运移累积、机械渗滤、转化与自净、溶解与沉淀、离子交换、吸附解吸等水岩作用。铬在土壤中迁移转化主要受土壤 pH 值和氧还化原电位（Eh）制约，同时也受土壤有机质含量、无机胶体组成、土壤质地及其他化合物种类影响。铬渣淋溶液在土壤入渗过程中，可能被氧化或是被还原，或是保留在溶液中，或是被吸附在矿物和有机、无机复合体上，或是被吸附在土壤颗粒上的铁和锰的水合氧化物胶膜上，或是与有机配位体形成螯合物，或是以微溶性或难溶性的化合物沉淀出来。

另外，从试验结果也能看出，Cr(Ⅵ) 进入土壤后，土壤吸附 Cr(Ⅵ) 的能力受黏土矿物的类型影响，不同类型土壤对 Cr(Ⅵ) 的吸附能力有明显差异。从国内外研究者的分析看[13,14]，在土壤中 Cr(Ⅵ) 和 Cr(Ⅲ) 也可以相互转化，这种转化受土壤酸碱性和氧化剂存在的影响，特别是在有二氧化锰存在时，土壤中的 Cr(Ⅲ) 可以很快转化为 Cr(Ⅵ)，因此，土壤中的 Cr(Ⅲ) 虽然本身不具毒性，但依然存在潜在的危害，同样不能忽视。

试验也发现，三种土壤渗出液 pH 值都先小幅增大后达到稳定状态，pH 值变化在 7.8～8.4 之间，从不同监测口看，对于同种土壤渗出液的 pH 值，1# 取样口＞2# 取样口＞3# 取样口。开始 Cr(Ⅵ) 被土壤吸附，出水 pH 值较低，随着淋滤的进行，洁净的土壤吸附了越来越多的污染物后，解吸增加了，Cr(Ⅵ) 浓度逐步上升，pH 值也缓慢提高，这与铬渣淋溶液 pH 值特点是一致的。

(2) 清水淋溶过程

铬渣淋滤液进出水浓度平衡后，停滤 1d，然后改用清水淋滤。清水淋滤时，按一定的时间间隔收集出流液，记录取样时间并测 Cr(Ⅵ) 浓度，当出流液的浓度变化幅度很小时即可停止试验。试验结果如图 4.24～图 4.26 所示。

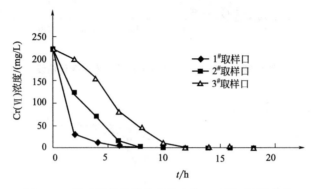

图 4.24　清水淋滤粉质砂土渗出液 Cr(Ⅵ) 浓度变化

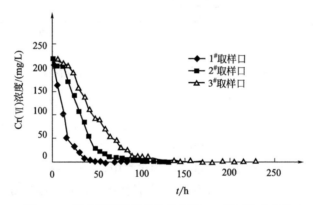

图 4.25　清水淋滤粉质黏土渗出液 Cr(Ⅵ) 浓度变化

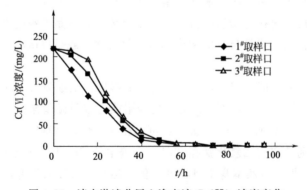

图 4.26　清水淋滤分层土渗出液 Cr(Ⅵ) 浓度变化

从图 4.24～图 4.26 可以看出，无论粉质砂土、粉质黏土还是分层土，随着清水淋溶的进行，渗出液中 Cr(Ⅵ) 浓度都呈逐渐下降趋势。污染物在清水淋滤过程中发生溶解作用，原积聚在土壤中的污染物经清水淋滤（类似雨水）后进入地下水，造成地下水的污染。从溶解速率看，开始阶段大，而后逐渐减小，直至趋于零。

对每种土柱，淋出时间 3[#] 取样口＞2[#] 取样口＞1[#] 取样口，不同土壤，Cr(Ⅵ) 浓度趋零时间不同，粉质黏土拖尾现象最为严重，分层土次之，粉质砂土拖尾现象较小。造成拖尾现象的原因，主要与 Cr(Ⅵ) 在运移过程中发生吸附反应有关，由于黏粒具有较大的比表面积，能吸附更多的 Cr(Ⅵ)，因此，土壤中黏粒含量越高，拖尾现象越严重。

试验也发现，三种土壤渗出液 pH 值基本为先小幅增大后呈下降趋势，pH 值变化在 7.8～8.8 之间，从不同监测口看，对于同种土壤渗出液的 pH 值，总体为 3[#] 取样口＞2[#] 取样口＞1[#] 取样口，但也存在交叉现象。

通过土柱淋滤试验结果可以看出：铬渣堆放场经雨水淋滤后，产生的铬渣淋溶液在入渗过程中可以引起地下水的污染。因此，为了减少铬渣堆放带来的污染，必须考虑对堆放铬渣合理处理，以避免水环境的进一步恶化。

4.3.5　污染物吸附分配系数和迟滞因子的确定

吸附是污染物与固体颗粒表面结合的过程，影响着土壤-地下水系统中污染物的迁移，并对污染现场的环境修复能力产生较大影响。由于含水层物质是不动的，分子与固体结合后也是静态的，污染物在土壤-地下水系统中迁移的这种延迟作用是评价迁移速度的基本要素。为计算污染物迁移率或污染物存在总重量，必须确立污染物在水相或固相中的分配，其中最常用方法是定义一个系数，即吸附分配系数（K_d）。Cr(Ⅵ) 在土壤-地下水系统中，虽然具有较强的迁移能力，但土壤对其吸附性也不容忽视，因此在求解地下水运移方程时，必须确定其在土壤和地下水系统中的吸附分配系数（K_d）。

用土柱动态吸附试验测定污染物的吸附分配系数，结果较符合实际情况，且所需费用和时间远较野外现场试验少，是目前测定 K_d 的常用方法。由前面研究可知，Cr(Ⅵ) 被粉质黏土和粉质砂土吸附符合 Langmuir 非线性等温吸附特性，但目前用非线性吸附求解吸附分配系数难度较大，因此仍沿用线性吸附方式求吸附分配系数，其公式为：

$$K_d = \frac{\eta_e}{\rho_b}\left(\frac{vt_{0.5}}{L'}-1\right) \tag{4.6}$$

式中　ρ_b——土的干容重，g/cm³；

η_e——土壤介质有效孔隙率；

$t_{0.5}$——取样点处的相对浓度 c/c_0 达到 0.5 的时间；

v——土柱中孔隙水流速，$v = \dfrac{L'}{t_{0.5}}$，其中 L' 为取样管到土柱起端距离。

对于粉质砂土柱，由图 4.21 及土壤性质可得，$K_d^{砂土} = 0.0149\ cm^3/g$；对于粉质黏土柱，由图 4.22 及土壤性质可得 $K_d^{黏土} = 0.0439\ cm^3/g$。

污染物从固相中吸附和解吸，可以用 K_d 描述分子在两相中的净分布，有时当一个污染物分子以水相存在，它会随地下水流运动，当分子被吸附，它将处于稳定状态。与非吸附物质相比，这种行为的净效果就是污染物迁移的延迟，在概念上，延迟因素是地下水流速和污染物迁移速度的比值。这种延迟效果可用迟滞因子表示。定义：

$$R_{d} = 1 + \frac{\rho_{b}}{\eta_{e}} \times K_{d} \tag{4.7}$$

对于粉质砂土柱: $R_{d}^{砂土} = 1.069$; 对于粉质黏土柱: $R_{d}^{黏土} = 1.158$。

4.4 铬渣渗滤液非均质砂箱溶质运移模拟

前面已研究了 Cr(Ⅵ) 在不同质地土壤中的运移规律, 这些土柱试验考虑的均是垂向上的一维问题, 为了研究在大范围内水平二维运移模型中 Cr(Ⅵ) 浓度随时间和空间变化规律, 真实地再现铬渣淋滤液中 Cr(Ⅵ) 在土壤和地下水中迁移转化过程, 深入直观地揭示 Cr(Ⅵ) 在土壤中迁移转化机理, 设计了水平砂箱物理模型试验。

该试验基于相似模拟条件, 以辽宁省锦州铬渣堆场为研究对象, 结合研究区铬渣堆场地质和水文情况, 建立铬渣渗滤液污染物非均质含水层砂箱模型, 研究铬渣渗滤液在大尺度、非均质条件下的时空动态迁移规律。

4.4.1 试验装置

砂箱物理模型试验装置材料为 12mm 厚的有机玻璃, 它由上游水箱、中间土样箱和下游水箱三部分组成。上下游水箱与中间土样箱连接处采用 150 目不锈钢丝网隔开, 网上粘有一层薄的土工织物, 以防土样流失。砂箱总长度为 120cm, 宽度为 40cm, 高度为 70cm。两侧水箱长度为 10cm。试验过程中为保持上下游水位一定, 上下游水箱均设有溢流孔。

试验装置示意见图 4.27。

4.4.2 试验材料和方法

4.4.2.1 渗流区概况

试验模拟锦州铬渣堆存场, 该场积存铬渣 50 余万吨, 已形成一座"铬渣山"。该厂所在地区地形平坦, 地面标高为 37.46~38.91m, 地貌为河流冲积阶地。经钻探查明, 场地地层构成自上而下依次如下。

① 杂填土　主要由黏性土、砂土、砖块组成, 松散, 连续分布, 厚度为 0.2~3.0m。

② 粉质黏土　黄褐色, 含少量铁锰质结核, 摇振反应无, 稍有光泽, 干强度中等, 韧性中等, 可塑。连续分布, 厚度为 0.2~6.0m。

③ 粉质砂土　土层厚 2.5~8.2m。

④ 砾石　黄褐色, 石英-长石质, 亚棱角形, 混粒结构, 级配较好, 湿, 中密, 不连续分布, 厚度为 0.8~2.4m。

⑤ 全风化安山岩　红褐色, 岩石风化呈土状、砂状、碎石状, 结构已破坏, 冲击钻进较困难, RQD=0。连续分布, 厚度为 1.2~3.4m。

⑥ 强风化安山岩　红褐色, 斑状结构, 块状构造, 岩石风化破碎, 呈碎块状, 碎块用手不易掰开, RQD=0。揭露最大厚度为 5.7m。

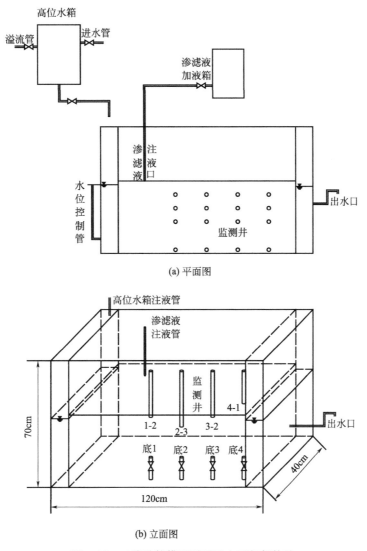

(a) 平面图

(b) 立面图

图 4.27　二维砂箱模型平面及立面细部构造

　　勘察期间，各钻孔在勘察深度内均遇到了地下潜水，水位埋深为 0.5～7.3m，该地下水以大气降水为补给来源，受季节影响，水位年变化幅度约 1.0～2.0m。单位涌水量为 100～200m³/d，地下水流向为西北向东南，以向下游径流排泄为主，为渗入、径流循环，渗透系数为 10～36m/d，水力坡度为 0.2%～0.5%，径流速度较快，条件较好。

4.4.2.2　试验材料及方法

　　为了研究铬渣堆场污染物在大尺度、非均质条件下的迁移转化规律，本试验所用材料依据实地层简化，建立砂箱模型，模拟含水层自上而下分别为：粉质黏土填装高度 15cm，粉质砂土填装高度 20cm，砾石填装高度 5cm，填装总高度 40cm。填装时严格按土壤干容重控制，每层填土高度控制在 5cm 左右，以避免在土壤中形成大的空隙和断层，而且密实度尽量和原土层保持一致。同时在中轴线按所需高度布置监测井。铬渣渗滤液从砂箱顶部的注液口由自制马氏瓶以 35mL/h 流量供给，高位水箱提供自来水模拟地下水渗入砂箱，然后在砂箱内由左至右均匀缓慢流动，箱体右侧有出水口，并通过阀门开度来控制出水的流量，从而实现对地下水流动的模拟。

渗流区水面位置距模拟土层表面3cm，水面以下土层为饱和状况，用来模拟土壤饱和区，自左向右的水流模拟自然条件下地下水流动。砂箱监测井布置在中轴线上，平面图中每隔17.5cm布置4个监测井，每个监测井的深度从浅至深分别是7.5cm、15cm、22.5cm、38cm，这样一共布置了16个监测井，铬渣污染源设在左侧距钢丝网15cm，距第一监测井17.5cm处。砂箱含水层模型组装好后，用自来水进行缓慢充水和排洗，经反复冲洗、调整和标定后即组成了一个浅部非均质含水层试验模型系统。

为分析试验结果，将砂箱中16个监测井的空间坐标列于表4.5中，以砂箱上游即左边壁定为坐标原点。

表 4.5   各监测井的坐标

采样编号	x	y	z	采样编号	x	y	z
1-1	42.5	20	17.5	3-1	77.5	20	17.5
1-2	42.5	20	25	3-2	77.5	20	25
1-3	42.5	20	32.5	3-3	77.5	20	32.5
底1	42.5	20	2	底3	77.5	20	2
2-1	60	20	17.5	4-1	95	20	17.5
2-2	60	20	25	4-2	95	20	25
2-3	60	20	32.5	4-3	95	20	32.5
底2	60	20	2	底4	95	20	2

4.4.3　模拟含水层控制参数

根据实际渗流区的渗透系数10～36m/d，水力坡度0.2%～0.5%，分别取 $K=25$m/d，$J=0.4\%$，由Darcy定律可得：

控制渗流速度为：$v=KJ=25\times0.4\%=10$(cm/d)；

根据试验装置尺寸，模拟含水层总过流面积为：$A=40\times37=1480$(cm^2)；

则进出总流量为：$Q=Av=617$(mL/h)。

水位高差按实际水力坡度计算：$\Delta h=0.4\%\times100=0.4$(cm)。

根据相似比$\dfrac{Q_1}{Q_2}=\dfrac{A_1}{A_2}$计算分析，铬渣渗滤液的注入量为：$Q_1=35$mL/h。

4.4.4　试验方案和试验过程

利用图4.27所示的砂箱试验装置进行铬渣渗滤液在非均质层土壤中迁移转化规律试验研究。试验分为两个过程：铬渣淋滤液渗滤试验和清水淋滤试验。

铬渣淋滤液来源于铬渣淋滤获得实际水样，经稀释得到，依据现有国内外工业有害填埋场渗滤液最高浓度值确定，测定水样Cr(Ⅵ)浓度为208mg/L。

试验开始之前，首先用自来水进行滤洗，经过3d时间的淋滤，砂箱内的初始浓度基本均匀。然后按照设计计算参数，调整进出水流量和进出水水位标高，地下水流速为10cm/d，水箱水位高差为0.4cm，调整时间大概需要1d，直到水流稳定，使砂箱中形成稳定的渗流场，注入铬渣渗滤液。当铬渣渗滤液进入砂箱注液口处开始计时，适当地调整取样时间间隔，从各监测井抽取溶液，监测分析溶液中 Cr(Ⅵ) 浓度，直至每个监测井中测到的 Cr(Ⅵ) 浓度值趋于稳定。然后立刻改换成清水进行淋滤试验，这一淋滤过程持续相当长一段时间，直至各取样口测定 Cr(Ⅵ) 浓度在国家标准允许值范围内停止。

测定各点污染物浓度时空变化值，获得铬渣污染物在垂向和水平方向的动态迁移运移规律。

4.4.5　试验结果

4.4.5.1　淋滤阶段 Cr(Ⅵ) 在水平方向上的迁移规律

图 4.28 是不同监测井在相同深度处的污染物浓度曲线变化。从图 4.28 中可以看出，总体而言，沿水流方向同一时间点 Cr(Ⅵ) 浓度依次落后，随着时间的推移，Cr(Ⅵ) 浓度变化曲线也逐渐向前推移，距离污染源较近的砂箱上游，Cr(Ⅵ) 浓度峰值出现时间较早，离污染源越远 Cr(Ⅵ) 浓度峰值出现时间越晚。

距离污染源较近的 1-3 井 Cr(Ⅵ) 浓度最先达到最大值，达到浓度峰值的时间为 30h，而同一深度的 2-3 井、3-3 井 Cr(Ⅵ) 浓度峰值到达时间依次 123h、231h，4-3 井至 460h 浓度依然只有 150.74mg/L。

在 1-2 井、2-2 井、3-2 井和 4-2 井中，1-2 井、2-2 井、3-2 井出现浓度峰值的时间依次为 72h、93h、230h，4-2 井至 460h 浓度依然仅为 187.07mg/L；另外，在 60h 左右，出现 2-2 井浓度值大于 1-2 井情况，分析认为可能是出现 2-3 井污染物垂向运移和 1-2 井污染物水平运移叠加的结果。

在 1-1 井、2-1 井、3-1 井和 4-1 井中，各监测井出现浓度峰值的时间依次为 120h、108h、200h 和 340h，可见 2-1 井出现峰值时间比 1-1 井早，也是 2-2 井污染物垂向运移和 1-1 井污染物水平运移叠加的结果。同时，还发现，在空间位置 4-3 井和 4-2 井至 460h 污染物浓度未达峰值，而同在竖直方向的 4-1 井在 340h 浓度就达到了峰值。分析原因，应该是上层为粉质黏土，污染物吸附性强，运移较慢，而 4-1 井位于砂土层，吸附性差，污染物运移较快的缘故。

从底 1 井、底 2 井、底 3 井和底 4 井可以看出，各监测井污染物浓度随时间逐渐增大，在开始阶段，增速较快，之后速度逐渐放缓，至 236h 时达最大浓度为 75.86mg/L。从各监测井浓度对比看，各监测井浓度差别不大，在 102h 之前，Cr(Ⅵ) 浓度底 1 井＞底 2 井＞底 3 井＞底 4 井，后面依次出现底 2 井、底 3 井、底 4 井超越的情况，120h 后出现 Cr(Ⅵ) 浓度底 4 井＞底 3 井＞底 2 井＞底 1 井。这一方面体现了污染物垂向运移和水平运移叠加的情况；另一方面砂箱底层为砾石层，对 Cr(Ⅵ) 几乎没有吸附，Cr(Ⅵ) 沿水流方向运移较快，因此出现各监测井浓度差别不大的现象。

另外，从图 4.28 中可以看出，在污染物排放的初始阶段质量浓度容易达到极大值，沿水流方向 Cr(Ⅵ) 的质量浓度峰值稍微有所减少，原因在于砂箱在饱和水流动状态，是还原性的环境，使得部分 Cr(Ⅵ) 还原为 Cr(Ⅲ)[15]。三价铬化合物在进入土壤后，90% 以上迅速被土壤吸附固定，是十分稳定的。

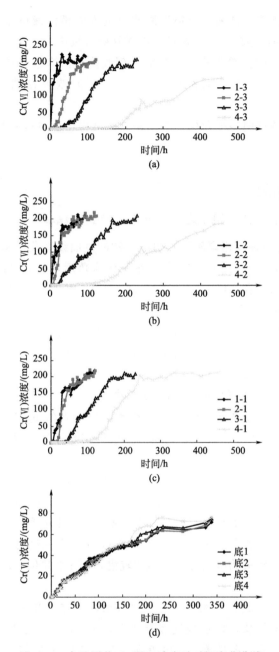

图 4.28　各监测井 Cr(Ⅵ) 浓度随时间变化曲线

4.4.5.2　淋滤阶段 Cr(Ⅵ) 在竖直方向上的迁移规律

图 4.29 是不同监测井在不同深度处垂直于水流方向的污染物浓度曲线变化。

从图 4.29 中可以看出,总体而言,在不同时刻 Cr(Ⅵ) 在垂直方向上的分布规律具有相似性,随着时间的推移,Cr(Ⅵ) 浓度变化曲线也逐渐向前推移,污染范围不断扩大。

污染物在砂箱中不同土层,表现出不同的迁移特性。上层粉质黏土,渗透性较小,水平运移较慢,垂直方向上的迁移作用比较明显,说明在渗透系数较小的土层中污染物迁移

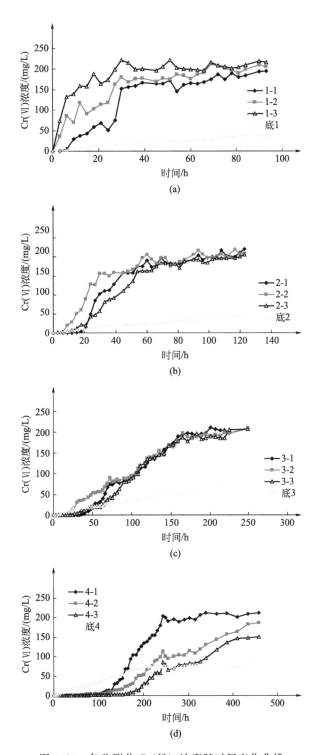

图 4.29　各监测井 Cr(Ⅵ) 浓度随时间变化曲线

主要受纵向弥散的影响，土壤粒径较小，污染物溶质在介质中传递的阻力较大，机械弥散的作用较强，污染范围较小，污染速度较慢；中层为渗透性较好的粉质砂土，污染物横向迁移速度加快，地下水的对流起主要的运移作用，此时污染范围加大，污染速度加快；下层为砾石层，污染物运移主要表现为对流作用，污染物迅速沿水流方向运移。

在1-3井、1-2井、1-1井和底1井中，距离污染源较近的1-3井Cr(Ⅵ)浓度最先达到最大值，而1-2井、1-1井Cr(Ⅵ)浓度在同一时间依次落后，底1井由于位于砾石层，Cr(Ⅵ)浓度变化比较特别，一直小幅增大，至90h浓度仅为37.19mg/L。

在2-3井、2-2井、2-1井和底2井中，出现不同于底1井一列的变化规律。虽然也是随时间延长，各监测井浓度逐渐增加，但从浓度变化看，同一时间2-2井浓度最大，然后依次为2-1井、2-3井和底2井，2-2井、2-1井、2-3井出现浓度峰值的时间依次为93h、108h和123h，出现这种情况的原因有二：一是因为污染物垂向运移和水平运移叠加的结果；二可能是因为2-2井位于粉质黏土层和粉质砂土层交汇处，污染物在两层交汇处运移较快，两种情况共同作用，造成2-2井浓度最大。底2井浓度一直以较小速度增加，在123h时浓度达到44.74mg/L。

在3-3井、3-2井、3-1井和底3井中，污染物浓度变化规律与底2井一列类似，仍旧是随着时间的推移，在同一时间点，污染物浓度变化为3-2井＞3-1井＞3-3井，但在105h后出现明显的胶着状态，之后3-1井首先出现浓度峰值，时间为200h，3-3井和3-2井出现浓度峰值的时间均为230h，底3井浓度开始阶段的24h内浓度最大，45h内浓度仍然超过3-1井和3-3井，后续小幅增加，在225h时浓度达到75.03mg/L的峰值。

在4-3井、4-2井、4-1井和底4井中，试验过程中发现污染物浓度变化非常缓慢，特别是4-3井和4-2井，至460h依然未达到吸附饱和状态。在开始试验的3d内，4-1井、4-2井、4-3井中Cr(Ⅵ)浓度均未超过5mg/L，随后出现逐渐增大现象；随时间延长，Cr(Ⅵ)浓度变化为4-1井＞4-2井＞4-3井；在460h时，3个监测井Cr(Ⅵ)浓度依次为212.36mg/L、187.07mg/L和150.74mg/L；底4井在153h之前浓度在4个监测井中最大，在153～213h之间，浓度仍然超过4-2井和4-3井，在243h之后，浓度才开始在4个监测井中处于最低位置，这也体现了污染物在黏土层、砂土层和砾石层运移依次加快的特点。

出口处，Cr(Ⅵ)浓度变化如图4.30所示。从图4.30可以看出，出口污染物浓度随时间延长逐渐增大，至213h达到49.77mg/L后，浓度趋于稳定。Cr(Ⅵ)浓度稳定值与初始值（221.98mg/L）相比，降低了77.6%，说明在该模型中，经过对流、弥散、吸附解吸及物理化学的共同作用，污染物的浓度值将有较大的降低，污染物对土壤-地下水环境的污染具有长期性和滞后性，较难去除。

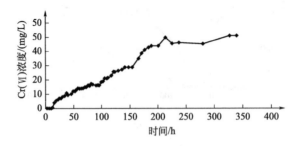

图4.30   出口处Cr(Ⅵ)浓度随时间变化曲线

4.4.5.3   污染源移除后Cr(Ⅵ)在水平方向上的迁移规律

在铬渣淋滤达到饱和后，停止铬渣淋滤，模拟污染源移除后，Cr(Ⅵ)在土壤-地下水中的迁移规律。图 4.31 是不同监测井在相同深度处的污染物浓度曲线变化。

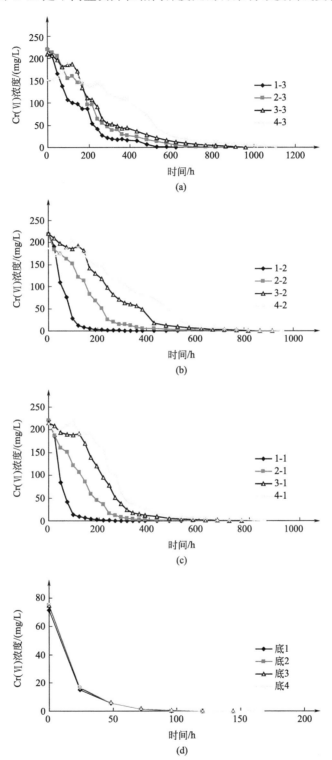

图 4.31　各监测井 Cr(Ⅵ) 浓度随时间变化曲线

从图 4.31 可以看出，各取样口污染物浓度变化趋势相似，都呈逐渐下降趋势。铬渣淋滤污染源切断后，土壤中的 Cr(Ⅵ) 在土壤-地下水系统中发生溶解作用，原积聚在土壤中的污染物经清水淋滤（类似雨水）后进入地下水，造成地下水的污染。Cr(Ⅵ) 的溶解速率在开始阶段大，而后逐渐减小，直至趋于零。由于弥散作用的影响，使得 Cr(Ⅵ) 质量浓度的降低有着明显的拖尾现象，这也表明了地下水一旦被污染，治理与恢复将是一项复杂、困难、耗时且花费巨大的工程。

在 1-3 井、2-3 井、3-3 井和 4-3 井中，1-3 井、2-3 井、3-3 井中 Cr(Ⅵ) 浓度随着时间的延长逐渐降低，降低速率随水流方向逐渐减小。在 4-3 井中，铬渣淋滤终点 Cr(Ⅵ) 浓度为 150.74mg/L，污染源移除后，Cr(Ⅵ) 浓度开始阶段小幅下降后重新上升到 189.74mg/L，然后开始下降，下降速率较其他监测井要慢，拖尾现象明显。

在 1-2 井、2-2 井、3-2 井和 4-2 井中，1-2 井、2-2 井、3-2 井中 Cr(Ⅵ) 浓度依旧随着时间的延长逐渐降低，降低速率随水流方向逐渐减小，相较 1-3 井、2-3 井和 3-3 井，各井之间浓度变化差距拉大。在 4-2 井中，铬渣淋滤终点 Cr(Ⅵ) 浓度为 187.07mg/L，污染源移除后，Cr(Ⅵ) 浓度开始阶段小幅下降后重新上升，96h 时浓度达最大 189.74mg/L，然后开始下降，下降速率较其他监测井要慢，拖尾现象明显。

在 1-1 井、2-1 井、3-1 井和 4-1 井中，1-1 井、2-1 井、3-1 井中 Cr(Ⅵ) 浓度依旧随着时间的延长逐渐降低，降低速率随水流方向逐渐减小，1-1 井降低最快，各井拖尾现象明显减小，体现砂土层吸附性低，污染物随水流运移速率较快。4-1 井虽然在铬渣淋溶 340h 时浓度达到了峰值，但后续有所波动，污染源移除后，Cr(Ⅵ) 浓度同样出现了开始阶段先下降后上升，达到峰值后再次开始下降的过程，下降速率较快，拖尾现象减小。

从底 1 井、底 2 井、底 3 井和底 4 井可见，各监测井污染物浓度随时间延长迅速下降，各监测井之间浓度相差不大，不存在拖尾现象，进一步验证了砾石层对 Cr(Ⅵ) 几乎没有吸附，同时也说明沿水流方向对流作用明显于垂向弥散作用。

图 4.32 是出口处 Cr(Ⅵ) 浓度随时间变化曲线。由图 4.32 可知，出口污染物浓度随时间增加逐渐减小，开始阶段降低速率较大，后续降低速率逐渐放缓，说明在土壤-地下水系统受到污染后，污染物对土壤-地下水环境的污染具有长期性和滞后性，需要较长时间去除。

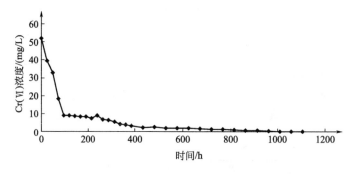

图 4.32　出口处 Cr(Ⅵ) 浓度随时间变化曲线

4.4.5.4　污染源移除后 Cr(Ⅵ) 在竖直方向上的迁移规律

图 4.33 是不同监测井在不同深度处垂直于水流方向的污染物浓度曲线变化。

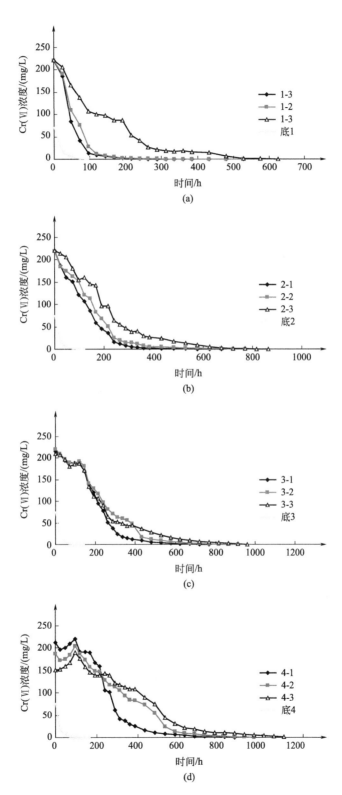

图 4.33　各监测井 Cr(Ⅵ) 浓度随时间变化曲线

　　由于试验时间持续较长，Cr(Ⅵ)浓度在空间的分布情况比较复杂，从图4.33可以看出，总体而言，在不同时刻Cr(Ⅵ)在垂直方向上分布规律具有相似性，随着时间的推移，Cr(Ⅵ)浓度呈逐渐下降趋势。在同一时刻，污染物浓度下降速率与土层性质有关：粒径较大的砾石层在水流作用下，污染物运移最快；粒径较小，黏度较大的粉质黏土，污染物运移最慢；砂土层中污染物运移速度居中。

　　在1-3井、1-2井、1-1井和底1井中，Cr(Ⅵ)浓度随着时间的增加逐渐降低，降低速率从大到小依次为底1井＞1-1井＞1-2井＞1-3井。1-3井、1-2井、1-1井和底1井Cr(Ⅵ)浓度达到0.5mg/L[我国允许工业废水中Cr(Ⅵ)最大排放浓度]的时间依次为624h、360h、312h和96h，1-3井降低速率最为缓慢，有明显的拖尾现象，体现了黏土易吸附、累积难去除的特点。

　　在2-3井、2-2井、2-1井和底2井中，和底1井一列变化规律一致，都是随时间延长而浓度降低，降低速率大小顺序为底2井＞2-1井＞2-2井＞2-3井。2-3井、2-2井、2-1井和底2井Cr(Ⅵ)浓度达到0.5mg/L的时间依次为864h、720h、624h和96h，可见污染物运移速率更加缓慢。2-3井在120h出现浓度增大现象，应为Cr(Ⅵ)在土壤中吸附运移累积的结果。

　　在3-3井、3-2井、3-1井和底3井中，Cr(Ⅵ)浓度变化规律虽然也是随时间延长而降低，但与底1井和底2井一列变化规律不同。底3井依旧在水流作用下，浓度96h即迅速降低为0.35mg/L，而3-3井、3-2井和3-1井浓度变化差距缩小。在清水淋滤的192h内，Cr(Ⅵ)浓度3-2井＞3-1井＞3-3井；在384h内，Cr(Ⅵ)浓度3-2井＞3-3井＞3-1井；而在384h后，出现Cr(Ⅵ)浓度3-3井＞3-2井＞3-1井的现象。分析认为，开始清水淋滤时，Cr(Ⅵ)浓度3-2井＞3-1井＞3-3井，是由于该列井位于砂箱的后半段，因此虽然3-1井位于砂土层，比黏土层易于运移，但仍旧维持一段时间的浓度变化，192h后3-1井运移速度加快。3-2井位于黏土层的最下端和砂土层的交汇处，由于起始浓度较大，因此在384h内一直保持浓度最高，384h后，运移速度加快。3-3井、3-2井、3-1井和底3井Cr(Ⅵ)浓度达到0.5mg/L的时间依次为960h、864h、720h和96h，相比底2井和底1井两列，污染物运移速率更加缓慢。

　　在4-3井、4-2井、4-1井和底4井中，底4井的变化依旧是在水流作用下，Cr(Ⅵ)浓度120h即迅速降低为0.2mg/L，而4-3井、4-2井、4-1井除了体现Cr(Ⅵ)浓度降低缓慢，拖尾现象严重外，4-1井和4-2井均表现为污染源移除后，在清水淋滤条件下，Cr(Ⅵ)浓度开始阶段小幅下降后重新上升，至96h时浓度达最大后开始下降，而4-3井由于起始浓度低，自清水淋滤开始的96h，Cr(Ⅵ)浓度一直持续上升，从150.74mg/L增加到189.74mg/L后才开始下降，体现了粉质黏土的吸附特征。由于起始浓度的差异，在开始的216h内，Cr(Ⅵ)浓度大小顺序为4-1井＞4-2井＞4-3井，位于砂土层的4-1井Cr(Ⅵ)运移速度较快，216h后出现顺序变化，Cr(Ⅵ)浓度大小顺序为4-3井＞4-2井＞4-1井。4-3井、4-2井、4-1井和底4井Cr(Ⅵ)浓度达到0.5mg/L的时间依次为1104h、960h、864h和120h，相比底3井、底2井和底1井三列，污染物运移速率最为缓慢。这进一步体现了在砾石层、砂土层和黏土层等不同土层，污染物去除难度依次加大的特点。

　　穿透曲线拖尾现象严重的原因是：试验用土为粉质黏土，黏性颗粒较多，即使中间黏性颗粒相对较少的砂土层，其中还存在一些Fe、Al及其氧化物等，这些物质的存在也会对铬产生一定的吸附作用。在土壤处于饱和条件下开始注入铬渣淋溶液时，距离污染源较近的测点浓度首先开始发生变化，后面测点浓度没有变化。随着溶质注入时间的延长，距离污染源较近的测点首先达到浓度峰值，这时中间的测点浓度也开始增大，而尾部测点浓度仍未有大的改变，由于此时还在注入铬渣淋溶液，因此先达到浓度峰值的测点峰值要持续一段时间。当停止注入铬渣淋溶液时，距离进水口较近的测点浓度开始逐渐减小，尾部测点浓度有增大现象。由于铬在黏土和砂土层中经过长时间运移后，除发生主要的吸附反应外，还可能与其他离子反应形成新的铬络合物，本试验由于条件所限只检测 Cr(Ⅵ) 的浓度，因此 Cr(Ⅵ) 浓度峰值距离污染源越远越小。随着试验时间的延续，溶质运移的流速逐渐减小，孔隙之间的溶质弥散和质流交换增多，溶质运移的速度变慢，溶质运移时间加长，溶质运移的穿透曲线变得平缓了。这就是靠近尾部出水口处的浓度穿透曲线拖尾现象严重的原因所在。

参考文献

[1]　中国土壤学会农业化学专业委员会．土壤农业化学常规分析方法 [M]．北京：科学出版社，1983.

[2]　李喜林，王来贵，郝喆，等．粉质黏土和粉质砂土对铬渣渗滤液中 Cr(Ⅵ) 吸附特性 [J]．环境工程学报，2013，7 (12)：5019-5024.

[3]　熊顺贵．基础土壤学 [M]．北京：中国农业大学出版社，2001.

[4]　近藤精一，石川达雄，安部郁夫．吸附科学 [M]．2 版．李国希译．北京：化学工业出版社，2006.

[5]　陈英旭，朱荫湄，袁可能，等．土壤中铬的化学行为研究：Ⅱ．土壤对 Cr(Ⅵ) 吸附和还原动力学 [J]．环境科学学报，1989，9 (2)：137-143.

[6]　易秀，李五福．黄土性土壤对 Cr(Ⅵ) 的吸附还原动力学研究 [J]．干旱区资源与环境，2005，5 (3)：41-45.

[7]　闫峰，刘合满，梁东丽，等．不同土壤对 Cr 吸附的动力学特征 [J]．农业工程学报，2008，24 (6)：21-25.

[8]　叶为民，金麒，黄雨，等．地下水污染试验研究进展 [J]．水力学报，2005 (2)：1-6.

[9]　张志红，孙保卫，饶为国．北京地区不同类型土壤弥散试验 [J]．北京工业大学学报，2010，36 (10)：1376-1380.

[10]　祁敏．佳木斯地区地下水弥散实验研究 [J]．水文地质工程地质，1996 (6)：48-51.

[11]　张会，马朝文，李勇．锦州自来水公司南山水源地污染调查及保护措施 [J]．农业与技术，2009，29 (1)：94-95.

[12]　陈崇希．地下水动力学 [M]．武汉：中国地质大学出版社，2006.

[13]　陈英旭，何增辉，吴建平．土壤中的铬的形态及其转化 [J]．环境科学，1994，15 (3)：53-56.

[14]　易秀，李五福．黄土性土壤对 Cr(Ⅵ) 的吸附还原动力学研究 [J]．干旱区资源与环境，2005，5 (3)：41-45.

[15]　徐慧，仵彦卿．六价铬在具有渗透性反应墙的渗流槽中迁移实验研究 [J]．生态环境学报，2010，19 (8)：1941-1946.

铬渣堆场渗滤液在土壤-地下水系统中的运移模型及数值解法

根据所用的数学工具不同，水环境数学模型可分为确定性模型、随机模型、规划模型、灰色模型、模糊模型等不同类型的模型[1]。本章针对确定性模型（以数学物理方程为主）进行研究，包括渗流模型和污染物迁移模型，将两者耦合，从而构建铬渣渗滤液在土壤-地下水系统中运移的动力学耦合数学模型。

5.1 铬渣渗滤液污染物运移耦合模型建立

第4章通过静态吸附试验、一维动态土柱淋溶试验和二维砂箱模型试验研究，揭示了铬渣渗滤液在土壤-地下水系统中污染物运移机理和时空动态迁移规律，在此基础上，本章进一步建立考虑对流、水动力弥散、吸附解吸以及存在源汇项的铬渣渗滤液在土壤-地下水系统中 Cr(Ⅵ) 运移的动力学耦合数学模型，为定量化研究铬渣渗滤液对土壤-地下水污染问题提供可靠理论依据。

5.1.1 地下水渗流模型

根据 Bear（1979）的研究，3D 地下水流连续性方程的微分形式为：

$$-\left(\frac{\partial}{\partial x}\times q_{xx}+\frac{\partial}{\partial y}\times q_{yy}+\frac{\partial}{\partial z}\times q_{zz}\right)+w=S_s\times\frac{\partial H}{\partial t} \tag{5.1}$$

式中　q_{xx}，q_{yy}，q_{zz}——x、y、z 轴的单位面积流量，通常称为比流量，m/d；

　　　　w——单位体积的体积流量，代表源或汇，d^{-1}；

　　　　H——水力水头，m；

　　　　S_s——孔隙介质储水率，d^{-1}；

　　　　t——时间，d。

式(5.1) 中比流量可用达西公式表示如下：

$$q_{xx}=-k_{xx}\times\frac{\partial H}{\partial x} \tag{5.2a}$$

$$q_{yy} = -k_{yy} \times \frac{\partial H}{\partial y} \tag{5.2b}$$

$$q_{zz} = -k_{zz} \times \frac{\partial H}{\partial z} \tag{5.2c}$$

式中　k_{xx}，k_{yy}，k_{zz}——x、y、z 方向的渗透系数，m/d；

$\frac{\partial H}{\partial x}$，$\frac{\partial H}{\partial y}$，$\frac{\partial H}{\partial z}$——$x$、$y$、$z$ 方向的水力梯度。

将式(5.2) 代入式(5.1) 可得出：

$$\frac{\partial}{\partial x}\left(k_{xx}\times\frac{\partial H}{\partial x}\right)+\frac{\partial}{\partial y}\left(k_{yy}\times\frac{\partial H}{\partial y}\right)+\frac{\partial}{\partial z}\left(k_{zz}\times\frac{\partial H}{\partial z}\right)+w=S_s\times\frac{\partial H}{\partial t} \tag{5.3}$$

5.1.2　污染物迁移模型

完整的污染物传输机制包括对流项、弥散项、化学反应项、溶质源汇项、存储项等，完整的控制方程式为[2]：

$$\frac{\partial}{\partial t}(\theta C)=\frac{\partial}{\partial x_i}\times\left(\theta D_{ij}\times\frac{\partial C}{\partial x_j}\right)-\frac{\partial}{\partial x_i}(\theta v_i C)+q_s C_s+\sum R_n \tag{5.4}$$

$$v_i = q_i/(\theta A)$$

式中　C——地下水流系统中污染物浓度值，kg/m³；

$\quad t$——时间，d；

$\quad \theta$——介质孔隙度或体积含水率（非饱和区）；

$\quad x_i$——笛卡尔坐标系上 x 向的间距长度，m；

$\quad D_{ij}$——水动力弥散系数，m²/d；

$\quad v_i$——渗流速率，m/d；

$\quad q_s$——含水层体积源汇项，m³/d；

$\quad C_s$——源汇项中污染物浓度值，kg/m³；

$\quad \sum R_n$——反应项；

$\quad q_i$——通过截面的体积流量，m³/d；

$\quad A$——过水断面面积，m²。

$$\frac{\partial(C\theta)}{\partial t}=\theta\times\frac{\partial C}{\partial t}+C\times\frac{\partial\theta}{\partial t}=\theta\times\frac{\partial C}{\partial t}+q_s'C \tag{5.5}$$

$$q_s'=\frac{\partial\theta}{\partial t}$$

式中　q_s'——体积水含量变化率。

化学反应动力项 $\sum R_n$ 为：

$$\sum R_n = -\rho_b\times\frac{\partial S}{\partial t}-\lambda_1\theta C-\lambda_2\rho_b S \tag{5.6}$$

式中　S——吸附项溶质浓度，kg/kg；

$\quad \rho_b$——土壤密度，kg/m³。

$\quad \lambda_1$——溶解项的一阶反应速率常数，d⁻¹；

$\quad \lambda_2$——吸附项的一阶反应速率常数，d⁻¹。

式(5.5)、式(5.6) 代入式(5.4) 有

$$\theta \times \frac{\partial C}{\partial t} + \rho_b \times \frac{\partial S}{\partial t} = \frac{\partial}{\partial x_i}\left(\theta D_{ij} \times \frac{\partial C}{\partial x_j}\right) - \frac{\partial}{\partial x_i}(\theta v_i C) + q_s C_s - q_s' C - \lambda_1 \theta C - \lambda_2 \rho_b S \quad (5.7)$$

而：

$$R_d = 1 + \frac{\rho_b}{\theta} K_d = 1 + \frac{\rho_b}{\theta} \times \frac{\partial S}{\partial C} \quad (5.8)$$

式中　R_d——迟滞因子；

　　　K_d——吸附分配系数。

则有：

$$R_d \theta \times \frac{\partial C}{\partial t} = \frac{\partial}{\partial x_i}\left(\theta D_{ij} \times \frac{\partial C}{\partial x_j}\right) - \frac{\partial}{\partial x_i}(\theta v_i C) + q_s C_s - q_s' C - \lambda_1 \theta C - \lambda_2 \rho_b S \quad (5.9)$$

5.1.3　定解条件

5.1.3.1　渗流模型定解条件

欲求解方程式(5.3) 中的水力水头 H，必须先给定初始条件及边界条件。

（1）初始条件

$$H(x,y,z,t)\big|_{t=0} = H_0(x,y,z,0) \quad (5.10)$$

（2）边界条件

边界条件包括：第一类边界条件，称为 Dirichlet 边界条件，在边界上的浓度或水头是已知的；第二类边界条件称为 Newman 边界条件，在边界上的通量是已知的；第三类边界条件称为 Cauchy 边界条件，在边界上的通量是已知函数。本模型应用第一类边界条件。

$$H(x,y,z,t)\big|_{\Gamma_1} = H_1(x,y,z,t) \quad (5.11)$$

式中　Γ_1——第一类边界。

5.1.3.2　污染物迁移模型定解条件

（1）初始条件

$$c(x,y,z,t)\big|_{t=0} = c_0(x,y,z) \quad (5.12)$$

计算区域 Ω 上所有点在某一初始时刻 $t=0$ 时的浓度分布为已知的浓度 c_0。

（2）边界条件

本模型应用第一类边界条件，即狄利克雷（Dirichlet）条件。

$$c(x,y,z,t)\big|_{\Gamma_1} = c_1(x,y,z,t) \quad (5.13)$$

式中　　　　　Γ_1——第一类边界；

　　$c_1(x,y,z,t)$——在第一类边界上的已知浓度。

5.2　铬渣渗滤液污染物运移耦合模型数值求解

5.2.1　渗流模型求解

5.2.1.1　求解方法概述

数学模型建立后，如果给定含水层的水文地质参数和定解条件，就可以求解水头值，这类问题称为正问题或水头预报问题。

用数值法求解一般都要借助电子计算机，数值方法的要点是把整个渗流区分割成若干个形状规则的小块（称为单元）。这些小块可以近似地看成是均质的，因而就很容易建立起描述各个单元地下水流运动的关系式。即数值法把本来是形状不规则的、非均质问题转化为了容易计算的形状规则的、均质问题。各个单元可以根据需要选择合适的水文地质参数，单元形状也可以不同。因此把所有单元合在一起就能表现出渗流区域在几何形状上的不规则性和水文地质上的非均质性，代表原来的渗流区。单元划分的多少，根据计算结果的精度要求可以任意选择。要求的精度高，划分的单元多一些，相应的计算工作量就多一些；反之，可以划分得少一些，计算工作量也就相应少一些。建立描述某时段每个单元地下水流动的关系式，然后通过某种方式把这些关系式集合起来，加上定解条件便转化为一个线性代数方程组，求解这个线性代数方程组便可得到该时段原问题的解。这个时段解决了，按划分的时段，一个时段一个时段地算下去，直到把划分的时段全部算完为止。所以这种分析方法的特点是把全体分割成很多部分，然后再由部分到全体。这种把整体分割成若干个单元来处理问题的方法称为离散化方法，所求得的解只是渗流区的离散点（如各单元的公共顶点或单元的中心点）上未知量满足某种精度要求的近似值。常用数值方法包括有限差分法和有限单元法，本节采用有限差分法。

有限差分法是一种古典的数值计算方法，是一种近似计算法。有限差分法是以差商代替微商，把函数取极限求导的计算变换成有限值的比率计算。经变换后，原地下水流偏微分方程变成差分方程，成为可以直接求解的代数方程组。在物理概念上，是以每一个差分网格区作为一个独立的均衡区域，根据水量均衡原理对每一个单元建立方程式。有限差分法虽然对客观现象做了一定程度的假设，但只要网格大小和时段长短离散合理，仍能很好地逼近实际情况[3]。

5.2.1.2　有限差分方程建立

根据水量均衡原理，对每一个单元来说表示水流平衡的连续性方程为：

$$Q_i = S_s \times \frac{\Delta H}{\Delta t} \times \Delta V \tag{5.14}$$

式中　Q_i——单位时间内进入单元的水量，m^3/d；

　　　S_s——储水系数，m^{-1}；

　　　ΔV——单元的体积，m^3；

　　　ΔH——Δt 时间内的水位变化量，m。

式（5.14）表示在 Δt 时间内，水位变化为 ΔH 时水量的变化量。可见水头 H 的变化主要受到经由主轴方向流向、源（汇）项以及水头随时间变化项三个条件的影响，以下将分别叙述，再加以合并、整理成为地下水流有限差分方程式。

（1）网格剖分及离散点的确定

如图 5.1 所示，将研究区含水层系统划分为一个三维的网格系统，整个含水层被剖分为若干层，每一层又剖分为若干行和若干列。这样，含水层就可以由许多剖分成的小长方体表示。这些剖分出来的小长方体称为计算单元。每个计算单元的位置可以用该计算单元所在的行号（i）、列号（j）和层号（k）来表示。按照图 5.1 所示的规定，某列 j 中的一个计算单元沿行方向上的宽度由 Δr_j 表示；某行 i 中的一个计算单元沿列方向上的宽度由

Δc_i 表示；某层 k 中的计算单元的厚度则由 Δv_k 表示，这样 $\Delta r_j \Delta c_i \Delta v_k$ 表示计算单元的体积[4]。离散点在网格中心处，在这种情况下，每个网格都相当于一个均衡域。

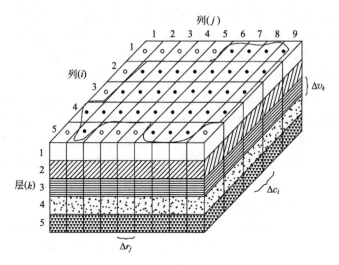

图 5.1　含水层的空间离散

（2）有限差分方程的推导

1）经由主轴方向入流量

如图 5.2 所示，一个网格 i，j，k 及其附近六个相邻网格的总入流量，可利用经由 x，y，z 三个主轴方向的流量表示。

达西公式表达式如下：

$$Q = \frac{KA(h_1 - h_2)}{L} \tag{5.15}$$

式中　Q——流量，m^3/d；

　　　K——水力传导系数，m/d；

　　　A——垂直流经长度方向的截面积，m^2；

　h_1，h_2——测压水头，m；

　　　L——流经距离，m。

由图 5.3 可知沿着 x 主轴方向，由网格 $i-1$，j，k 流入网格 i，j，k 的入流量如下式所示：

$$q_{i-1,j,k} = k_{xx(i-\frac{1}{2},j,k)} \Delta A_{xx(i,j,k)} \left[\frac{H_{(i-1,j,k)} - H_{(i,j,k)}}{\Delta x_{i-\frac{1}{2}}} \right] \tag{5.16}$$

式中　　　　$q_{i-1,j,k}$——从网格 $i-1$，j，k 流入网格 i，j，k 的流量；

　　　$k_{xx(i-\frac{1}{2},j,k)}$——沿着 i 方向，由节点 $i-1$，j，k 到节点 i，j，k 的渗透系数；

　　　$\Delta A_{xx(i,j,k)}$——垂直 i 方向的截面积，等于 $\Delta y_j \Delta z_k$；

$H_{(i-1,j,k)}$，$H_{(i,j,k)}$——节点 $i-1$，j，k 和 i，j，k 的水头；

　　　$\Delta x_{i-\frac{1}{2}}$——节点 $i-1$，j，k 到 i，j，k 的距离。

同理，经由网格 $i+1$，j，k 沿着 x 主轴方向流入网格 i，j，k 的入流量如下式所示：

$$q_{i+1,j,k} = k_{xx(i+\frac{1}{2},j,k)} \Delta A_{xx(i,j,k)} \left[\frac{H_{(i+1,j,k)} - H_{(i,j,k)}}{\Delta x_{i+\frac{1}{2}}} \right] \tag{5.17}$$

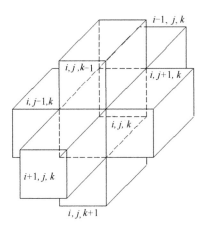

图 5.2　计算单元（i，j，k）及其相邻的六个单元

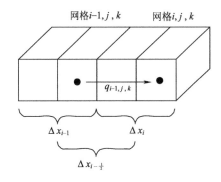

图 5.3　从计算单元（$i-1$，j，k）至计算单元（i，j，k）的流量

经由网格 i，$j-1$，k 沿着 y 主轴方向流入网格 i，j，k 的入流量如下式所示：

$$q_{i,j-1,k}=k_{yy(i,j-\frac{1}{2},k)}\Delta A_{yy(i,j,k)}\left[\frac{H_{(i,j-1,k)}-H_{(i,j,k)}}{\Delta y_{j-\frac{1}{2}}}\right] \tag{5.18}$$

经由网格 i，$j+1$，k 沿着 y 主轴方向流入网格 i，j，k 的入流量如下式所示：

$$q_{i,j+1,k}=k_{yy(i,j+\frac{1}{2},k)}\Delta A_{yy(i,j,k)}\left[\frac{H_{(i,j+1,k)}-H_{(i,j,k)}}{\Delta y_{j+\frac{1}{2}}}\right] \tag{5.19}$$

经由网格 i，j，$k-1$ 沿着 z 主轴方向流入网格 i，j，k 的入流量如下式所示：

$$q_{i,j,k-1}=k_{zz(i,j,k-\frac{1}{2})}\Delta A_{zz(i,j,k)}\left[\frac{H_{(i,j,k-1)}-H_{(i,j,k)}}{\Delta z_{k-\frac{1}{2}}}\right] \tag{5.20}$$

经由网格 i，j，$k+1$ 沿着 z 主轴方向流入网格 i，j，k 的入流量如下式所示：

$$q_{i,j,k+1}=k_{zz(i,j,k+\frac{1}{2})}\Delta A_{zz(i,j,k)}\left[\frac{H_{(i,j,k+1)}-H_{(i,j,k)}}{\Delta z_{k+\frac{1}{2}}}\right] \tag{5.21}$$

综上所述，流入网格 i，j，k 的总入流量可综合式(5.16)～式(5.21) 表示成下式：

$$k_{xx(i-\frac{1}{2},j,k)}\Delta A_{xx(i,j,k)}\left[\frac{H_{(i-1,j,k)}-H_{(i,j,k)}}{\Delta x_{i-\frac{1}{2}}}\right]+$$

$$k_{xx(i+\frac{1}{2},j,k)}\Delta A_{xx(i,j,k)}\left[\frac{H_{(i+1,j,k)}-H_{(i,j,k)}}{\Delta x_{i+\frac{1}{2}}}\right]+$$

$$k_{yy(i,j-\frac{1}{2},k)}\Delta A_{yy(i,j,k)}\left[\frac{H_{(i,j-1,k)}-H_{(i,j,k)}}{\Delta y_{j-\frac{1}{2}}}\right]+$$

$$k_{yy(i,j+\frac{1}{2},k)}\Delta A_{yy(i,j,k)}\left[\frac{H_{(i,j+1,k)}-H_{(i,j,k)}}{\Delta y_{j+\frac{1}{2}}}\right]+$$

$$k_{zz(i,j,k-\frac{1}{2})}\Delta A_{zz(i,j,k)}\left[\frac{H_{(i,j,k-1)}-H_{(i,j,k)}}{\Delta z_{k-\frac{1}{2}}}\right]+$$

$$k_{zz(i,j,k+\frac{1}{2})}\Delta A_{zz(i,j,k)}\left[\frac{H_{(i,j,k+1)}-H_{(i,j,k)}}{\Delta z_{k+\frac{1}{2}}}\right] \tag{5.22}$$

2）源（汇）项

在地下水系统中，源（汇）项包括河川及降雨对地下水的补给，此外还有抽水井的补给。在处理源（汇）项时，可先令：

$$w_{i,j,k,n}=p_{i,j,k,n}\times H_{i,j,k}+q_{i,j,k,n} \tag{5.23}$$

式中　$w_{i,j,k,n}$——第 n 个外加源（汇）项流入网格 i，j，k 的流量，m^3/d；

$p_{i,j,k,n}$——常数，m^2/d；

$q_{i,j,k,n}$——常数，m^3/d。

然后，令 $QS_{i,j,k}=\sum_{n=1}^{N}w_{i,j,k,n}$，$P_{i,j,k}=\sum_{n=1}^{N}p_{i,j,k,n}$，$Q_{i,j,k}=\sum_{n=1}^{N}q_{i,j,k,n}$，则由式（5.23）知，整个系统的源（汇）项可表示如下：

$$QS_{i,j,k}=P_{i,j,k}\times H_{i,j,k}+Q_{i,j,k} \tag{5.24}$$

由式（5.24）可知，源（汇）项的流入量可分为两类：其中一类 P 与地下水位有关，如河川所造成的流入量；另一类 Q 与地下水位无关，如抽水井或注水井流入量。

3）时间项

如图 5.4 所示，对时间项取向后差分逼近，可得出下式：

$$\left(\frac{\Delta h_{i,j,k}}{\Delta t}\right)_m\approx\frac{h_{i,j,k}^m-h_{i,j,k}^{m-1}}{t_m-t_{m-1}} \tag{5.25}$$

式中　$\Delta h_{i,j,k}$——在时间 t_m 时的水力水头；

t_m——第 m 个时间项。

综合式（5.22）至式（5.25），可将方程式（5.3）改写为：

$$k_{xx(i-\frac{1}{2},j,k)}\Delta A_{xx(i,j,k)}\left[\frac{H_{(i-1,j,k)}^m-H_{(i,j,k)}^m}{\Delta x_{i-\frac{1}{2}}}\right]+$$

$$k_{xx(i+\frac{1}{2},j,k)}\Delta A_{xx(i,j,k)}\left[\frac{H_{(i+1,j,k)}^m-H_{(i,j,k)}^m}{\Delta x_{i+\frac{1}{2}}}\right]+$$

$$k_{yy(i,j-\frac{1}{2},k)}\Delta A_{yy(i,j,k)}\left[\frac{H_{(i,j-1,k)}^m-H_{(i,j,k)}^m}{\Delta y_{j-\frac{1}{2}}}\right]+$$

$$k_{yy(i,j+\frac{1}{2},k)}\Delta A_{yy(i,j,k)}\left[\frac{H_{(i,j+1,k)}^m-H_{(i,j,k)}^m}{\Delta y_{j+\frac{1}{2}}}\right]+$$

$$k_{zz(i,j,k-\frac{1}{2})}\Delta A_{zz(i,j,k)}\left[\frac{H_{(i,j,k-1)}^m-H_{(i,j,k)}^m}{\Delta z_{k-\frac{1}{2}}}\right]+$$

$$k_{zz(i,j,k+\frac{1}{2})}\Delta A_{zz(i,j,k)}\left[\frac{H_{(i,j,k+1)}^m-H_{(i,j,k)}^m}{\Delta z_{k+\frac{1}{2}}}\right]+$$

$$P_{i,\,j,\,k} \times H^m_{(i,\,j,\,k)} + Q_{i,\,j,\,k} = S_{s(i,\,j,\,k)} \Delta x_i \Delta y_j \Delta z_k \left[\frac{H^m_{(i,\,j,\,k)} - H^{m-1}_{(i,\,j,\,k)}}{t_m - t_{m-1}} \right]$$

$$(5.26)$$

方程式(5.26)即为地下水流有限差分数值模型。

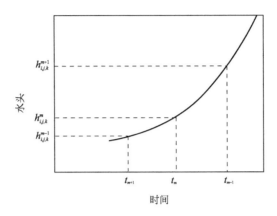

图 5.4 计算单元 $(i,\,j,\,k)$ 水头随时间的变化

5.2.1.3 模型求解

方程(5.26)不能独立求解，因为它不仅含有计算单元 $(i,\,j,\,k)$ 的水头值，还包含与其相邻的另外六个计算单元的水头值。即在时段末时刻 t_m 有七个水头值未知。但对网格中每一个单元都可以写出这种形式的方程，从而就可得到 n 个未知数对应 n 个方程的方程组。若初始水头、边界条件、水文地质参数、外部补给均已知，就可求得方程组的解。求解方程组，采用迭代法。在求解方程式(5.26)时，先代入起始条件，则可得以下的差方形式：

$$k_{xx(i-\frac{1}{2},j,k)} \Delta A_{xx(i,j,k)} \left[\frac{H^2_{(i-1,j,k)} - H^2_{(i,j,k)}}{\Delta x_{i-\frac{1}{2}}} \right] +$$

$$k_{xx(i+\frac{1}{2},j,k)} \Delta A_{xx(i,j,k)} \left[\frac{H^2_{(i+1,j,k)} - H^2_{(i,j,k)}}{\Delta x_{i+\frac{1}{2}}} \right] +$$

$$k_{yy(i,j-\frac{1}{2},k)} \Delta A_{yy(i,j,k)} \left[\frac{H^2_{(i,j-1,k)} - H^2_{(i,j,k)}}{\Delta y_{j-\frac{1}{2}}} \right] +$$

$$k_{yy(i,j+\frac{1}{2},k)} \Delta A_{yy(i,j,k)} \left[\frac{H^2_{(i,j+1,k)} - H^2_{(i,j,k)}}{\Delta y_{j+\frac{1}{2}}} \right] +$$

$$k_{zz(i,j,k-\frac{1}{2})} \Delta A_{zz(i,j,k)} \left[\frac{H^2_{(i,j,k-1)} - H^2_{(i,j,k)}}{\Delta z_{k-\frac{1}{2}}} \right] +$$

$$k_{zz(i,j,k+\frac{1}{2})} \Delta A_{zz(i,j,k)} \left[\frac{H^2_{(i,j,k+1)} - H^2_{(i,j,k)}}{\Delta z_{k+\frac{1}{2}}} \right] +$$

$$P_{i,j,k} \times H^2_{(i,j,k)} + Q_{i,j,k} = S_{s(i,j,k)} \Delta x_i \Delta y_j \Delta z_k \left[\frac{H^2_{(i,j,k)} - H^1_{(i,j,k)}}{t_2 - t_1} \right] \quad (5.27)$$

其中，$H^1_{(i,j,k)}$ 及 t_1 为初始情形。

依此类推，在时间为 t_m 时，方程式(5.26)可以表示为：

$$\frac{k_{xx(i-\frac{1}{2},j,k)}\Delta A_{xx(i,j,k)}H^m_{(i-1,j,k)}}{\Delta x_{i-\frac{1}{2}}}+\frac{k_{yy(i,j-\frac{1}{2},k)}\Delta A_{yy(i,j,k)}H^m_{(i,j-1,k)}}{\Delta y_{j-\frac{1}{2}}}+$$

$$\frac{k_{zz(i,j,k-\frac{1}{2})}\Delta A_{zz(i,j,k)}H^m_{(i,j,k-1)}}{\Delta z_{k-\frac{1}{2}}}-\left(\frac{k_{xx(i-\frac{1}{2},j,k)}\Delta A_{xx(i,j,k)}}{\Delta x_{i-\frac{1}{2}}}+\right.$$

$$\left.\frac{k_{yy(i,j-\frac{1}{2},k)}\Delta A_{yy(i,j,k)}}{\Delta y_{j-\frac{1}{2}}}+\frac{k_{zz(i,j,k-\frac{1}{2})}\Delta A_{zz(i,j,k)}}{\Delta z_{k-\frac{1}{2}}}\right)H^m_{(i,j,k)}-$$

$$\left[\frac{k_{xx(i+\frac{1}{2},j,k)}\Delta A_{xx(i,j,k)}}{\Delta x_{i+\frac{1}{2}}}+\frac{k_{yy(i,j+\frac{1}{2},k)}\Delta A_{yy(i,j,k)}}{\Delta y_{j+\frac{1}{2}}}+\frac{k_{zz(i,j,k+\frac{1}{2})}\Delta A_{zz(i,j,k)}}{\Delta z_{k+\frac{1}{2}}}\right]H^m_{(i,j,k)}-$$

$$-HCOF_{i,j,k}H^m_{(i,j,k)}+$$

$$\left[\frac{k_{xx(i+\frac{1}{2},j,k)}\Delta A_{xx(i,j,k)}H^m_{(i+1,j,k)}}{\Delta x_{i+\frac{1}{2}}}+\frac{k_{yy(i,j+\frac{1}{2},k)}\Delta A_{yy(i,j,k)}H^m_{(i,j+1,k)}}{\Delta y_{j+\frac{1}{2}}}+\right.$$

$$\left.\frac{k_{zz(i,j,k+\frac{1}{2})}\Delta A_{zz(i,j,k)}H^m_{i,j,k+1}}{\Delta z_{k+\frac{1}{2}}}\right]=RHS_{i,j,k} \tag{5.28}$$

$$HCOF_{i,j,k}=P_{(i,j,k)}-\frac{S_{s(i,j,k)}\Delta x_i\Delta y_j\Delta z_k}{t_m-t_{m-1}}$$

$$RHS_{i,j,k}=-Q_{(i,j,k)}-\frac{S_{s(i,j,k)}\Delta x_i\Delta y_j\Delta z_k\times H^{m-1}_{i,j,k}}{t_m-t_{m-1}}$$

将模拟时段末时刻水头项放在方程左边，与之无关的项放在右边。对于网格中所有单元的方程可用矩阵形式表示如下：

$$[A]\{H\}=\{q\} \tag{5.29}$$

式中 $[A]$——在 t_{m-1} 时所有活动节点的水头系数矩阵；

$\{H\}$——在 t_m 时所有活动节点水头所形成的向量；

$\{q\}$——在 t_{m-1} 时所有活动节点常量 RHS 的向量。

通过对这个 n 元线性代数方程组联立同步求解，可得到每一个计算单元的水头值。

5.2.2 污染物迁移模型求解

在一定的初始条件和边界条件下，溶质运移方程采用有限差分进行数值离散[5]。三维污染物溶质运移方程(5.9)中令 $\hat{D}_{ij}=\theta D_{ij}$，$v_i=q_i/\theta$，得：

$$R_d\theta\times\frac{\partial C}{\partial t}=\frac{\partial}{\partial x_i}\left(\hat{D}_{ij}\times\frac{\partial C}{\partial x_j}\right)-\frac{\partial}{\partial x_i}(q_iC)+q_sC_s-q'_sC-\lambda_1\theta C-\lambda_2\rho_bS \tag{5.30}$$

对于节点 (i,j,k)，式(5.30)中 $R_d\theta\times\frac{\partial C}{\partial t}$ 可近似为：

$$R_d\theta\times\frac{\partial C}{\partial t}=R_{i,j,k}\theta_{i,j,k}\times\frac{C^{n=1}_{i,j,k}-C^n_{i,j,k}}{\Delta t} \tag{5.31}$$

式(5.30)中对流项可近似为：

$$\frac{\partial}{\partial x_i}(q_iC)=\frac{\partial}{\partial x}(q_xC)+\frac{\partial}{\partial y}(q_yC)+\frac{\partial}{\partial z}(q_zC)=q_{x_{(i,j+\frac{1}{2},k)}}\frac{\alpha_{x_{j+\frac{1}{2}}}c^{n+1}_{i,j,k}+(1-\alpha_{x_{j+\frac{1}{2}}})c^{n+1}_{i,j+1,k}}{\Delta x_j}$$

$$-q_{x_{(i,j-\frac{1}{2},k)}} \frac{\alpha_{x_{j-\frac{1}{2}}} c_{i,j-1,k}^{n+1} + (1-\alpha_{x_{j-\frac{1}{2}}}) c_{i,j,k}^{n+1}}{\Delta x_j} + q_{y_{(i+\frac{1}{2},j,k)}} \frac{\alpha_{y_{i+\frac{1}{2}}} c_{i,j,k}^{n+1} + (1-\alpha_{y_{i+\frac{1}{2}}}) c_{i+1,j,k}^{n+1}}{\Delta y_i}$$

$$-q_{y_{(i-\frac{1}{2},j,k)}} \frac{\alpha_{y_{i-\frac{1}{2}}} c_{i-1,j,k}^{n+1} + (1-\alpha_{y_{i-\frac{1}{2}}}) c_{i,j,k}^{n+1}}{\Delta y_i} + q_{z_{(i,j,k+\frac{1}{2})}} \frac{\alpha_{z_{k+\frac{1}{2}}} c_{i,j,k}^{n+1} + (1-\alpha_{z_{k+\frac{1}{2}}}) c_{i,j,k+1}^{n+1}}{\Delta z_k}$$

$$-q_{z_{(i,j,k-\frac{1}{2})}} \frac{\alpha_{z_{k-\frac{1}{2}}} c_{i,j,k-1}^{n+1} + (1-\alpha_{z_{k-\frac{1}{2}}}) c_{i,j,k}^{n+1}}{\Delta z_k} \tag{5.32}$$

式中　$\alpha_{x_{j\pm\frac{1}{2}}}$，$\alpha_{y_{i\pm\frac{1}{2}}}$，$\alpha_{z_{k\pm\frac{1}{2}}}$——对流项的权重因子，采用迎风格式，权重因子由式 (5.33) 确定。

$$\alpha_{x_{j+\frac{1}{2}}} = \begin{cases} 1 & q_{x_{i,j+\frac{1}{2},k}} > 0 \\ 0 & q_{x_{i,j+\frac{1}{2},k}} < 0 \end{cases}$$

$$\alpha_{y_{i+\frac{1}{2}}} = \begin{cases} 1 & q_{y_{i+\frac{1}{2},j,k}} > 0 \\ 0 & q_{y_{i+\frac{1}{2},j,k}} < 0 \end{cases}$$

$$\alpha_{z_{k+\frac{1}{2}}} = \begin{cases} 1 & q_{z_{i,j,k+\frac{1}{2}}} > 0 \\ 0 & q_{y_{i,j,k+\frac{1}{2}}} < 0 \end{cases} \tag{5.33}$$

中心差分权重因子为：

$$\alpha_{x_{j+\frac{1}{2}}} = \frac{\Delta x_{j+1}}{\Delta x_j + \Delta x_{j+i}}$$

$$\alpha_{y_{i+\frac{1}{2}}} = \frac{\Delta y_{i+1}}{\Delta y_i + \Delta y_{i+1}}$$

$$\alpha_{z_{k+\frac{1}{2}}} = \frac{\Delta z_{k+1}}{\Delta z_k + \Delta z_{k+1}} \tag{5.34}$$

式 (5.30) 中弥散项近似为：

$$\frac{\partial}{\partial x_i}\left(\hat{D}_{ij} \times \frac{\partial C}{\partial x_j}\right) = \frac{\partial}{\partial x}\left(\hat{D}xx \times \frac{\partial C}{\partial x}\right) + \frac{\partial}{\partial x}\left(\hat{D}xy \times \frac{\partial C}{\partial y}\right) + \frac{\partial}{\partial x}\left(\hat{D}xz \times \frac{\partial C}{\partial z}\right)$$

$$+ \frac{\partial}{\partial y}\left(\hat{D}yx \times \frac{\partial C}{\partial y}\right) + \frac{\partial}{\partial y}\left(\hat{D}yy \times \frac{\partial C}{\partial y}\right) + \frac{\partial}{\partial y}\left(\hat{D}yz \times \frac{\partial C}{\partial z}\right)$$

$$+ \frac{\partial}{\partial z}\left(\hat{D}zx \times \frac{\partial C}{\partial x}\right) + \frac{\partial}{\partial z}\left(\hat{D}zy \times \frac{\partial C}{\partial y}\right) + \frac{\partial}{\partial z}\left(\hat{D}zz \frac{\partial C}{\partial z}\right) =$$

$$\hat{D}_{xx_{i,j+\frac{1}{2},k}} \times \frac{C_{i,j+1,k}^{n+1} - C_{i,j,k}^{n+1}}{\Delta x_j (0.5\Delta x_j + 0.5\Delta x_{j+1})} - \hat{D}_{xx_{i,j-\frac{1}{2},k}} \times \frac{C_{i,j,k}^{n+1} - C_{i,j-1,k}^{n+1}}{\Delta x_j (0.5\Delta x_{j-1} + 0.5\Delta x_j)} + \hat{D}_{xy_{i,j+\frac{1}{2},k}} \times$$

$$\frac{\omega_{x_{j-\frac{1}{2}}} C_{i,j-1,k}^{n+1} + (1-\omega_{x_{j+\frac{1}{2}}}) C_{i+1,j+1,k}^{n+1} - \omega_{x_{j+\frac{1}{2}}} C_{i-1,j-1,k}^{n+1} - (1-\omega_{x_{j+\frac{1}{2}}}) C_{i-1,j+1,k}^{n+1}}{\Delta x_j (0.5\Delta y_{i-1} + \Delta y_i + 0.5\Delta y_{i+1})} -$$

$$\hat{D}_{xy_{i,j-\frac{1}{2},k}} \times \frac{\omega_{x_{j-\frac{1}{2}}} C_{i+1,j-1,k}^{n+1} + (1-\omega_{x_{j-\frac{1}{2}}}) C_{i+1,j,k}^{n+1} - \omega_{x_{j-\frac{1}{2}}} C_{i-1,j-1,k}^{n+1} - (1-\omega_{x_{j-\frac{1}{2}}}) C_{i-1,j,k}^{n+1}}{\Delta x_j (0.5\Delta y_{i-1} + \Delta y_i + 0.5\Delta y_{i+1})} +$$

$$\hat{D}_{xz_{i,j+\frac{1}{2},k}} \times \frac{\omega_{x_{j+\frac{1}{2}}}C_{i,j,k+1}^{n+1}+(1-\omega_{x_{j+\frac{1}{2}}})C_{i,j+1,k+1}^{n+1}-\omega_{x_{j+\frac{1}{2}}}C_{i,j,k-1}^{n+1}-(1-\omega_{x_{j+\frac{1}{2}}})C_{i,j+1,k-1}^{n+1}}{\Delta x_j(0.5\Delta y_{i-1}+\Delta y_i+0.5\Delta y_{i+1})}-$$

$$\hat{D}_{xz_{i,j-\frac{1}{2},k}}\frac{\omega_{x_{j-\frac{1}{2}}}C_{i,j-1,k+1}^{n+1}+(1-\omega_{x_{j-\frac{1}{2}}})C_{i,j,k+1}^{n+1}-\omega_{x_{j-\frac{1}{2}}}C_{i,j-1,k-1}^{n+1}-(1-\omega_{x_{j-\frac{1}{2}}})C_{i,j,k-1}^{n+1}}{\Delta x_j(0.5\Delta y_{i-1}+\Delta y_i+0.5\Delta y_{i+1})}+$$

$$\hat{D}_{yz_{i+\frac{1}{2},j,k}} \times \frac{\omega_{y_{i+\frac{1}{2}}}C_{i,j+1,k}^{n+1}+(1-\omega_{y_{i+\frac{1}{2}}})C_{i+1,j+1,k}^{n+1}-\omega_{y_{i+\frac{1}{2}}}C_{i,j-1,k}^{n+1}-(1-\omega_{y_{i+\frac{1}{2}}})C_{i+1,j-1,k}^{n+1}}{\Delta y_i(0.5\Delta x_{j-1}+\Delta y_j+0.5\Delta x_{j+1})}-$$

$$\hat{D}_{yz_{i-\frac{1}{2},j,k}} \times \frac{\omega_{y_{i-\frac{1}{2}}}C_{i-1,j+1,k}^{n+1}+(1-\omega_{y_{i-\frac{1}{2}}})C_{i,j+1,k}^{n+1}-\omega_{y_{i-\frac{1}{2}}}C_{i-1,j-1,k}^{n+1}-(1-\omega_{y_{i-\frac{1}{2}}})C_{i,j-1,k}^{n+1}}{\Delta y_i(0.5\Delta x_{j-1}+\Delta y_j+0.5\Delta x_{j+1})}+$$

$$\hat{D}_{yy_{i+\frac{1}{2},j,k}} \times \frac{C_{i+1,j,k}^{n+1}-C_{i,j,k}^{n+1}}{\Delta y_i(0.5\Delta y_i+0.5\Delta y_{i+1})}-\hat{D}_{yy_{i-\frac{1}{2},j,k}} \times \frac{C_{i,j,k}^{n+1}-C_{i-1,j,k}^{n+1}}{\Delta y_i(0.5\Delta y_{i-1}+0.5\Delta y_i)}-\hat{D}_{yz_{i+\frac{1}{2},j,k}} \times$$

$$\frac{\omega_{y_{i+\frac{1}{2}}}C_{i,j,k+1}^{n+1}+(1-\omega_{y_{i+\frac{1}{2}}})C_{i+1,j,k+1}^{n+1}-\omega_{y_{i+\frac{1}{2}}}C_{i,j,k+1}^{n+1}-(1-\omega_{y_{i+\frac{1}{2}}})C_{i+1,j,k-1}^{n+1}}{\Delta y_i(0.5\Delta z_{k-1}+\Delta z_k+0.5\Delta z_{k+1})}-\hat{D}_{yz_{i-\frac{1}{2},j,k}} \times$$

$$\frac{\omega_{y_{i+\frac{1}{2}}}C_{i,j,k+1}^{n+1}+(1-\omega_{y_{i+\frac{1}{2}}})C_{i+1,j,k+1}^{n+1}-\omega_{y_{i+\frac{1}{2}}}C_{i,j,k+1}^{n+1}-(1-\omega_{y_{i+\frac{1}{2}}})C_{i+1,j,k-1}^{n+1}}{\Delta y_i(0.5\Delta z_{k-1}+\Delta z_k+0.5\Delta z_{k+1})}+\hat{D}_{yz_{i-\frac{1}{2},j,k}} \times$$

$$\frac{\omega_{y_{i-\frac{1}{2}}}C_{i-1,j,k+1}^{n+1}+(1-\omega_{y_{i-\frac{1}{2}}})C_{i,j,k+1}^{n+1}-\omega_{y_{i-\frac{1}{2}}}C_{i-1,j,k-1}^{n+1}-(1-\omega_{y_{i-\frac{1}{2}}})C_{i,j,k-1}^{n+1}}{\Delta y_i(0.5\Delta z_{k-1}+\Delta z_k+0.5\Delta z_{k+1})}+\hat{D}_{zx_{i,j,k+\frac{1}{2}}} \times$$

$$\frac{\omega_{z_{k+\frac{1}{2}}}C_{i,j+1,k}^{n+1}+(1-\omega_{z_{k-\frac{1}{2}}})C_{i,j+1,k+1}^{n+1}-\omega_{z_{k+\frac{1}{2}}}C_{i,j-1,k}^{n+1}-(1-\omega_{z_{k-\frac{1}{2}}})C_{i,j-1,k+1}^{n+1}}{\Delta z_k(\Delta x_{j-1}+\Delta x_j+0.5\Delta x_{j+1})}-\hat{D}_{zx_{i,j,k-\frac{1}{2}}} \times$$

$$\frac{\omega_{z_{k-\frac{1}{2}}}C_{i,j+1,k-1}^{n+1}+(1-\omega_{z_{k-\frac{1}{2}}})C_{i,j+1,k}^{n+1}-\omega_{z_{k-\frac{1}{2}}}C_{i,j-1,k-1}^{n+1}-(1-\omega_{z_{k-\frac{1}{2}}})C_{i-1,j,k}^{n+1}}{\Delta z_k(0.5\Delta y_{i-1}+\Delta y_i+0.5\Delta y_{i+1})}+$$

$$\hat{D}_{zz_{i,j,k+\frac{1}{2}}} \times \frac{C_{i,j,k+1}^{n+1}-C_{i,j,k}^{n+1}}{\Delta z_k(0.5\Delta z_k+0.5\Delta z_{k+1})}-\hat{D}_{zz_{i,j,k-\frac{1}{2}}} \times \frac{C_{i,j,k}^{n+1}-C_{i,j,k-1}^{n+1}}{\Delta z_k(0.5\Delta z_{k-1}+0.5\Delta z_k)} \qquad (5.35)$$

其中，ω_x，ω_y，ω_z 为计算弥散项的权重因子，定义为：

$$\omega_{x_{j+\frac{1}{2}}}=\frac{\Delta x_{j+1}}{\Delta x_j+\Delta x_{j+1}}$$

$$\omega_{y_{i+\frac{1}{2}}}=\frac{\Delta y_{i+1}}{\Delta y_i+\Delta y_{i+1}}$$

$$\omega_{z_{k+\frac{1}{2}}}=\frac{\Delta z_{j+1}}{\Delta z_k+\Delta z_{k+1}} \qquad (5.36)$$

将式(5.31)、式(5.32)、式(5.35)代入式(5.30)，两边乘以 $\Delta x_j \Delta x_i \Delta x_k$，即单元 (i,j,k) 的体积满足差分方程：

$$A_{i,j,k}^1 C_{i,j,k}^{n+1}+A_{i,j,k}^2 C_{i,j,k-1}^{n+1}+A_{i,j,k}^3 C_{i,j,k+1}^{n+1}+A_{i,j,k}^4 C_{i-1,j,k}^{n+1}+A_{i,j,k}^5 C_{i+1,j,k}^{n+1}+A_{i,j,k}^6 C_{i,j-1,k}^{n+1}+$$

$$A_{i,j,k}^7 C_{i,j+1,k}^{n+1}+A_{i,j,k}^8 C_{i-1,j,k-1}^{n+1}+A_{i,j,k}^9 C_{i,j-1,k-1}^{n+1}+A_{i,j,k}^{10} C_{i,j+1,k-1}^{n+1}+A_{i,j,k}^{11} C_{i+1,j,k-1}^{n+1}+$$

$$A_{i,j,k}^{12} C_{i-1,j,k}^{n+1}+A_{i,j,k}^{13} C_{i,j-1,k+1}^{n+1}+A_{i,j,k}^{14} C_{i,j+1,k+1}^{n+1}+A_{i,j,k}^{15} C_{i+1,j,k+1}^{n+1}+A_{i,j,k}^{16} C_{i,j-1,k-1}^{n+1}+$$

$$A_{i,j,k}^{17} C_{i-1,j+1,k}^{n+1}+A_{i,j,k}^{18} C_{i+1,j-1,k}^{n+1}+A_{i,j,k}^{19} C_{i+1,j+1,k}^{n+1}=b_{i,j,k}$$

$$(5.37)$$

式中　A——系数矩阵；

　　　b——已知向量。

（1）基本分量

系数矩阵 A 和已知向量 b 中基本分量由时间导数近似，即：

$$A^1_{i,j,k} = -R_{i,j,k}\theta_{i,j,k}\Delta x_j \Delta y_i \Delta z_k / \Delta t \tag{5.38}$$

$$b_{i,j,k} = -R_{i,j,k}\theta_{i,j,k}\Delta x_j \Delta y_i \Delta z_k C^n_{i,j,k} / \Delta t \tag{5.39}$$

（2）对流分量

系数矩阵 A 如下：

$$A^1_{i,j,k} = -\alpha_{x_{j+\frac{1}{2}}} Q_{x_{i,j+\frac{1}{2}},k} + (1-\alpha_{x_{j-\frac{1}{2}}}) Q_{x_{i,j-\frac{1}{2}},k} - \alpha_{y_{i+\frac{1}{2}}} Q_{y_{i+\frac{1}{2}},j,k}$$
$$+ (1-\alpha_{y_{j-\frac{1}{2}}}) Q_{y_{i-\frac{1}{2}},j,k} - \alpha_{z_{k+\frac{1}{2}}} Q_{z_{i,j,k+\frac{1}{2}}} + (1-\alpha_{z_{k-\frac{1}{2}}}) Q_{z_{i,j,k-\frac{1}{2}}} \tag{5.40a}$$

$$A^2_{i,j,k} = \alpha_{z_{k-\frac{1}{2}}} Q_{z_{i,j,k-\frac{1}{2}}} \tag{5.40b}$$

$$A^3_{i,j,k} = -(1-\alpha_{z_{k+\frac{1}{2}}}) Q_{z_{i,j,k+\frac{1}{2}}} \tag{5.40c}$$

$$A^4_{i,j,k} = \alpha_{y_{i-\frac{1}{2}}} Q_{y_{i-\frac{1}{2}},j,k} \tag{5.40d}$$

$$A^5_{i,j,k} = -(1-\alpha_{y_{i+\frac{1}{2}}}) Q_{y_{i+\frac{1}{2}},j,k} \tag{5.40e}$$

$$A^6_{i,j,k} = \alpha_{x_{j-\frac{1}{2}}} Q_{x_{i,j-\frac{1}{2}},k} \tag{5.40f}$$

$$A^7_{i,j,k} = -(1-\alpha_{x_{j+\frac{1}{2}}}) Q_{x_{i,j+\frac{1}{2}},k} \tag{5.40g}$$

其中，Q 为两相邻单元界面的体积流率。

（3）弥散分量

系数矩阵 A 如下：

$$A^1_{i,j,k} = -\widetilde{D}_{xx_{i,j,k}} - \widetilde{D}_{xx_{i,j-1,k}} - \widetilde{D}_{yy_{i,j,k}} - \widetilde{D}_{yy_{i-1,j,k}} - \widetilde{D}_{zz_{i,j,k}} - \widetilde{D}_{zz_{i,j,k-1}} \tag{5.41a}$$

$$A^2_{i,j,k} = -\widetilde{D}_{zz_{i,j,k}} - 1 - \widetilde{D}_{xz_{i,j,k}}\omega_{x_{j+\frac{1}{2}}} + \widetilde{D}_{xz_{i,j-1,k}}(1-\omega_{x_{j-\frac{1}{2}}}) - \widetilde{D}_{yz_{i,j,k}}\omega_{x_{j+\frac{1}{2}}} + \widetilde{D}_{yz_{i-1,j,k}}(1-\omega_{x_{j-\frac{1}{2}}}) \tag{5.41b}$$

$$A^3_{i,j,k} = \widetilde{D}_{zz_{i,j,k}} + \widetilde{D}_{xz_{i,j,k}}\omega_{x_{j+\frac{1}{2}}} + \widetilde{D}_{xz_{i,j-1,k}}(1-\omega_{x_{j-\frac{1}{2}}}) - \widetilde{D}_{yz_{i,j,k}}\omega_{x_{j+\frac{1}{2}}} + \widetilde{D}_{yz_{i-1,j,k}}(1-\omega_{x_{j+\frac{1}{2}}}) \tag{5.41c}$$

$$A^4_{i,j,k} = \widetilde{D}_{yy_{i-1,j,k}} - \widetilde{D}_{xy_{i,j,k}}\omega_{x_{j+\frac{1}{2}}} + \widetilde{D}_{xy_{i,j-1,k}}(1-\omega_{x_{j-\frac{1}{2}}}) - \widetilde{D}_{zy_{i,j,k}}\omega_{z_{k+\frac{1}{2}}} + \widetilde{D}_{zy_{i-1,j,k}}(1-\omega_{z_{k-\frac{1}{2}}}) \tag{5.41d}$$

$$A^5_{i,j,k} = \widetilde{D}_{yy_{i,j,k}} + \widetilde{D}_{xy_{i,j,k}}\omega_{x_{j+\frac{1}{2}}} - \widetilde{D}_{xy_{i,j-1,k}}(1-\omega_{x_{j-\frac{1}{2}}}) + \widetilde{D}_{zy_{i,j,k}}\omega_{z_{k+\frac{1}{2}}} - \widetilde{D}_{zy_{i-1,j,k}}(1-\omega_{z_{k-\frac{1}{2}}}) \tag{5.41e}$$

$$A^6_{i,j,k} = \widetilde{D}_{xx_{i,j-1,k}} - \widetilde{D}_{yz_{i,j,k}}\omega_{x_{j+\frac{1}{2}}} + \widetilde{D}_{yz_{i-1,j,k}}(1-\omega_{y_{i-\frac{1}{2}}}) - \widetilde{D}_{zy_{i,j,k}}\omega_{z_{k+\frac{1}{2}}} - \widetilde{D}_{zx_{i,j,k}}(1-\omega_{z_{k-\frac{1}{2}}}) \tag{5.41f}$$

$$A^7_{i,j,k} = \widetilde{D}_{xx_{i,j,k}} + \widetilde{D}_{yz_{i,j,k}}\omega_{y_{i+\frac{1}{2}}} - \widetilde{D}_{yx_{i-1,j,k}}(1-\omega_{y_{i-\frac{1}{2}}}) + \widetilde{D}_{zx_{i,j,k}}\omega_{z_{k+\frac{1}{2}}} - \widetilde{D}_{zx_{i,j,k}} - 1(1-\omega_{z_{k-\frac{1}{2}}}) \tag{5.41g}$$

$$A^8_{i,j,k} = \widetilde{D}_{yz_{i-1,j,k}} \omega_{y-\frac{1}{2}} + \widetilde{D}_{zy_{i,j,k}} - \omega_{z_{k-\frac{1}{2}}} \tag{5.41h}$$

$$A^9_{i,j,k} = \widetilde{D}_{xz_{i,j-1,k}} \omega_{x-\frac{1}{2}} + \widetilde{D}_{zy_{i,j,k}} - \omega_{z_{k-\frac{1}{2}}} \tag{5.41i}$$

$$A^{10}_{i,j,k} = -\widetilde{D}_{xz_{i,j,k}} (1-\omega_{y-\frac{1}{2}}) - \widetilde{D}_{zx_{i,j,k}} - \omega_{z_{k-\frac{1}{2}}} \tag{5.41j}$$

$$A^{11}_{i,j,k} = -\widetilde{D}_{yz_{i,j,k}} (1-\omega_{y+\frac{1}{2}}) - \widetilde{D}_{yz_{i,j,k}} - \omega_{z_{k-\frac{1}{2}}} \tag{5.41k}$$

$$A^{12}_{i,j,k} = -\widetilde{D}_{yz_{i-1,j,k}} \omega_{y-\frac{1}{2}} - \widetilde{D}_{zy_{i,j,k}} (1-\omega_{z_{k+\frac{1}{2}}}) \tag{5.41l}$$

$$A^{13}_{i,j,k} = -\widetilde{D}_{xy_{i,j-1,k}} \omega_{x-\frac{1}{2}} - \widetilde{D}_{zx_{i,j,k}} (1-\omega_{z_{k+\frac{1}{2}}}) \tag{5.41m}$$

$$A^{14}_{i,j,k} = -\widetilde{D}_{xz_{i,j,k}} (1-\omega_{x_{j-\frac{1}{2}}}) \widetilde{D}_{zy_{i,j,k}} (1-\omega_{z_{k+\frac{1}{2}}}) \tag{5.41n}$$

$$A^{15}_{i,j,k} = -\widetilde{D}_{yz_{i,j,k}} (1-\omega_{y+\frac{1}{2}}) + \widetilde{D}_{zy_{i,j,k}} (1-\omega_{z_{k+\frac{1}{2}}}) \tag{5.41o}$$

$$A^{16}_{i,j,k} = -\widetilde{D}_{xy_{i,j-1,k}} \omega_{x-\frac{1}{2}} + \widetilde{D}_{yx_{i-1,j,k}} \omega_{y+\frac{1}{2}} \tag{5.41p}$$

$$A^{17}_{i,j,k} = -\widetilde{D}_{xy_{i,j,k}} (1-\omega_{y-\frac{1}{2}}) - \widetilde{D}_{yx_{i-1,j,k}} - \omega_{y-\frac{1}{2}} \tag{5.41q}$$

$$A^{18}_{i,j,k} = \widetilde{D}_{xy_{i,j-1,k}} \omega_{x-\frac{1}{2}} - \widetilde{D}_{yx_{i,j,k}} (1-\omega_{y+\frac{1}{2}}) \tag{5.41r}$$

$$A^{19}_{i,j,k} = -\widetilde{D}_{xy_{i,j,k}} (1-\omega_{x_{j-\frac{1}{2}}}) \widetilde{D}_{yx_{i,j,k}} (1-\omega_{y+\frac{1}{2}}) \tag{5.41s}$$

其中，$\widetilde{D}$ 为弥散传导项，弥散流动通过单元界面 $(i, j+\frac{1}{2}, k)$，由式(5.42a)～式(5.42c)确定，其他界面定义与此类似。

$$\widetilde{D}_{xx_{i,j+\frac{1}{2},k}} = \hat{D}_{xx_{i,j+\frac{1}{2},k}} \frac{\Delta y_i \Delta z_k}{(0.5\Delta x_j + 0.5\Delta x_{j+1})} \tag{5.42a}$$

$$\widetilde{D}_{xy_{i,j+\frac{1}{2},k}} = \hat{D}_{xy_{i,j+\frac{1}{2},k}} \frac{\Delta y_i \Delta z_k}{(0.5\Delta y_{j-1} + \Delta y_i + 0.5\Delta y_{j+1})} \tag{5.42b}$$

$$\widetilde{D}_{xz_{i,j+\frac{1}{2},k}} = \hat{D}_{xz_{i,j+\frac{1}{2},k}} \frac{\Delta y_i \Delta z_k}{(0.5\Delta z_{k-1} + \Delta z_k + 0.5\Delta z_{k+1})} \tag{5.42c}$$

$\hat{D}$ 为弥散系数，由渗流速度分量来确定，如 $\hat{D}_{xx}$、$\hat{D}_{xy}$ 和 $\hat{D}_{xz}$，(i, j, k) 和 $(i, j+1, k)$ 界面的 q_x 直接由渗流模型来定义，(i, j, k) 和 $(i, j+1, k)$ 界面的 q_x 由①～④y 方向的值插值获得。(i, j, k) 和 $(i, j+1, k)$ 界面 q_z 直接由渗流模型来定义，(i, j, k) 和 $(i, j+1, k)$ 界面的 q_y 由⑤～⑦z 方向的值插值获得。如图5.5所示。

$$q_{y_{i,j+\frac{1}{2},k}} = \frac{1}{2}\left[(q_{y_{i-\frac{1}{2},j,k}} + q_{y_{i+\frac{1}{2},j,k}})\omega_{x_{j+\frac{1}{2}}} + (q_{y_{i-\frac{1}{2},j+1,k}} + q_{y_{i+\frac{1}{2},j+1,k}})(1-\omega_{x_{j-\frac{1}{2}}})\right]$$
$$\tag{5.43a}$$

$$q_{y_{i,j+\frac{1}{2},k}} = \frac{1}{2}\left[(q_{z_{i,j,k-\frac{1}{2}}} + q_{z_{i,j,k+\frac{1}{2}}})\omega_{x_{j+\frac{1}{2}}} + (q_{z_{i,j+1,k-\frac{1}{2}}} + q_{z_{i,j+1,k+\frac{1}{2}}})(1-\omega_{x_{j+\frac{1}{2}}})\right]$$
$$\tag{5.43b}$$

$$q_{i,j+\frac{1}{2},k} = \sqrt{q^2_{x_{i,j+\frac{1}{2},k}} + q^2_{y_{i,j+\frac{1}{2},k}} + q^2_{z_{i,j+\frac{1}{2},k}}} \tag{5.43c}$$

单元界面间纵向和横向弥散度的值根据单元权重因子来定义。

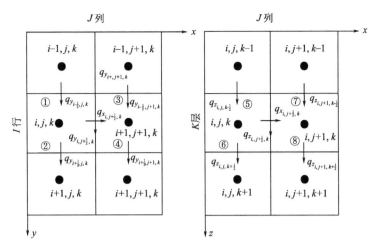

图 5.5　计算 D_{xx}，D_{xy}，D_{xz} 示意

$$\alpha_{L_{i,j+\frac{1}{2},k}} = \alpha_{L_{i,j,k}}\omega_{x_{j+\frac{1}{2}}} + \alpha_{L_{i,j,k}}(1-\omega_{x_{j+\frac{1}{2}}}) \tag{5.43d}$$

$$\alpha_{TH_{i,j+\frac{1}{2},k}} = \alpha_{TH_{i,j,k}}\omega_{x_{j+\frac{1}{2}}} + \alpha_{TH_{i,j+1,k}}(1-\omega_{x_{j+\frac{1}{2}}}) \tag{5.43e}$$

$$\alpha_{TV_{i,j+\frac{1}{2},k}} = \alpha_{TV_{i,j,k}}\omega_{x_{j+\frac{1}{2}}} + \alpha_{TV_{i,j+1,k}}(1-\omega_{x_{j+\frac{1}{2}}}) \tag{5.43f}$$

$\hat{D}_{xx}$、$\hat{D}_{xy}$ 和 $\hat{D}_{xz}$ 在界面 $(i,\ j+1/2,\ k)$ 由式(5.43g)～式(5.43i) 确定。

$$\hat{D}_{xx_{i,j+\frac{1}{2},k}} = \alpha_{L_{i,j+\frac{1}{2},k}}q^2_{x_{i,j+\frac{1}{2},k}}/q_{i,j+\frac{1}{2},k} + \alpha_{TH_{i,j+1,k}}q^2_{y_{i,j+\frac{1}{2},k}}/q_{i,j+\frac{1}{2},k} + \alpha_{TV_{i,j+\frac{1}{2},k}}q^2_{z_{i,j+\frac{1}{2},k}}/q_{i,j+\frac{1}{2},k} \tag{5.43g}$$

$$\hat{D}_{xy_{i,j+\frac{1}{2},k}} = (\alpha_{L_{i,j+\frac{1}{2},k}} - \alpha_{TH_{i,j+\frac{1}{2},k}})q_{x_{i,j+\frac{1}{2},k}}q_{y_{i,j+\frac{1}{2},k}}/q_{i,j+\frac{1}{2},k} \tag{5.43h}$$

$$\hat{D}_{xz_{i,j+\frac{1}{2},k}} = (\alpha_{L_{i,j+\frac{1}{2},k}} - \alpha_{TV_{i,j+\frac{1}{2},k}})q_{x_{i,j+\frac{1}{2},k}}q_{y_{i,j+\frac{1}{2},k}}/q_{i,j+\frac{1}{2},k} \tag{5.43i}$$

同理 $\hat{D}_{yx}$、$\hat{D}_{yy}$、$\hat{D}_{yz}$、$\hat{D}_{zx}$、$\hat{D}_{zy}$ 和 $\hat{D}_{zz}$ 形式同式(5.43a)～式(5.43i)。

（4）源汇项分量

系数矩阵 A 和矩阵 b 的源汇项由式(5.44) 和式(5.45) 确定。

$$A^1_{i,j,k} = Q^-_{s(i,j,k)} - Q^-_{s(i,j,k)} \tag{5.44}$$

$$b_{i,j,k} = -Q^+_{s(i,j,k)}C_{s(i,j,k)} \tag{5.45}$$

（5）化学反应分量

系数矩阵 A 和矩阵 b 的化学反应项根据吸附类型确定。

对线性平衡吸附：$\qquad C^{n+1}_{i,j,k} = K_d C^{n+1}_{i,j,k}$

$$A^1_{i,j,k} = -\lambda_{1(i,j,k)}\theta_{i,j,k}\Delta x_j \Delta y_i \Delta z_k - \lambda_{2(i,j,k)}\rho_{b_{(i,j,k)}}\Delta x_j \Delta y_i \Delta z_k K_d \tag{5.46}$$

对非线性平衡吸附则有：

$$A^1_{i,j,k} = -\lambda_{1(i,j,k)}\theta_{i,j,k}\Delta x_j \Delta y_i \Delta z_k \tag{5.47}$$

$$b_{i,j,k} = \lambda_{2(i,j,k)}\rho_{b_{(i,j,k)}}\Delta x_j \Delta y_i \Delta z_k C \tag{5.48}$$

对非平衡吸附：

$$\theta \times \frac{\partial C}{\partial t} + \rho_b \times \frac{\partial \overline{C}}{\partial t} = L(C) - \lambda_1 \theta C - \lambda_2 \rho_b \, \overline{C}_{i,j,k}^{n+1} \tag{5.49}$$

$$\rho_b \times \frac{\partial \overline{C}}{\partial t} = \beta(C - \overline{C}/K_d) - \lambda_2 \rho_b \overline{C} \tag{5.50}$$

式中　$L(C)$——非反应项。

对式(5.49)和式(5.50)在单元(i，j，k)仅考虑反应项，可表示为：

$$\theta_{i,j,k} \times \frac{C_{i,j,k}^{n+1} - C_{i,j,k}^n}{\Delta t} + \rho_{b(i,j,k)} \times \frac{\overline{C}_{i,j,k}^{n+1} - \overline{C}_{i,j,k}^n}{\Delta t} = -\lambda_1 \theta_{i,j,k} \, C_{i,j,k}^{n+1} - \lambda_2 \rho_{b(i,j,k)} \, \overline{C}_{i,j,k}^{n+1} \tag{5.51}$$

$$\rho_{b(i,j,k)} \frac{\overline{C}_{i,j,k}^{n+1} - \overline{C}_{i,j,k}^n}{\Delta t} = \beta_{i,j,k}(C_{i,j,k}^{n+1} - \overline{C}_{i,j,k}^{n+1}/K_{d(i,j,k)}) - \lambda_2 \rho_{b(i,j,k)} \, \overline{C}_{i,j,k}^{n+1} \tag{5.52}$$

式(5.51)和式(5.52)联立，则系数矩阵 A 和向量 b 为：

$$A'_{i,j,k} = -[\lambda_{1(i,j,k)} \theta_{i,j,k} + \beta_{i,j,k}]\Delta x_j \Delta y_i \Delta z_k$$
$$+ \frac{\beta_{i,j,k}^2 \Delta x_j \Delta y_i \Delta z_k}{K_{d(i,j,k)}\left(\dfrac{\rho_{b(i,j,k)}}{\Delta t} + \dfrac{\beta_{i,j,k}}{K_{d(i,j,k)}} + \lambda_{2(i,j,k)} \rho_{b(i,j,k)}\right)} \tag{5.53}$$

$$b_{i,j,k} = -\frac{\beta_{i,j,k} \Delta x_j \Delta y_i \Delta z_k \rho_{b(i,j,k)} \, \overline{C}_{i,j,k}^n}{K_{d(i,j,k)}\left(\dfrac{\lambda_{2(i,j,k)} \rho_{b(i,j,k)}}{\Delta t} + \dfrac{\beta_{i,j,k}}{K_{d(i,j,k)}} + \rho_{b(i,j,k)}\right)} \tag{5.54}$$

上述铬渣渗滤液在土壤-地下水系统中迁移模型，采用有限差分方法数值离散后归结为线性方程

$$AC^{n+1} = b \tag{5.55}$$

利用共轭梯度法求解。

综上，由地下水渗流模型和污染物运移模型及相应定解条件构成了完整的铬渣渗滤液在土壤-地下水中迁移的动力学耦合数学模型，并利用有限差分法进行了数值离散，利用共轭梯度法求解。该数学模型对其他地区的铬渣渗滤液对土壤-地下水系统污染问题具有普适性，为定量化研究铬渣堆场土壤-地下水系统污染问题提供了可靠的理论依据。

参考文献

[1]　彭泽洲，杨天性，梁秀娟，等．水环境数学模型及其应用［M］．北京：化学工业出版社，2007．

[2]　仵彦卿．多孔介质渗流与污染物迁移数学模型［M］．北京：科学出版社，2020．

[3]　陈梦舫．污染场地土壤与地下水风险评估方法学［M］．北京：科学出版社，2020．

[4]　邢利英．污染物迁移输运模型参数的识别及应用研究［M］．北京：化学工业出版社，2020．

[5]　骆永明．重金属污染土壤的修复机制与技术发展［M］．北京：科学出版社，2020．

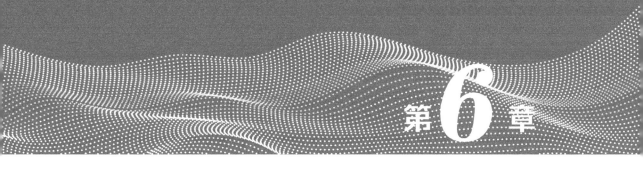

铬污染土还原-吸附-固化联合修复技术

由前面各章研究可知，铬渣长期堆放经雨水淋溶，会释放大量水溶性和酸溶性 Cr(Ⅵ) 离子，而 Cr(Ⅵ) 是迁移性较强的重金属剧毒污染物，含有 Cr(Ⅵ) 的水汇入地表径流或渗入地下，污染地表水和地下水，导致土壤和地表、地下水体的长期严重污染。因此，采取有效措施，防治铬渣淋溶液污染土壤-地下水，具有至关重要的作用。考虑到铬渣污染治理问题的复杂性，要想彻底解决铬渣淋溶液对土壤-地下水系统的污染问题，必须从铬渣处理处置、铬渣淋溶液处理、铬渣污染土壤及地下水修复等方面综合考虑，从技术和管理两方面入手，以源头（铬渣）控制为主，以要素（土壤和地下水）修复相辅，使铬污染问题得到根本解决。

铬渣的危害巨大，为此世界各国对铬渣的治理和综合利用极为重视，我国国家发展改革委会同国家环境保护总局编制了《铬渣污染综合整治方案》。铬盐生产中固体危险废物污染问题主要涉及两个方面：一是多年积存的老渣；二是不断产生的新渣。总体治理污染的方案是在不积存新渣的同时削减老渣积存量。在铬渣治理过程中，遵从"减量化、无害化和资源化"原则，进行全过程管理控制，并根据不同地区铬渣特点研究开发各种处理利用方法。目前，堆存铬渣大多得到妥善处理和处置。

治理已被铬污染的土壤难度很大，常常需要长期努力，并采取综合治理措施，土壤才能得以缓慢恢复。和其他重金属污染土壤一样，铬污染土壤修复技术主要有客（换）土法、固化/稳定化法、化学还原法、化学清洗法、电动修复法、生物修复法等。其中，固化/稳定化技术因其简单易行、成本低廉且不破坏土体结构而受到广泛关注。但对重金属铬污染土进行修复时，若仅使用固化材料，剧毒的 Cr(Ⅵ) 仍保留在土壤中，土壤环境条件改变可能会引起铬再次活化，因此单独使用固化剂很难实现对铬污染土有效、安全的固化/稳定化。

为了有效固化稳定污染土中的 Cr(Ⅵ)，需要对其进行预处理，掺入适当的还原剂将剧毒的 Cr(Ⅵ) 还原为毒性较小的 Cr(Ⅲ)，再掺入适当的吸附剂对 Cr(Ⅲ) 进一步进行吸附处理，通过专性吸附、沉淀或共沉淀等作用机制，使重金属铬钝化或失活，最后掺入适当的固化材料对污染土进一步固化和稳定化。固化/稳定化修复效果常常受到重金属离子的种类、浓度，污染土类型、pH 值、含水量、养护龄期等多种环境因子的制约。因此，必须深入系统地研究还原-吸附-固化联合作用的修复机理及影响修复效果的环境因子。同时，在现有研究工作基础上，借鉴水处理及材料领域最新研究成果，筛选出经济、有效、稳定且对环境友好的新型复合材料，是重金属铬污染土固化/稳定化修复技术的关键。

基于此，笔者所在课题组研发了铬污染土还原-吸附-固化联合修复技术[1]。本章首先通过单掺试验，分析不同固化剂的固化效果、不同还原剂的还原效果以及不同吸附剂的吸附效果，比选得到最优固化剂、还原剂和吸附剂，然后通过正交试验，确定还原-吸附-固化联合作用下修复铬污染土的复合制剂最佳配比。通过联合修复铬污染土的力学特性、毒性浸出特性及耐久性试验，对铬污染土再利用的可能性进行评估，为联合修复铬污染土在实际工程中的应用提供技术支持。

6.1 联合修复材料优选

6.1.1 材料和方法

6.1.1.1 污染土制备

试验用土取自沈阳铬渣堆场 2km 以外未受污染的洁净土，土样呈黄褐色，可塑，稍有光泽，摇振反应无，干强度中等，韧性中等，其主要物理指标如表 6.1 所列。参照《土工试验方法标准》（GB/T 50123—2019）对未污染土进行击实试验，击实曲线如图 6.1 所列，经击实试验测得其最大干密度为 1.72g/cm³，最优含水率为 22.0%。鉴于 NO_3^- 和 K^+ 对固化反应过程干扰较小，采用 K_2CrO_4 和 $Cr(NO_3)_3$ 配制一定浓度的模拟含 Cr(Ⅵ) 和 Cr(Ⅲ) 的溶液。制样时，根据最优含水量量取一定质量的去离子水，用磁力搅拌机将 K_2CrO_4 和 $Cr(NO_3)_3$ 充分溶解于去离子水中，得到含 Cr(Ⅵ) 和 Cr(Ⅲ) 的溶液，然后加入过筛土样，使土样中 Cr(Ⅵ) 和 Cr(Ⅲ) 含量分别为 3000mg/kg 和 3500mg/kg，拌和均匀后密封，放入标准养护室［温度为（20±2）℃，相对湿度为 95%］，焖土 28d 后制成铬污染土，备用。

表 6.1 土壤的物理性质

指标	相对密度	饱和度/%	孔隙比	液限/%	塑限/%	塑限指数	压缩系数/MPa⁻¹	压缩模量/MPa	黏聚力/kPa	内摩擦角/(°)
数值	2.71	91.3	0.657	30.6	18.7	11.9	0.29	5.8	37.3	18.8

6.1.1.2 原料

试验所用 $FeCl_2$、$Na_2S_2O_4$、Na_2SO_3、生石灰（CaO）均为分析纯，多硫化钙（主要成分为 CaS_5）购自连云港兰星工业技术有限公司。水泥购自阜新大鹰水泥制造有限公司。粉煤灰来自阜新热电厂，沸石为辽宁省阜新市天然沸石，粉煤灰合成沸石采用碱熔-水热法制备[2]。水泥、粉煤灰、沸石和粉煤灰合成沸石的主要化学成分见表 6.2。

6.1.1.3 试验方法

（1）单掺试验

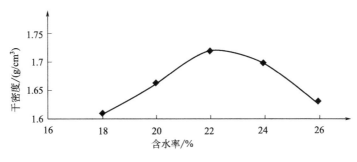

图 6.1　击实曲线

还原剂选择 $FeCl_2$、CaS_5、Na_2SO_3 和 $Na_2S_2O_4$，设定污染土中 Cr（Ⅵ）恰好被完全还原为 Cr（Ⅲ）所需的理论还原剂量（化学计量比）为 1，同理设定 2、3、4、5 为其整数倍剂量。还原剂溶于去离子水中，控制含水率为污染土样的 22%，将水与 Cr（Ⅵ）含量为 3000mg/kg 的污染土均匀混合，然后标准焖养 3d，测定浸出液的 Cr（Ⅵ）浓度。吸附剂选择粉煤灰、沸石、粉煤灰合成沸石，将吸附剂（掺量分别为 5%、10%、15%、20% 和 30%）与 Cr（Ⅲ）含量为 3500mg/kg 的污染土均匀混合，再加 22% 去离子水搅拌均匀，标准焖养 7d，测定浸出液 Cr（Ⅲ）浓度。固化剂选择水泥和生石灰，将固化剂（掺量分别为 0、5%、10%、15%、20% 和 30%）与 Cr（Ⅵ）含量为 3000mg/kg、Cr（Ⅲ）含量为 3500mg/kg 的污染土均匀混合，再加 22% 去离子水搅拌均匀，标准养护 7d 和 28d，测定无侧限抗压强度、Cr（Ⅵ）和总铬浸出浓度。

表 6.2　水泥、粉煤灰、沸石和粉煤灰合成沸石的主要化学成分　　单位：%

项目	SiO_2	Al_2O_3	CaO	MgO	Fe_2O_3	K_2O	Na_2O	SO_3	TiO_2
水泥	21.87	5.69	62.25	3.12	3.80	1.41	0.35	1.02	—
粉煤灰	59.82	17.32	3.64	2.61	8.23	2.75	1.37	—	0.79
沸石	68.66	15.23	2.31	0.38	0.71	3.98	1.17	—	0.16
粉煤灰合成沸石	50.29	14.17	3.42	1.96	7.23	1.05	20.88	—	0.55

（2）正交试验

以 CaS_5、合成沸石、水泥为因素，进行 $L_9(3^4)$ 正交试验，见表 6.3。试验时，首先将 CaS_5 溶于去离子水中（干污染土、合成沸石和水泥总质量的 22%），与铬污染土均匀混合搅拌 30min，然后加入粉煤灰合成沸石均匀混合搅拌 30min，最后加入水泥均匀混合搅拌 10min，将搅拌好的样品放入试件成型模具内，使用压力机以 20kN 力制成 $\phi50\text{mm}\times100\text{mm}$ 的标准试件。在温度 20℃、相对湿度 99% 的养护箱中养护 7d 和 28d 后，取出进行测试。评价指标为无侧限抗压强度和毒性浸出，通过极差分析，确定 CaS_5、合成沸石、水泥制成的复合制剂的最优配比。

（3）无侧限抗压强度试验

采用 CMT5605 万能压力试验机测试，过程参照《公路土工试验规程》（JTG E40—2007）进行。

（4）毒性浸出试验

参照《固体废物 浸出毒性浸出方法 醋酸缓冲溶液法》（HJ/T 300—2007）对做过强度测试的试件进行总铬和 Cr(Ⅵ) 浸出试验。

表 6.3 正交试验的因素水平

水平	A：CaS_5/倍	B：合成沸石/%	C：水泥/%
1	2	5	10
2	3	10	15
3	4	15	20

6.1.2 固化剂对铬污染土固化/稳定化

用于固化/稳定化技术的固化剂多为无机化合物类土壤固化剂，包括水泥、矿渣、生石灰等。针对重金属污染土，波特兰水泥是研究和应用最多的固化剂，而石灰是另一种应用较广泛的固化剂。

选择水泥和生石灰作为备选固化剂，分析不同固化剂种类及固化剂不同掺量的固化效果，测定无侧限抗压强度和浸出液六价铬和总铬浓度，比选得到最优固化剂。

6.1.2.1 固化机理分析

（1）水泥固化机理

水泥固化以水泥为基材，污染土与水泥及水混合后发生物理化学作用，使污染土中的重金属通过胶结包裹、物理吸附、化学吸附、沉淀、离子交换、化学钝化等方式得到固化稳定。水泥的加入也为重金属固化提供了碱性环境，抑制了多种重金属的迁移性。

水泥是一种无机胶凝材料，其主要成分为 SiO_2、CaO、Al_2O_3 和 Fe_2O_3，水化反应后可形成坚硬的水泥石块，把分散的填料牢固地黏结为一个整体。用于固化的水泥主要包括普通硅酸盐水泥、矿渣硅酸盐水泥、火山灰硅酸盐水泥等，最常用的是普通硅酸盐水泥。

普通硅酸盐水泥中主要包含硅酸三钙（$3CaO \cdot SiO_2$，C_3S）、硅酸二钙（$2CaO \cdot SiO_2$，C_2S）、铝酸三钙（$3CaO \cdot Al_2O_3$，C_3A）和铁铝酸四钙（$4CaO \cdot Al_2O_3 \cdot Fe_2O_3$，$C_4AF$）四种物质。污染土中加入水泥时，若污染土中水分不足，需向混合物中加水，以保证水泥完成水化过程。此过程所涉及的反应主要包括[3]：

① 硅酸三钙的水化反应

$$3CaO \cdot SiO_2 + x H_2O \longrightarrow 2CaO \cdot SiO_2 \cdot y H_2O + Ca(OH)_2 \qquad (6.1a)$$

$$3CaO \cdot SiO_2 + x H_2O \longrightarrow CaO \cdot SiO_2 \cdot m H_2O + 2Ca(OH)_2 \qquad (6.1b)$$

$$2(3CaO \cdot SiO_2) + x H_2O \longrightarrow 3CaO \cdot 2SiO_2 \cdot y H_2O + 3Ca(OH)_2 \qquad (6.2a)$$

$$2(3CaO \cdot SiO_2) + x H_2O \longrightarrow 2CaO \cdot SiO_2 \cdot m H_2O + 4Ca(OH)_2 \qquad (6.2b)$$

② 硅酸二钙的水化反应

$$2CaO \cdot SiO_2 + x H_2O \longrightarrow 2CaO \cdot SiO_2 \cdot x H_2O \qquad (6.3a)$$

$$2CaO \cdot SiO_2 + x H_2O \longrightarrow CaO \cdot SiO_2 \cdot m H_2O + Ca(OH)_2 \qquad (6.3b)$$

$$2(2CaO \cdot SiO_2) + x H_2O \longrightarrow 3CaO \cdot 2SiO_2 \cdot y H_2O + Ca(OH)_2 \qquad (6.3c)$$

$$2(2CaO \cdot SiO_2) + x H_2O \longrightarrow 2CaO \cdot SiO_2 \cdot m H_2O + 2Ca(OH)_2 \qquad (6.4)$$

③ 铝酸三钙的水化反应

$$3CaO \cdot Al_2O_3 + xH_2O \longrightarrow 3CaO \cdot Al_2O_3 \cdot xH_2O \tag{6.5}$$

若有 CaO 或 $Ca(OH)_2$ 存在，则水化反应为：

$$3CaO \cdot Al_2O_3 + Ca(OH)_2 + xH_2O \longrightarrow 4CaO \cdot Al_2O_3 \cdot mH_2O \tag{6.6}$$

④ 铁铝酸四钙的水化反应

$$4CaO \cdot Al_2O_3 \cdot Fe_2O_3 + xH_2O \longrightarrow 3CaO \cdot Al_2O_3 \cdot mH_2O + CaO \cdot Fe_2O_3 \cdot nH_2O \tag{6.7}$$

对于普通硅酸盐水泥，遇水反应最为迅速的是铝酸三钙的水化反应，该反应能确定普通硅酸盐水泥的初始状态，它对水泥早期水化强度有重要影响。而水泥水化过程需经历一连串的反应，速率很慢，其水化过程中的水化反应如图 6.2 所示。

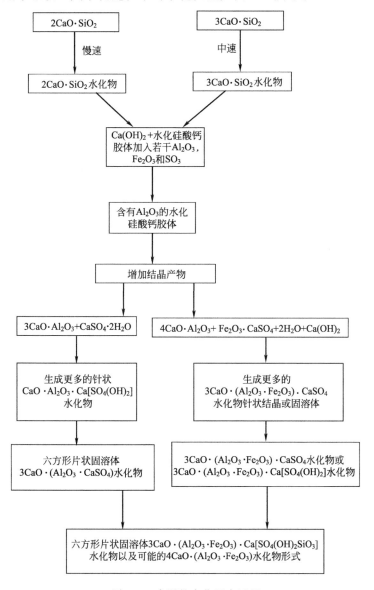

图 6.2 水泥的水化反应过程

这个过程生成的最终产物为硅铝酸盐胶体，为保证这一缓慢反应后固化体获得足够强度，需要在足够水分条件下维持长时间的养护。

水泥水化反应机理十分复杂，到目前为止还不完全清楚，水泥水化及随后凝硬反应中出现的各种现象，可通过水化凝胶模型及结晶模型两类反应机理模型进行分析[4]，如图6.3所示。

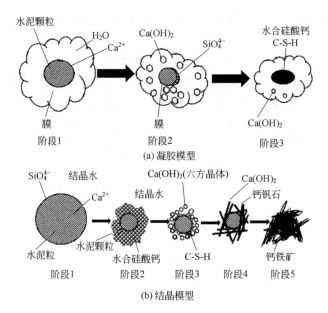

图 6.3   水泥水化模型

两种水化反应模型具体介绍如下。

1）水化凝胶模型

水泥水化过程中水泥颗粒表面形成了 C-S-H 胶凝膜，膜两侧表面渗透势不同，使得水分子能从外界环境中进入，而 Ca^{2+} 及 SiO_4^{4-} 能从水泥颗粒中渗出，这就导致 $Ca(OH)_2$ 集中在 C-S-H 胶凝膜液相一侧并大量沉淀。而 C-S-H 胶凝膜水泥颗粒一侧积累了大量的 SiO_4^{4-}，使得 C-S-H 胶凝膜渗透压差增大，这样 C-S-H 胶凝膜周期性破裂进而排出可溶性硅酸盐。水泥水化凝胶模型能解释重金属离子存在时水泥凝硬反应的滞后现象，这是由碱性条件下重金属存在时形成难溶凝胶羟基化合物所造成的。

2）水化结晶模型

当水泥和水混合后，原硅酸钙矿物（Ca_2SiO_4）分离为带负电的 SiO_4^{4-} 和带正电的 Ca^{2+}。带负电荷的 SiO_4^{4-} 集中在水泥颗粒表面，形成一层薄膜，阻止水泥表面与水接触，也阻碍了 Ca^{2+} 和 SiO_4^{4-} 从水泥进入水中，于是初始的水化作用主要是成核集结以及形成 $Ca(OH)_2$ 六方晶体充填水泥颗粒孔隙的结果。同时，C-S-H 胶体颗粒沉淀在水泥颗粒的富硅表层，慢慢形成了针刺状结构，最终不同水泥颗粒形成的针刺状结构聚集交错在一起形成层状的 C-S-H。

对于水泥固化污染土的机理分析更加复杂，首先将水泥浆与污染土搅拌后，水泥与水发生水化反应，产生的水化产物还会与污染土颗粒发生反应，3 种具体固化机制包括[5]：

① 离子交换和团粒化作用   试验土为粉质黏土，黏土表面带有的 Na^+ 或 K^+ 与水泥

发生水化反应生成的 Ca^{2+} 进行离子交换，使得较小的黏土颗粒团聚成较大的黏土颗粒，此时水泥水化生成的 C-S-H 胶体由于本身具有较强的吸附活性，可与较大黏土颗粒进一步结合，形成水泥污染土团粒结构，随着水化反应的进行，土团之间的空隙逐渐封闭，形成坚固的连接，宏观上水泥固化污染土的强度得到提高。

② 凝硬反应　随着水泥固化污染土中水化反应进行，溶液中析出的 Ca^{2+} 超过离子交换所需量后，剩余 Ca^{2+} 会与黏土矿物中的 SiO_2 和 Al_2O_3 发生化学反应，生成不溶于水的稳定的结晶化合物，这些化合物在水中和空气中逐渐硬化并形成致密的结构，增大了水泥固化污染土的强度和稳定性。

③ 碳酸化作用　水泥固化污染土中游离的 $Ca(OH)_2$ 能吸收水中或空气中的 CO_2，发生碳酸化反应，生成不溶于水的 $CaCO_3$，$CaCO_3$ 可以降低土体分散度、压缩性、渗透性，提高土体强度。

重金属污染土在固化/稳定化修复过程中，固化剂、重金属离子和土体之间会发生一系列复杂的物理化学反应，因此固化机理也非常复杂，除了前面所述的水化作用、凝硬反应、离子交换和团粒化作用、碳酸化作用等固化剂自身及其与土体的一系列物理化学反应外，还有包括胶结包裹作用、吸附作用、沉淀作用及化学钝化作用等固化剂、重金属离子和土体之间的复杂作用，其中又以胶结包裹为主要固化作用过程[6]。水泥水化生成的凝胶粒子的比表面积远大于水泥颗粒比表面积（约为 1000 倍），能产生较大的表面能和吸附活性，将污染土进一步连接起来，形成水泥固化土体的蜂窝状结构，并封闭各土团之间的空隙，将各类污染物固化封闭在一个狭小的空间内，形成坚固的团体。这样形成的结构，一方面强度增强，另一方面形成的水化凝胶体孔隙极小，渗透性低，污染物得到包裹，运移特性大大降低。

（2）石灰固化机理

石灰和水泥一样，均属于无机化合物类固化剂，两者作用机理也类似，石灰主要通过重金属自身水解反应，及其与碳酸钙的共沉淀机制降低土壤中重金属的移动性。当生石灰和水加入到粉质黏土中时，主要存在以下 3 个物化过程[7]。

1）吸水（放热）过程

$$CaO + H_2O \longrightarrow Ca(OH)_2 \tag{6.8}$$

生石灰与水反应得到熟石灰并消耗水，使得土壤脱水，且产生的热量也可以蒸发水分。熟石灰随后与黏土颗粒反应产生额外的脱水特性，这减少了土壤的持水能力。

2）改性过程

吸水反应后，熟石灰中大量的钙离子（Ca^{2+}）迁移到粉质黏土颗粒表面取代土中钠、钾等阳离子，进行阳离子交换。用钙离子代替钠离子或钾离子显著降低了黏土的塑性指数，使土壤松散易碎且呈颗粒状，即发生通常所说的"絮凝和凝聚"过程，这个过程一般在几个小时内发生。

3）固定化作用

当添加石灰以后，土壤的 pH 值迅速增加到 10.9 以上，使黏土颗粒分解。接着，释放的二氧化硅和氧化铝与熟石灰中的钙离子反应，形成水化硅酸钙（C-H-S）和水化铝酸钙（C-A-H），类似于波特兰水泥，促进了石灰稳定土层的强度基质形成，颗粒逐渐变硬，相对不透水，以致土壤中所含的铬不能浸出。这个过程在几小时内开始，可以持续多年。

（3）化学平衡（pH 值）影响理论

使用化学试剂改变土样的 pH 值，不同 pH 值的土样在等量水泥作用下，固化土抗压强度存在显著的差异。为解释上述试验现象，宁建国等测定了相应固化土孔隙液中主要离子的浓度，并进行热力学计算[8]。胶凝性水化物 C-S-H（水合硅酸钙）热力学平衡式：

$$Ca^{2+}(aq) + x\,HSiO^-(aq) + OH^-(aq) \longrightarrow x\,CaO \cdot SiO_2 \cdot H_2O \qquad (6.9)$$

在相同的水泥掺量作用下，pH 值较低的土样形成的固化土孔隙液中 $Ca(OH)_2$ 不饱和，为满足土样对 OH^- 的消耗，土样必将大量吸收争夺 C-S-H 凝胶生成所必需的 OH^-，致使水泥产生的 C-S-H 凝胶量减少，而 C-S-H 水化物的胶结作用是构成固化土抗压强度的主要因素，因此，当土样 pH 值较小时，固化土抗压强度也较小。随着土样 pH 值的上升，固化土孔隙液中 $Ca(OH)_2$ 浓度增加，水泥水化生成的胶凝性水化物的量也相应地增多，固化土抗压强度也随之提高；当土样 pH 值增加到一定程度时，固化土孔隙液中 $Ca(OH)_2$ 浓度饱和，固化土中胶凝性水化物能充分生成，固化土抗压强度达到最大值。之后随土样 pH 值的增加，同量水泥水化产物 C-S-H 已充分生成，固化土中胶凝性水化物生成量不变，所以固化土抗压强度保持不变。

6.1.2.2 固化剂的优选

（1）固化剂种类及掺量对无侧限抗压强度的影响

固化剂选择水泥和石灰，投加比例分别为 0、5%、10%、15%、20% 和 30%，含水量 22%，制成标准试件，养护 7d 和 28d，测定无侧限抗压强度，结果如图 6.4 所示。

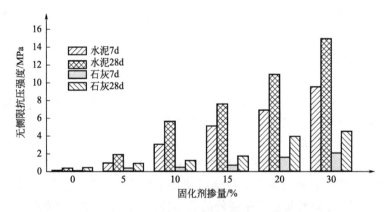

图 6.4　固化剂种类及掺量对无侧限抗压强度的影响

图 6.4 为养护龄期为 7d 和 28d，单掺水泥和石灰时铬污染土固化体无侧限抗压强度测定结果。由图 6.4 可知，无论是水泥还是石灰，随着掺量的增加，7d 或 28d 的无侧限抗压强度都逐渐增大，且 28d 的强度明显高于 7d 的强度。未掺固化剂时，铬污染土 7d 和 28d 的无侧限抗压强度分别为 0.15MPa 和 0.37MPa；当固化剂掺量由 5% 增大到 15% 时，水泥 7d 和 28d 的无侧限抗压强度分别由 1.01MPa 和 1.95MPa 增大到 5.20MPa 和 7.64MPa，石灰 7d 和 28d 的无侧限抗压强度也分别由 0.36MPa 和 0.95MPa 增大到 0.77MPa 和 1.75MPa，可见水泥对铬污染土的强度固化效果明显好于石灰。因此，从强度角度考虑，本章选择水泥作为铬污染土的固化剂。另外，从图 6.4 还可看出，当水泥掺量 20% 时 28d 铬污染土抗压强度达到了 10.96MPa，满足污染土作为土木工程材料大于

10MPa 的要求。

（2）固化剂种类及掺量对铬浸出浓度影响

不同固化剂掺量的水泥或石灰标准试件，测定 7d 和 28d 无侧限抗压强度后，再对其进行 Cr(Ⅵ) 和总铬浸出浓度测定试验，结果如图 6.5 和图 6.6 所示。

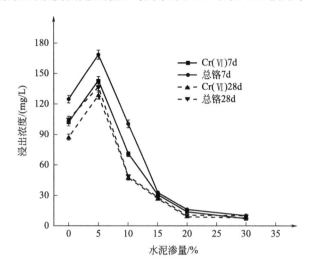

图 6.5　水泥掺量对铬浸出浓度的影响

图 6.5 为养护龄期分别为 7d 和 28d 条件下，不同水泥掺量对铬污染土固化体 Cr(Ⅵ) 和总铬毒性浸出的影响结果。由试验结果可知，未掺入水泥的铬污染土 Cr(Ⅵ) 和总铬浸出浓度都很高，随着水泥掺量的增加，Cr(Ⅵ) 和总铬浸出浓度呈现先增大后逐渐减小的趋势，且在 20% 掺量以内减小幅度较大。当水泥掺量为 5% 时，养护 7d 的固化体 Cr(Ⅵ) 浸出浓度为 142.50mg/L，总铬浸出浓度为 168.50mg/L，即 Cr(Ⅲ) 浸出浓度为 26.00mg/L，相比未掺入水泥的铬污染土 [Cr(Ⅵ) 浸出浓度为 102.50mg/L，Cr(Ⅲ) 浸出浓度为 22.5mg/L]，Cr(Ⅵ) 浸出浓度增加 40.00mg/L，Cr(Ⅲ) 浸出浓度增加 3.50mg/L。水泥掺量 5% 养护 28d 的固化体 Cr(Ⅵ) 浸出浓度为 128.88mg/L，总铬浸出浓度为 135.80mg/L，即 Cr(Ⅲ) 浸出浓度为 6.92mg/L，相比未掺入水泥的铬污染土 [Cr(Ⅵ) 浸出浓度为 87.50mg/L，Cr(Ⅲ) 浸出浓度为 16.7mg/L]，Cr(Ⅵ) 浸出浓度增加 41.38mg/L，Cr(Ⅲ) 浸出浓度减少 9.78mg/L。可见，养护 7d 水泥含量 5% 的固化体 Cr(Ⅵ) 和 Cr(Ⅲ) 浸出浓度均出现反弹，而养护 28d 水泥含量 5% 的固化体仅 Cr(Ⅵ) 浸出浓度出现反弹。由于浸出浓度主要受 pH 值、水泥固化以及土壤吸附多重作用控制，随着水泥水化产生 $Ca(OH)_2$，固化体 pH 值逐渐增大，所以对 Cr(Ⅵ) 吸附能力降低，而水泥含量 5% 时水泥固化作用还不明显，造成 Cr(Ⅵ) 浸出浓度反弹。但随着水泥含量的增大，水泥固化作用逐渐明显，所以当水泥含量≥10% 时，Cr(Ⅵ) 和 Cr(Ⅲ) 浸出浓度不存在反弹现象。当水泥掺量为 20% 时，28d 养护龄期的固化污染土 Cr(Ⅵ) 和总铬浸出浓度相比曲线最大值降低 2 个数量级，而 7d 养护龄期的降低 1 个数量级。由此可见，水泥对铬污染土具有较好的固化效果。

从固化机理分析，水泥固化铬污染土基于水泥自身的水解水化作用，与土体颗粒的离子交换及团粒化作用、凝硬反应、碳酸化作用，形成以水化硅酸钙和水化铝酸钙为主的凝胶体，对重金属离子产生胶结包裹作用、吸附作用、沉淀作用及化学钝化作用，其中又以胶结包裹为主要稳定化作用。尽管孔隙溶液中游离态的 Cr(Ⅵ) 和 Cr(Ⅲ) 离子会抑制水化反应和凝硬反应，但随着水泥掺量的增加，凝胶体不断产生，铬污染土逐渐被包裹。

同时，也应看到，单独掺入水泥高达 30％时，28d Cr(Ⅵ) 和总铬浸出浓度仍不能满足相关标准对 Cr(Ⅵ) 0.5mg/L、总铬 1.5mg/L 的要求。

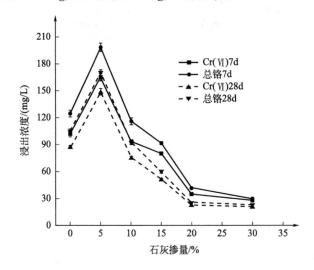

图 6.6　石灰掺量对铬浸出浓度的影响

图 6.6 为养护龄期分别为 7d 和 28d 条件下，不同石灰掺量对铬污染土固化体 Cr(Ⅵ) 和总铬毒性浸出的影响结果。与水泥掺加效果类似，随着石灰掺量的增加，Cr(Ⅵ) 和总铬浸出浓度呈现先增大后减小趋势，且在 20％掺量以内减小幅度较大，Cr(Ⅵ) 和总铬的固化效果较好。但与水泥固化对比，即使石灰掺量 30％时，28d Cr(Ⅵ) 和总铬浸出浓度依然为 20.99mg/L 和 22.86mg/L，明显高于水泥 28d 的浸出浓度 8.99mg/L 和 10.18mg/L。可见，水泥对铬污染土稳定化效果好于石灰对铬污染土的稳定化效果，因此，从毒性浸出角度考虑也应该选择水泥作为铬污染土的固化剂，其最佳掺量范围为 10％~20％。

6.1.3　还原剂对铬污染土稳定化研究

6.1.2 部分研究表明，无论从抗压强度还是毒性浸出方面，水泥对铬污染土都有一定固化效果，但单掺水泥对高含量铬污染土固化效果有限，特别是 Cr(Ⅵ) 含量越大，固定效果越差，无法满足浸出标准要求。因此，要对铬污染土中的 Cr(Ⅵ) 进行预处理。在处理 Cr(Ⅵ) 污染土的方法中，通过化学还原法将剧毒的 Cr(Ⅵ) 变为微毒的 Cr(Ⅲ) 是目前共识的方法。

需要说明的是，试验用土壤环境呈碱性，对部分酸性还原剂而言，要调节土壤 pH 值，然而对试验所用土壤而言，调节 pH 值增加了试验的复杂性，因此将还原剂溶于去离子水中，再将水调节到所需 pH 值后与土壤搅拌。

6.1.3.1 还原机理分析

目前，用于 Cr(Ⅵ) 污染土修复的还原剂主要有含铁类还原剂、还原性硫化物、一些有机化合物和还原性微生物。常用的还原剂种类、修复机理、应用范围及优缺点比较如表 6.4 所列[9]。

表 6.4　Cr(Ⅵ) 污染土及地下水系统修复常用还原剂分类

种类	修复机理	应用范围	优点	缺点
ZVI(零价铁)	还原及共沉淀	多用于可渗透反应墙(PRB)技术中	ZVI易得，操作相对简单	表面生成的反应物会阻碍 Cr(Ⅵ) 的进一步还原，且 ZVI 腐蚀
纳米零价铁	作为电子供体，具有吸附和沉淀的作用	多以胶体形式注入受污染含水层中，适用于特殊地质	直接注入较深的含水层中，适用于特殊地质	受水力传导系数大小的影响，未经修饰保护的纳米零价铁容易凝聚
亚铁	六价铬被亚铁还原后生成 Cr(OH)₃或 Fe$_x$Cr$_{1-x}$(OH)₃ 等固态化合物等产物	将亚铁水溶液注入污染羽流	还原速率快	硫酸亚铁类还原剂需要酸化，迁移性强，反应所形成的沉淀物容易堵塞含水层孔隙
H₂S	硫化物被氧化成硫单质，Cr(Ⅵ)被还原为 Cr(Ⅲ)形成氢氧化物沉淀	应用于包气带铬污染治理	受土壤湿度影响较大	可能有潜在的毒性
FeS	低价态的硫和铁均具有还原作用	酸性条件下还原污水体中的 Cr(Ⅵ)	自然界中广泛存在	反应速率慢
连二亚硫酸钠	在碱性条件下具有还原沉淀作用	碱性条件，土壤可渗透性好，可直接注入含水层	还原能力持续时间较长	操作复杂
多硫化物	作为电子供体，Cr(Ⅵ)还原后生成 Cr(OH)₃及硫单质、硫酸根或其他高价硫化物	适于多种修复环境	还原效率高，持续时间长	遇酸不稳定
有机物	有机碳作为电子供体	实际应用较少	自然界中广泛存在	反应速率慢，时间长

各还原剂与 Cr(Ⅵ) 的化学反应原理可描述如下。

（1）亚铁盐

Fe^{2+} 可迅速将剧毒 Cr(Ⅵ) 还原为低毒性的 Cr(Ⅲ)，而 Cr(Ⅲ) 很容易形成 $Cr(OH)_3$ 沉淀或 $Fe_xCr_{1-x}(OH)_3$，化学反应式为：

$$CrO_4^{2-} + 3Fe^{2+} + 8H^+ = Cr^{3+} + 3Fe^{3+} + 4H_2O \tag{6.10}$$

$$Cr^{3+} + 3OH^- = Cr(OH)_{3(s)} \tag{6.11}$$

$$Fe^{2+} + CrO_4^{2-} + 4H_2O = Fe_xCr_{1-x}(OH)_{3(s)} + 5OH^- \tag{6.12}$$

（2）亚硫酸盐

亚硫酸盐具有较强的还原性，是常用的铬渣还原剂，其化学反应式为：

$$2CrO_4^{2-}+3SO_3^{2-}+10H^+ \Longrightarrow 2Cr^{3+}+3SO_4^{2-}+5H_2O \tag{6.13}$$

（3）连二亚硫酸盐

水溶液性质不稳定，有极强的还原性，属于强还原剂。暴露于空气中易吸收氧气而氧化，同时也易吸收潮气发热而变质。其化学反应式为：

$$2CrO_4^{2-}+S_2O_4^{2-}+8H^+ \Longrightarrow 2Cr^{3+}+2SO_4^{2-}+4H_2O \tag{6.14}$$

（4）多硫化物（多硫化钙）

对于还原地下水、铬渣和土壤中的 Cr(Ⅵ) 而言，多硫化钙是一种非常有效的化学还原剂，以混合物形式存在，主要成分为多硫根（S_x^{2-}，$x=2\sim6$，主要为5），还有少量 HS^-、$S_2O_3^{2-}$、$S_2O_4^{2-}$ 和 H_2S。XRD 和 XPS 验证研究表明[10]，CaS_5 与 Cr(Ⅵ) 的反应产物为 $Cr(OH)_3$、S^0 和 Ca^{2+}，其中单质 S 为直链 S。其化学反应式为：

$$2CrO_4^{2-}+3CaS_5+10H^+ \Longrightarrow 2Cr(OH)_{3(s)}+15S_{(s)}+3Ca^{2+}+2H_2O \tag{6.15}$$

从化学反应热力学分析，一个化学氧化还原反应自发进行的条件是：代表化学反应总驱动力的吉布斯自由能 $\Delta G<0$，根据公式：

$$\Delta G=-nFE_{池} \tag{6.16}$$

式中　n——转移电荷的物质的量；

　　　F——法拉第常数；

　　　$E_{池}$——化学反应电动势。

若反应自发进行，则需 $E_{池}>0$，而根据能斯特方程：

$$E_{池}=E_{池}^{\phi}-\frac{0.059}{n}lgQ \tag{6.17}$$

式中　$E_{池}^{\phi}$——标准电极电势；

　　　Q——生成物离子浓度以化学计量数为方次的乘积与反应物离子浓度以化学计量数为方次的乘积之比。

对于 CaS_5 与 CrO_4^{2-} 的氧化还原反应来讲，在酸性介质中，根据式（6.15）其化学反应电动势：

$$E_{池}=E_{池}^{\phi}-\frac{0.059}{6}lg\frac{(C_{Ca^{2+}})^2}{(C_{CrO_4^{2-}})^2(C_{H^+})^{10}} \tag{6.18}$$

即：
$$E_{池}=E_{池}^{\phi}+\frac{0.059}{6}(2lgC_{CrO_4^{2-}}+10lgC_{H^+}-3lgC_{Ca^{2+}}) \tag{6.19}$$

由于 CrO_4^{2-}/CaS_5 电对的标准电极电势 $E_{池}^{\phi}>0$，根据化学反应平衡离子浓度关系，则 $E_{池}>0$，化学反应能自发进行。

从式（6.18）可以看到，该化学反应进行的程度与 H^+ 浓度有很大关系，随着 H^+ 浓度的升高，lgC_{H^+} 增大，则 $E_{池}$ 增大，反应向正方向进行，说明 pH 值低的酸性条件更有利于还原反应的进行。

6.1.3.2　还原剂的优选

图 6.7 为污染土 Cr(Ⅵ) 含量为 3000mg/kg 时，不同还原剂种类及掺量对 Cr(Ⅵ) 毒性浸出的影响。

图 6.7 为 3000mg/kg Cr(Ⅵ) 污染土 3d 养护龄期条件下，不同还原剂种类及掺量对

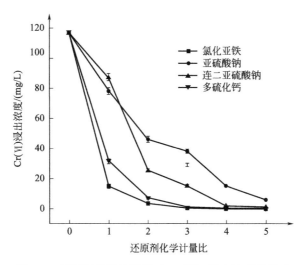

图 6.7　还原剂种类及掺量对 Cr(Ⅵ) 浸出浓度的影响

Cr(Ⅵ) 毒性浸出的影响。由图 6.7 可知，随着还原剂的增加，Cr(Ⅵ) 浸出浓度均逐渐降低，还原效果越来越好。$Na_2S_2O_4$ 在 1 倍投加量时效果最差，但随着投加量的增加，还原效果显著提升，明显好于 Na_2SO_3。比较得出，$FeCl_2$ 和 CaS_5 均有较好的还原效果，3倍投加量时，Cr(Ⅵ) 浸出浓度分别为 0.5mg/L 和 0.62mg/L；4 倍投加量时，Cr(Ⅵ) 浸出浓度分别为 0.1mg/L 和 0.2mg/L；而 5 倍投加量时，Cr(Ⅵ) 均未检出。两者对比，$FeCl_2$ 对 Cr(Ⅵ) 污染土还原效果最为显著。但研究也发现，氯化物渗透性极强，会发生二次危害，而硫酸盐的侵蚀也会导致水泥基固化土结构劣化。从研究结果可以看出，Fe(Ⅱ) 是 Cr(Ⅵ) 的有效还原剂，但在实际修复工程中却受到一定的限制，这是因为Fe(Ⅱ) 作为还原剂，其氧化后形成沉淀，会使得含水层的孔隙堵塞，进而降低铬污染地下水系统的修复效率。另外，铬污染地下水修复工程实践中还发现，酸化的 Fe(Ⅱ) 在达到污染点位之前，pH 值已经上升到了周围土壤及地下水环境水平，此时 Fe(Ⅱ) 大多已被氧化成了 Fe(Ⅲ)，这也会导致 Fe(Ⅱ) 还原能力降低。此外，由于水溶性 Fe(Ⅱ) 迁移性很强，在土壤-地下水系统中对 Cr(Ⅵ) 进行还原时，需要多次投加以弥补 Fe(Ⅱ) 的流失。

相比之下，CaS_5 还原剂与 Cr(Ⅵ) 反应产物为硫单质，且多硫化物氧化较慢，不易被环境中存在的氧气氧化而失效，此外 CaS_5 在地下环境中更稳定、更持久，基本不存在安全问题，在土壤修复方面具有广阔的应用前景。基于 CaS_5 对水泥基固化体影响最小，且随着还原剂量的增加还原效果良好，因此选择 CaS_5 对 Cr(Ⅵ) 污染土进行还原稳定化修复，其最优掺量范围为还原剂 2～4 倍计量比。

图 6.8 为污染土 Cr(Ⅵ) 含量 3000mg/kg，CaS_5 为理论计算量的 3 倍，养护 3d 条件下，Cr(Ⅵ) 浸出浓度随初始 pH 值的变化曲线，其中初始 pH 值的实现是通过将还原剂溶于去离子水中，再调节溶液的 pH 值来间接调节土壤的 pH 值。由试验结果可知，总体看，CaS_5 对污染土 pH 值适应性较强，pH 值从 3.1 升至 10.9，Cr(Ⅵ) 浸出浓度在0.36～1.88mg/L 之间。随着 pH 值的减小，Cr(Ⅵ) 还原效果增加，Cr(Ⅵ) 浸出浓度降低。研究表明，污染土偏酸性时，有利于 CaS_5 与 Cr(Ⅵ) 反应，增加污染土中的 H^+ 浓度，有利于反应向生成物的方向进行。

但本试验所用铬污染土 pH 值为 7.9，偏碱性，碱性条件下 CaS_5 对于 Cr(Ⅵ) 还原效

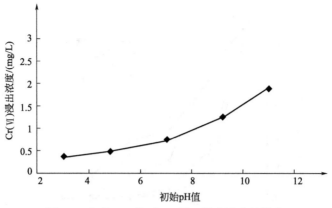

图 6.8　初始 pH 值对 Cr(Ⅵ) 浸出浓度的影响

果也较稳定。事实上，在较大规模的土壤处理中很难调节 pH 值，而 CaS_5 还原 Cr(Ⅵ) 在较宽的 pH 值变化范围内均能取得较好的还原效果，这有利于 CaS_5 在污染土修复中得到推广应用。

6.1.4　吸附剂对铬污染土稳定化的影响研究

铬污染土中同时含有 Cr(Ⅵ) 和 Cr(Ⅲ)，在利用还原剂将高浓度剧毒的 Cr(Ⅵ) 还原为毒性较小的 Cr(Ⅲ) 后，污染土中 Cr(Ⅲ) 含量急剧增加，而固化剂的固化能力也是有限的，这样会导致 Cr(Ⅲ) 浸出超标，而且 Cr(Ⅲ) 在一定条件下还可以转化为 Cr(Ⅵ)，仍然存在潜在风险，并且复杂的环境因素变化还会影响水泥固化体的长期稳定及强度。若能借鉴地下水铬污染的处理经验，找到合适的吸附剂来吸附高浓度的 Cr(Ⅲ)，这样不仅可以减少水泥的用量，更是固化/稳定化铬污染土保持长期稳定的关键。

6.1.4.1　吸附机理分析

（1）常用重金属吸附剂

目前，常用重金属吸附剂有无机吸附剂、有机吸附剂和无机-有机混合吸附剂，无机吸附剂主要包括石灰、粉煤灰等碱性物质以及人工合成的沸石、膨润土等矿物，有机改良剂主要有绿肥、堆肥、动物粪便和泥炭等，具体如表 6.5 所列[11]。

表 6.5　修复重金属污染土壤常用的吸附剂分类

分类	名称	有效成分	重金属	稳定化机理
无机吸附剂	粉煤灰	SiO_2、Al_2O_3 等	Cd、Pb、Cu、Zn、Cr	提高土壤的 pH 值，增加土壤可变负电荷，增强吸附效果
	金属及金属氧化物	FeO、Fe_2O_3、Al_2O_3、MnO_2	As、Zn、Cr、Cu	诱导重金属吸附或重金属生成沉淀
	含磷物质	可溶性的磷酸盐，难溶性的羟基磷灰石、磷矿石、骨炭等	Cd、Pb、Cu、Zn	磷酸盐诱导重金属吸附；磷酸盐和重金属生成沉淀；矿物和磷酸盐表面吸附重金属
	天然、天然改性或人工合成矿物	海泡石、沸石、蒙脱石、凹凸棒石	Zn、Cd、Pb、Cr、Cu	颗粒小，比表面积大，矿物表面具有负电荷，具有较强的吸附性能和离子交换能力
	无机肥	硅肥	Zn、Cd、Pb	增加土壤有效硅的含量，激发抗氧化酶的活性，缓解重金属对植物生理代谢的毒害

续表

分类	名称	有效成分	重金属	稳定化机理
有机吸附剂	有机肥（农家肥、绿肥、草炭等）、秸秆	各种动植物残体和代谢物	Cd、Zn、Cr、Pb	胡敏酸或胡敏素络合污染土壤中的重金属离子并生成难溶的络合物
无机-有机混合材料	固体废物	污泥、堆肥、石灰化生物固体等	Cd、Pb、Zn、Cr	提高土壤的pH值,增加土壤表面可变负电荷,增强吸附效果

有机吸附剂修复铬污染土时，随着时间的延长，有机物质存在逐步矿化分解的风险，从而导致吸附的重金属铬重新解吸出来，因此常用的是无机吸附剂。研究表明，沸石是一种结晶硅铝酸盐，具有表面多孔的结构，水热稳定性高，微孔丰富，对重金属离子铬有很强的离子交换吸附能力，能够降低污染土中铬的有效性[12]。笔者所在课题组前期研究也表明[13]，粉煤灰对铬也有一定的吸附能力。粉煤灰是燃煤火力发电厂排放的固体废物，若能将粉煤灰合成沸石，既能实现废物利用又可达到高效除铬的目的，不失为一条好途径，具有较好的经济效益、环境效益和社会效益。

粉煤灰及粉煤灰合成沸石的微观形貌通过扫描电子显微镜（SEM）清晰可见，结果如图 6.9 所示。由图 6.9 可以看出，粉煤灰表面较为光滑，均为圆球形的小颗粒；而粉煤灰合成沸石后，结构发生了明显变化，表面变得粗糙，疏松多孔，并出现结晶体结构。

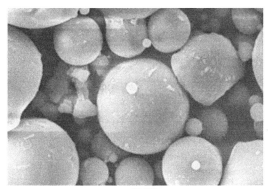
(a) 粉煤灰

(b) 粉煤灰合成沸石

图 6.9 粉煤灰及粉煤灰合成沸石 SEM 图

另外，经测定，天然粉煤灰的比表面积为 $7.573m^2/g$，而粉煤灰合成沸石比表面积增加到 $19.266m^2/g$，这表明粉煤灰合成沸石后，比表面积大大增加，增强了吸附能力。

（2）粉煤灰合成沸石吸附稳定化机制分析

粉煤灰合成沸石主要结构为硅铝四面体，具有三维网架结构、二维通道，有很多可交换的 K^+、Na^+、Ca^{2+} 和 Mg^{2+}，具有很强的离子交换能力，合成沸石分子筛结构如图 6.10 所示。

粉煤灰合成沸石对重金属铬的去除机理之一是晶格中带电离子与 Cr(Ⅲ) 离子交换以及物理化学吸附的共同作用。合成沸石表面的硅、铝氧化物离子配位不饱和，遇水发生离解吸附而形成羟基化基团 SOH，SOH 能与 Cr(Ⅲ) 阳离子生成表面配位化合物[14]。另

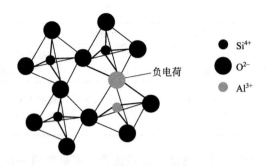

图 6.10　粉煤灰合成沸石分子筛结构

外，碱熔-水热法制备粉煤灰合成沸石过程中，一部分粉煤灰凝胶转变为沸石晶粒，另一部分未反应完全的粉煤灰则以含水 SiO_2 胶体形式存在于粉煤灰或沸石表面，在碱性条件下 SiO_2 胶体易发生如下化学解离反应产生负电荷：

$$H_2SiO_3 + OH^- \Longrightarrow HSiO_3^- + H_2O \tag{6.20}$$

$$HSiO_3^- + OH^- \Longrightarrow SiO_3^{2-} + H_2O \tag{6.21}$$

这样晶体表面带有负电荷，污染土中阳离子 Cr(Ⅲ) 也可通过静电引力被吸附在颗粒表面。

合成沸石晶胞单元中的孔穴是由不同数量的硅氧四面体及铝氧四面体相互联结形成的，孔穴中心分布着阳离子，这些阳离子与周围带负电荷的氧形成了强大电场并产生静电力，当一些易极化的分子和重金属阳离子及不饱和极性分子接近比表面积较大的合成沸石时便被捕获[15]。

合成沸石化学组成如表 6.2 所列。与天然粉煤灰相比，粉煤灰合成沸石中各化学成分含量（除 Na_2O）均有所降低，而 Na_2O 含量明显增加。分析原因，主要是碱熔-水热法合成沸石过程中，采用 NaOH 作为碱活性剂的结果，Na^+ 作为可交换离子留在了粉煤灰合成沸石中。当粉煤灰合成沸石与 Cr(Ⅲ) 污染土混合时，污染土中的 Cr(Ⅲ) 离子比合成沸石孔径小，进入合成沸石孔穴中，通过与合成沸石中的 Na^+ 等可交换离子进行阳离子交换，得到去除。

可见，粉煤灰合成沸石对污染土中 Cr(Ⅲ) 的去除机理非常复杂，包括离子交换、吸附、沉淀、络合等。研究表明，吸附稳定化技术稳定污染土中成分的主要机理是污染物和吸附剂间的化学键合力、吸附剂对污染物的物理包容及吸附剂水合产物对污染物的吸附作用。目前，对确切的包容机理的认识还很有限，当包容体破裂后，危险成分重新进入环境可能造成不可预见的影响[16]。

6.1.4.2　吸附剂优选

吸附剂稳定化铬污染土时，吸附剂的比选、修复效果及其稳定性的考察是取得良好修复效果的关键。

图 6.11 是污染土 Cr(Ⅲ) 浓度 3500mg/kg，养护 7d，不同吸附剂种类及掺量对 Cr(Ⅲ) 浸出浓度的影响。由图 6.11 可知，随着吸附剂掺量的增加，掺入粉煤灰、天然沸石、粉煤灰合成沸石的污染土 Cr(Ⅲ) 浸出浓度均逐渐降低，吸附剂掺量由 5% 增加到 15%，Cr(Ⅲ) 浸出浓度降低幅度较大，之后降低速率减小直至不变。粉煤灰对 Cr(Ⅲ)

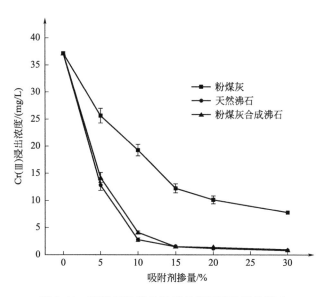

图 6.11　吸附剂种类及掺量对铬浸出浓度的影响

有一定的吸附作用，不仅因为粉煤灰可提高混合物的 pH 值，增加土壤可变负电荷，增强吸附效果，还因为其具有较大的比表面积，能够截留污染物，但与粉煤灰合成沸石和天然沸石相比，其吸附效果较差。天然沸石对 Cr(Ⅲ) 吸附效果最好，因为沸石呈空间网状结构，结构中有较大的空腔和孔道，这种独特的内部结构决定它可以吸附并贮存大量的离子，拥有高效选择性吸附、离子交换等优异性能。粉煤灰合成沸石既达到了沸石的特性，又实现了废物利用，它对 Cr(Ⅲ) 的吸附性能与天然沸石相近，是吸附污染土中 Cr(Ⅲ) 的理想材料，最佳吸附剂掺量范围为污染土量的 10%～20%。

6.1.5　联合修复的双指标正交试验设计

为了优选复合固化剂的配比，需要考虑复合固化剂中各因素的相互作用，对复合固化剂的全部配比组合进行试验，即"全面试验法"。全面试验法虽然能更清楚地剖析事物的内部规律性，但其最大弊端是试验量繁重，需要大量的人力、物力和时间，特别是在一些情况下由于时间过长以及外界条件的改变还会导致试验失效。然而人们在长期的实践中发现，得到理想的结果并不需要进行全面试验，在不影响试验效果的前提下，正交试验设计可以大大减少试验次数，有效避免全面试验法的缺点。正交试验设计是一种科学地安排多因素试验方案和有效分析试验结果的好方法。按照一套编好的正交试验设计表，从大量的多因素全面试验中挑选出具有代表性的组合进行较少次数的试验即可找出最优配比。

由前面的单掺试验结果得出，不同因素及每个因素的不同水平对固化铬污染土的无侧限抗压强度或毒性浸出的影响程度都是不同的，为了得到还原剂、吸附剂和固化剂的最优配比，本小节以无侧限抗压强度和毒性浸出作为双考核指标，运用正交试验法进行了三因素三水平正交试验设计，正交试验分为 9 个批次进行，试验结果如表 6.6 所列。

表 6.6　$L_9(3^4)$　试验设计与结果分析

试验序号	影响因素			无侧限抗压强度/MPa		浸出浓度/(mg/L)			
						7d		28d	
	A(CaS$_N$掺量)/倍	B(合成沸石掺量)/%	C(水泥掺量)/%	7d	28d	Cr(Ⅵ)	总铬	Cr(Ⅵ)	总铬
1	1(2倍)	1(5%)	1(10%)	5.08	6.91	1.26	5.64	0.47	4.02
2	1(2倍)	2(10%)	2(15%)	7.22	9.18	0.45	2.47	0.25	1.79
3	1(2倍)	3(15%)	3(20%)	8.87	12.31	0.25	2.08	0.16	0.92
4	2(3倍)	1(5%)	2(15%)	7.14	9.08	0.09	2.86	0.06	1.97
5	2(3倍)	2(10%)	3(20%)	8.99	12.24	0.07	1.64	0.05	0.91
6	2(3倍)	3(15%)	1(10%)	5.94	7.82	0.10	2.71	0.08	1.83
7	3(4倍)	1(5%)	3(20%)	9.0	12.02	0.02	2.48	0.01	1.54
8	3(4倍)	2(10%)	1(10%)	5.61	7.28	0.05	2.75	0.03	2.32
9	3(4倍)	3(15%)	2(15%)	7.42	9.46	0.04	1.41	0.02	0.74

注：表中影响因素下 1、2、3 为水平值。

6.1.5.1　无侧限抗压强度分析

养护 7d、28d 的试件无侧限抗压强度试验极差分析如表 6.7 所列。由极差 R 可以看出，影响铬污染土 7d、28d 强度因素的主次顺序相同，为水泥掺量→粉煤灰合成沸石掺量→CaS$_5$掺量。比较同一因素下各水平效应值 K，可知 7d、28d 龄期无侧限抗压强度最佳试验配比均为：CaS$_5$掺量 3 倍、合成沸石掺量 15%、水泥掺量 20%。

表 6.7　抗压强度试验极差分析

类别	A/倍		B/%		C/%	
	7d	28d	7d	28d	7d	28d
K_1	7.06	9.47	7.07	9.34	5.54	7.34
K_2	7.36	9.71	7.27	9.57	7.26	9.24
K_3	7.34	9.59	7.41	9.86	8.95	12.19
R	0.30	0.24	0.34	0.52	3.41	4.85

根据表 6.7 可作出各因素对无侧限抗压强度影响的直观分析图，如图 6.12 所示。可见，无论是 7d 还是 28d，试件的无侧限抗压强度均随水泥掺量的增加而增大，而 CaS$_5$掺量、合成沸石掺量与试件的无侧限抗压强度的关系不是十分明显。

6.1.5.2　毒性浸出试验结果分析

试件养护 7d、28d 的总铬和 Cr(Ⅵ) 毒性浸出浓度试验极差分析如表 6.8 和表 6.9 所

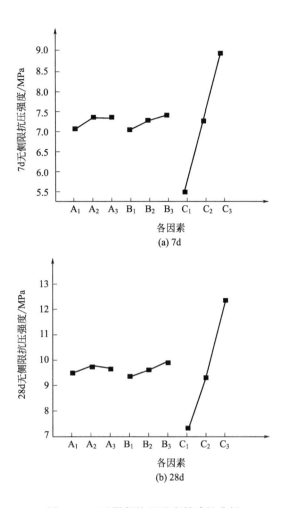

图 6.12　无限侧抗压强度敏感性分析

列。可见，影响固化污染土 7d、28d 总铬浸出浓度因素的主次顺序相同，均为水泥掺量→粉煤灰合成沸石掺量→CaS_5 掺量；影响固化污染土 7d、28d Cr（Ⅵ）浸出浓度因素的主次顺序相同，均为 CaS_5 掺量→水泥掺量→粉煤灰合成沸石掺量。比较同一因素下各水平效应值 K，可知 7d 和 28d 龄期总铬和 Cr（Ⅵ）浸出浓度最小的最佳试验配比均为：CaS_5 掺量 4 倍、合成沸石掺量 15%、水泥掺量 20%。

表 6.8　总铬毒性浸出试验极差分析

类别	A/倍		B/%		C/%	
	7d	28d	7d	28d	7d	28d
K_1	3.40	2.24	3.66	2.51	3.70	2.72
K_2	2.40	1.57	2.29	1.67	2.25	1.50
K_3	2.21	1.53	2.07	1.16	2.07	1.12

续表

类别	A/倍		B/%		C/%	
	7d	28d	7d	28d	7d	28d
R	1.19	0.71	1.59	1.35	1.63	1.60

表 6.9   Cr(Ⅵ) 毒性浸出试验极差分析

类别	A/倍		B/%		C/%	
	7d	28d	7d	28d	7d	28d
K_1	0.65	0.29	0.46	0.18	0.47	0.19
K_2	0.09	0.06	0.19	0.11	0.19	0.11
K_3	0.04	0.02	0.13	0.09	0.11	0.07
R	0.61	0.27	0.33	0.09	0.36	0.12

　　根据表 6.8 和表 6.9 可作出各因素对无侧限抗压强度影响的直观分析图,如图 6.13 和图 6.14 所示。可见,在各因素影响条件下,7d 和 28d 总铬和 Cr(Ⅵ) 浸出浓度变化趋势一致。试件总铬和 Cr(Ⅵ) 浸出浓度与 CaS_5 掺量、合成沸石掺量、水泥掺量均呈负相关。试件总铬浸出浓度变化受水泥掺量影响最为显著,合成沸石次之,CaS_5 不显著;试件 Cr(Ⅵ) 浸出浓度变化受 CaS_5 掺量影响最为显著,而合成沸石掺量和水泥掺量对 Cr(Ⅵ) 浸出浓度影响不大。

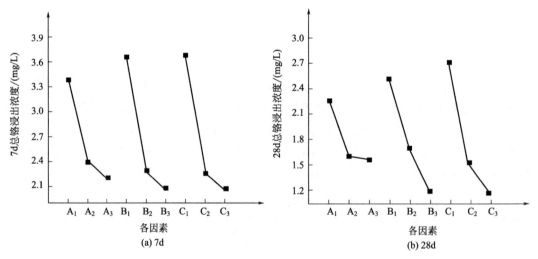

图 6.13   总铬浸出浓度敏感性分析

　　从浸出浓度看,还原剂 CaS_5、吸附剂合成沸石、固化剂水泥均最大量时,总铬和 Cr(Ⅵ) 浸出效果最好。但考虑实际工程成本,制剂掺量在满足要求条件下宜尽量减量,因此,按照无侧限抗压强度试验结果确定,选定铬污染土固化/稳定化复合制剂最佳配比为:CaS_5 掺量 3 倍、合成沸石掺量 15%、水泥掺量 20%。

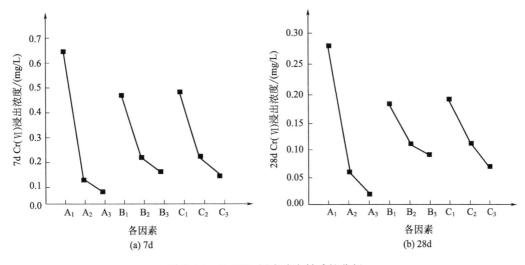

图 6.14　Cr(Ⅵ) 浸出浓度敏感性分析

6.2　联合修复铬污染土的力学特性

复合制剂还原-吸附-固化联合修复铬污染土以水泥和铬污染土为主材，与外掺还原剂和吸附剂混合并加水，经过一段时间后铬污染土与复合制剂间发生一系列物理化学反应，形成具有一定强度的固结体，其是一个复杂的多相体系，内含大量随机分布的微孔隙和微裂缝等初始缺陷，具有不均匀性。而且组成材料的性质以及在固化和使用过程中的各种环境因素都对复合制剂联合修复铬污染土的力学特性产生不同程度的影响。

在评价固化/稳定化污染土力学特性时，学者们通常采用无侧限抗压强度值作为统一的强度指标。而根据固化/稳定化修复后场地的用途，特别是用于高层建筑、大型建筑群的场地或路基材料，固化/稳定化污染土强度往往要求达到较高的标准[17]。因此，本节研究在不同的固化剂类型、含水量、养护龄期、污染物含量条件下，联合修复铬污染土的无侧限抗压强度变化规律，以期对影响强度发展的各种因素进行探讨，同时结合扫描电镜微观分析，对铬污染土再利用的可能性进行评估，为固化/稳定化铬污染土在实际工程中的应用提供依据。

另外，复合制剂还原-吸附-固化联合修复铬污染土的力学特性既不同于一般天然土也不同于岩石，在荷载作用下存在明显的弹性阶段，塑性变形也较大。因此复合制剂还原-吸附-固化联合修复铬污染土的本构关系不能简单地沿用一般土的本构关系，有必要对单轴试验结果进行分析，建立符合还原-吸附-固化联合修复铬污染土自身特点的本构模型。

本节主要考虑两方面因素对还原-吸附-固化联合修复不同化合价铬复合污染土强度的影响。一方面因素是土质自身特性，如污染物含量、含水量的影响；另一方面是外在因素，如固化剂类型、养护龄期的影响。基于无侧限抗压强度试验结果，建立复合制剂还原-吸附-固化联合修复铬污染土的本构关系模型，可为固化重金属污染土的工程应用提供理论支撑。

试验样品配比方案如表 6.10 所列。根据表中配比制备试件，每组制备三个平行试件，养护 7d 和 28d，考察不同的含水量和污染物含量对固化/稳定化铬污染土强度的影响。另外，以 A3 方案作为基准配合比，考察不同的固化剂类型和养护龄期对固化/稳定化铬污染土强度的影响规律。

表 6.10　样品配合比

实验序号	Cr(Ⅵ)含量 /(mg/kg)	铬污染 土/g	CaS₅ /倍	合成沸石 /g	水泥 /g	水 /mL
A1	3000	260	3	60	80	72
A2	3000	260	3	60	80	80
A3	3000	260	3	60	80	88
A4	3000	260	3	60	80	96
A5	3000	260	3	60	80	104
B1	500	260	3	60	80	88
B2	1000	260	3	60	80	88
B3	3000	260	3	60	80	88
B4	5000	260	3	60	80	88
B5	10000	260	3	60	80	88

6.2.1　联合修复铬污染土无侧限抗压强度研究

6.2.1.1　固化剂类型对修复铬污染土强度的影响

（1）无侧限抗压强度分析

按表 6.10 中 A3 配合比方案制备复合制剂联合修复铬污染土试件，分别养护 7d 和 28d，测定无侧限抗压强度，并和纯污染土、20％水泥掺量固化体试件的无侧限抗压强度对比分析，试验结果如图 6.15 所示。

图 6.15 为污染土 Cr(Ⅵ) 含量 3000mg/kg、Cr(Ⅲ) 含量 3500mg/kg、22％含水量条件下，养护 7d 和 28d 时，纯污染土以及水泥、复合制剂对修复铬污染土无侧限抗压强度的影响情况。由试验结果可知，在污染土中掺入水泥或复合制剂后，强度得到显著提高。与掺入 20％水泥相比，使用复合制剂时固化体 7d 和 28d 无侧限抗压强度均增大，特别在养护初期无侧限抗压强度增加更为显著。7d 养护龄期时，纯污染土、20％水泥和复合制剂时的铬污染土固化体无侧限抗压强度分别为 0.15MPa、6.94MPa 和 8.96MPa，与掺入 20％水泥相比，使用复合制剂时固化体无侧限抗压强度增长了 22.5％。而 28d 养护龄期时，纯污染土、20％水泥和复合制剂时的铬污染土固化体无侧限抗压强度分别为 0.37MPa、10.96MPa 和 12.66MPa，与掺入 20％水泥相比，使用复合制剂时固化体无侧

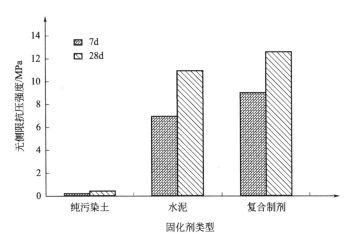

图 6.15　固化剂类型对无侧限抗压强度的影响

限抗压强度增长了 5.4％。可以得出，复合制剂对铬污染土固化效果良好。

　　另外，实验测得 7d 养护龄期时，分别掺入 20％水泥、复合制剂的铬污染土固化体 pH 值为 11.02 和 11.84；而 28d 养护龄期时，分别掺入 20％水泥、复合制剂的铬污染土固化体 pH 值为 10.79 和 11.48。表明不同养护龄期下掺入复合制剂的固化体 pH 值均高于掺入水泥的固化体。分析认为，与水泥相比，复合制剂中的 CaS_5（显碱性，pH 值为 11.97）提高了污染土的初始 pH 值，并引入了 Ca^{2+}，固化土孔隙溶液中的 $Ca(OH)_2$ 浓度较高，促进了水泥胶凝性水化物的生成，固化土的抗压强度主要受 C-S-H 等水化物的胶结作用的影响，同时随着水化反应的进行，$Ca(OH)_2$ 晶体析出，它们共同构成固化土颗粒间和颗粒表面的包裹物和充填物，使污染土固化体的孔隙减小，虽然 Cr(Ⅵ) 和 Cr(Ⅲ) 对水化反应和凝硬反应产生延迟作用，但复合制剂固化污染土的抗压强度仍然得到了有效的提高。

　　（2）SEM 分析

　　图 6.16 为 28d 养护龄期条件下，22％含水量、Cr(Ⅵ) 含量 3000mg/kg、Cr(Ⅲ) 含量 3500mg/kg 的纯污染土以及 20％水泥、复合制剂对铬污染土固化效果的 SEM 图。由图 6.16 可知，纯污染土结构松散，密实度较低，掺入水泥后密实度明显提高，而掺入复合固化剂后不仅密实度改善，而且孔隙显著减小。

　　从固化机理分析，水泥固化铬污染土基于水泥自身的水解水化作用，与土体颗粒的离子交换及团粒化作用、凝硬反应，形成以水化硅酸钙和水化铝酸钙为主的凝胶体，其比表面积大，通过巨大的表面能促使土团粒进一步连接起来，形成蜂窝状结构。尽管孔隙溶液中游离态的 Cr(Ⅵ) 和 Cr(Ⅲ) 离子对水化反应和凝硬反应产生阻碍作用，但随着水化反应的进行，凝胶体不断产生，孔隙逐渐减小直至封闭，密实度增大。SEM 图与无侧限抗压强度试验结果一致。

　　复合制剂固化铬污染土时，水泥固化机理同上，CaS_5 可以将 Cr(Ⅵ) 还原为 Cr(Ⅲ)，而粉煤灰合成沸石进一步吸附 Cr(Ⅲ) 离子，从而降低孔隙溶液中游离态 Cr(Ⅵ) 和 Cr(Ⅲ) 离子浓度，削弱其对水化反应和凝硬反应的阻碍作用。CaS_5 作为还原剂的同时还引入大量的游离 Ca^{2+}，根据"质量作用定律"，Ca^{2+} 可将土壤中胶体吸附的 Na^+ 交换下

(a) 3000mg/kg纯铬污染土

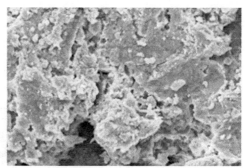
(b) 水泥固化铬污染土养护28d

(c) 复合制剂联合修复铬污染土养护28d

图 6.16　不同固化剂固化/稳定化铬污染土 SEM 图

来，促进了团粒结构的产生。而且粉煤灰合成沸石的微小颗粒可以填充土团粒间的孔隙，使得土体结构致密；另外，粉煤灰合成沸石富含的活性 SiO_2 和 Al_2O_3 在有水的条件下可与水泥中的 CaO 发生反应，生成水硬性凝胶物质，将土颗粒、粉煤灰合成沸石颗粒覆盖或包裹，增强整体连接性。因此，与掺入 20％水泥相比，使用复合制剂时铬污染土固化体无侧限抗压强度在不同养护龄期均增长，固化/稳定化效果良好。SEM 图与无侧限抗压强度试验结果一致。

6.2.1.2　含水量对联合修复铬污染土强度的影响

（1）无侧限抗压强度分析

按表 6.10 中不同含水量配合比方案制备试件，试件分别养护 7d 和 28d，测定无侧限抗压强度，试验结果如图 6.17 所示。

图 6.17 为在污染土 $Cr(Ⅵ)$ 含量 3000mg/kg、$Cr(Ⅲ)$ 含量 3500mg/kg、养护 7d 和 28d 龄期条件下，不同含水量对复合制剂联合修复铬污染土无侧限抗压强度的影响曲线。由试验结果可知，不同养护龄期的强度趋势有明显的差异。随着含水量的逐渐增加，养护初期固化体无侧限抗压强度呈现先升高后降低的趋势，28d 养护龄期时固化体无侧限抗压强度则持续降低。7d 养护龄期时，当含水量从 18％增加到 22％时，污染土固化体的无侧限抗压强度从 7.92MPa 升到 8.96MPa，当含水量为 26％时，无侧限抗压强度降到 6.64MPa。而 28d 养护龄期时，当含水量从 18％增加到 26％时，污染土固化体的无侧限抗压强度从 15.19MPa 下降到 11.27MPa，降幅为 25.8％。

Kogbara[18]研究结果表明，重金属铬污染土固化后的最大无侧限抗压强度发生在污

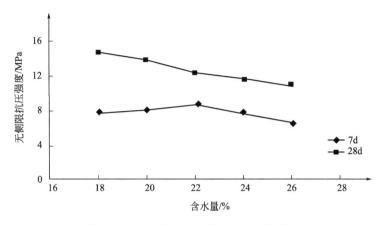

图 6.17   含水量对无侧限抗压强度的影响

染土掺入固化剂后混合物的最优含水率附近。樊恒辉[19]研究发现掺入水泥基固化剂后土体最优含水率明显减小。实验发现，复合制剂固化铬污染土无侧限抗压强度最大值 7d 养护龄期时出现在最优含水量处，而 28d 养护龄期却出现在 18% 较低含水量处。分析认为，养护龄期 7d 时，污染土中的 Cr(Ⅲ) 和未被还原的 Cr(Ⅵ) 共同延迟了水化反应和凝硬反应，复合制剂还没有充分发挥固化作用。养护龄期 28d 时，水泥水化反应初步完成，硅酸盐水泥完全水化的用水量仅为水泥质量的 38%，这部分自由水转化为固相。而 $3CaO \cdot Al_2O_3$、CaO、$3CaO \cdot SiO_2$、$2CaO \cdot SiO_2$ 水化后的固相体积增加约为 2.30 倍、1.97 倍、1.65 倍、1.65 倍，体积增加显著，这些固相填充着原先体系中由水或空气所占的部位，但是整个固化体系的体积却由于化学缩减而减小。这样残留在铬污染土固化体中剩余的水分使土颗粒的水化膜过厚而造成强度降低。另外，较高含水量有利于污染土的Cr(Ⅵ)与复合制剂中的 CaS_5 充分接触和反应，将更多的 Cr(Ⅵ) 还原为 Cr(Ⅲ)，而第 3 章中分析得出 Cr(Ⅲ) 比 Cr(Ⅵ) 对固化体无侧限抗压强度弱化效应更明显，因此，28d 时随着含水量的增加，铬污染土固化体无侧限抗压强度逐渐降低。

（2）SEM 分析

图 6.18 为 28d 养护龄期条件下，不同含水量时复合制剂对 Cr(Ⅵ) 含量 3000mg/kg、Cr(Ⅲ) 含量 3500mg/kg 污染土联合修复的 SEM 图。由图 6.18 可知，18% 含水量的污染土固化体团粒结构间含有大量的板状或块状氢氧钙石，以及纤维状和絮状的水化硅酸钙，所以强度比较大。随着含水量的增加，这些晶体物质逐渐减少，水化产物不明显，而无定形的胶质物质逐渐增多，不利于土体强度的提高。这些无定形物质的生成可能要归因于较高含水量促进还原反应发生，进而造成 Cr(Ⅲ) 对水化过程的不利影响。SEM 图与无侧限抗压强度试验结果一致。

6.2.1.3   养护龄期对联合修复铬污染土强度的影响

（1）无侧限抗压强度分析

按表 6.10 中 A3 配合比方案制备标准试件，试件分别养护 7d、14d、28d、56d、84d 和 180d，测定无侧限抗压强度，试验结果如图 6.19 所示。

图 6.19 为污染土 Cr(Ⅵ) 含量 3000mg/kg、Cr(Ⅲ) 含量 3500mg/kg、含水量 22% 条件下，不同养护龄期对复合制剂联合修复铬污染土无侧限抗压强度的影响曲线。由试验

图 6.18　不同含水量时联合修复铬污染土养护 28d 的 SEM 图

结果可知，随着养护龄期的逐渐增加，固化体无侧限抗压强度呈现持续增长趋势，且初期增长较快。7d 和 28d 养护龄期时，污染土固化体的无侧限抗压强度分别为 8.96MPa 和 12.66MPa；56d 和 84d 养护龄期时，污染土固化体的无侧限抗压强度分别为 14.01MPa 和 15.46MPa；180d 养护龄期时，污染土固化体的无侧限抗压强度继续增长，为 16.12MPa，与 84d 养护龄期相比增长幅度变小。

　　分析可知，不同养护龄期时，掺入复合制剂的铬污染土固化体无侧限抗压强度均高于单掺入水泥的固化体，有效避免了单掺入水泥时固化体强度降低的反弹现象。对于水泥固化铬污染土，后期随着水化水解反应的进行，游离的 Ca^{2+} 越来越少，而游离的 Na^+ 越来越多，根据"质量作用定律"，Na^+ 会与 Ca^{2+} 重新发生交换，水泥固化铬污染土颗粒的双电层变厚，分散性增大，最终导致固化土强度下降。对于复合制剂固化铬污染土，由于还

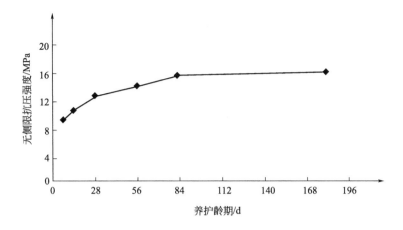

图 6.19　养护龄期对无侧限抗压强度的影响

原剂和吸附剂在很大程度上减小了污染物 Cr(VI) 和 Cr(III) 对水化反应和凝硬反应的阻碍作用，另外，粉煤灰合成沸石中的活性 SiO_2 和 Al_2O_3 发生火山灰反应的时间较晚，从而提高了污染土固化体强度和耐久性，避免了单掺入水泥时固化体强度反弹的不足之处。

（2）SEM 分析

图 6.20 为 22％含水量条件下，短期养护和长期养护时复合固化剂对 Cr(VI) 含量 3000mg/kg、Cr(III) 含量 3500mg/kg 污染土固化/稳定化的 SEM 图。

由图 6.20 可知，在养护初期污染土固化体较松散，孔隙较多，颗粒间胶结较弱。随着养护龄期的增长，水泥的水解水化反应仍在继续，凝胶体不断产生，孔隙逐渐减小直至封闭，密实度增大。同时作为还原剂的 CaS_5 显碱性，pH＝11.97，含游离 Ca^{2+}，而黏土矿物可以发生"解聚反应"，黏土矿物表面积越大，溶液碱性越强，则该反应越激烈，在 Ca^{2+} 的饱和孔隙水溶液中，进一步生成水化硅酸钙，也提高了固化体的强度。反应式如下：

$$Si_2O_5^{2-} + 6OH^- = 2SiO_4^{4-} + 3H_2O \tag{6.22}$$

$$SiO_4^{4-} + 2Ca^{2+} + mH_2O = xCaO \cdot SiO_2 \cdot (m+x-2)H_2O + (2-x)Ca(OH)_2 \tag{6.23}$$

另外，粉煤灰合成沸石的活性成分可以和固化体系中的 $Ca(OH)_2$ 发生火山灰反应，但其活性发挥速度慢，导致该固化体后期强度比较大[20]。$Ca(OH)_2$ 还可以与孔隙水溶液中的 CO_3^{2-}、HCO_3^- 或空气中的 CO_2 发生碳酸化反应，反应式如下：

$$Ca(OH)_2 + CO_{2(g)} = CaCO_{3(s)} + H_2O \tag{6.24}$$

$$Ca(OH)_2 + CO_3^{2-} = CaCO_{3(s)} + 2OH^- \tag{6.25}$$

$$Ca(OH)_2 + HCO_3^- = CaCO_{3(s)} + H_2O + OH^- \tag{6.26}$$

可以提高溶液的碱性，进一步促进水泥熟料水解水化的进行。水化反应、解聚-胶结反应、火山灰反应及碳酸化反应的综合作用使复合制剂固化土的强度和长期稳定性明显增加，可有效避免单独掺入水泥时固化体出现的强度反弹现象，有利于污染土固化体耐久性的提升。SEM 图与无侧限抗压强度试验结果一致。

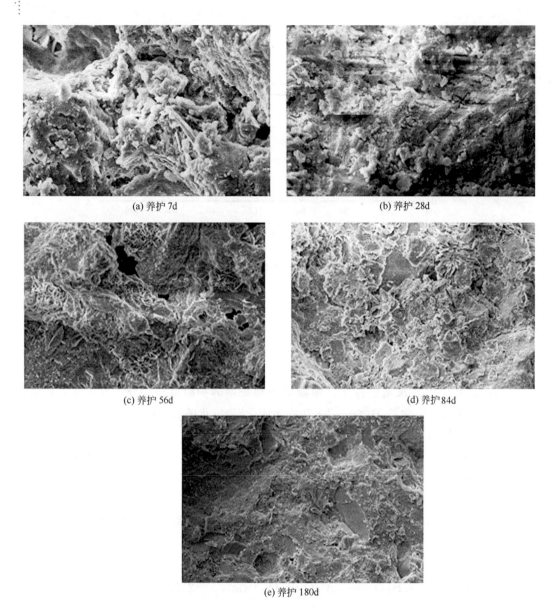

(a) 养护 7d

(b) 养护 28d

(c) 养护 56d

(d) 养护 84d

(e) 养护 180d

图 6.20　不同养护龄期时铬污染土固化/稳定化 SEM 图

6.2.1.4　铬含量对联合修复铬污染土强度的影响

（1）无侧限抗压强度分析

按表 6.10 中不同污染物浓度配合比方案制备试件，试件分别养护 7d 和 28d，测定无侧限抗压强度，试验结果如图 6.21 所示。

图 6.21 为污染土 Cr(Ⅵ) 含量 500mg/kg、1000mg/kg、3000mg/kg、5000mg/kg、10000mg/kg ［Cr(Ⅲ) 含量/Cr(Ⅵ) 含量＝7/6］，含水量 22%，养护 7d 和 28d 龄期条件下，不同 Cr(Ⅵ) 和 Cr(Ⅲ) 含量对复合制剂固化/稳定化铬污染土无侧限抗压强度的影响曲线。由试验结果可知，随着铬含量的逐渐增加，固化体无侧限抗压强度呈现降低趋势，7d 养护初期时强度降低尤为显著。7d 养护龄期时，当 Cr(Ⅵ) 污染物浓度从 500mg/kg 增加到

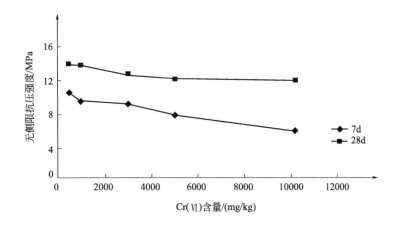

图 6.21　污染土铬含量对无侧限抗压强度的影响

10000mg/kg 时，污染土固化体的无侧限抗压强度从 10.72MPa 下降到 5.90MPa，降幅达 45.0%。而 28d 养护龄期时，当 Cr(Ⅵ) 污染物浓度从 500mg/kg 增加到 10000mg/kg 时，污染土固化体的无侧限抗压强度从 14.01MPa 下降到 11.97MPa，降幅为 14.6%。

　　复合制剂固化/稳定化较低浓度的 Cr(Ⅵ) 和 Cr(Ⅲ) 污染土时，如 Cr(Ⅵ) 和 Cr(Ⅲ) 污染物浓度分别为 500mg/kg 和 583mg/kg，复合制剂中超量的 CaS_5 容易将污染土中的 Cr(Ⅵ) 完全还原为 Cr(Ⅲ)，粉煤灰合成沸石也能吸附较低浓度的 Cr(Ⅲ)，因此 Cr(Ⅲ) 对水泥的水化反应和凝硬反应干扰较小，固化体无侧限抗压强度较大。而复合制剂固化/稳定化较高浓度的 Cr(Ⅵ) 和 Cr(Ⅲ) 污染土时，如 Cr(Ⅵ) 和 Cr(Ⅲ) 污染物浓度分别为 10000mg/kg 和 11667mg/kg，复合制剂中 CaS_5 剂量不足以将污染土的 Cr(Ⅵ) 完全还原为 Cr(Ⅲ)，对于已经还原的 Cr(Ⅲ)，由于浓度较大，超出了粉煤灰合成沸石的吸附饱和容量，因此 Cr(Ⅲ) 和未被还原的 Cr(Ⅵ) 共同阻碍水泥的水化反应和凝硬反应，对固化土强度的弱化效应加剧，导致固化体无侧限抗压强度降低，特别是 7d 养护初期时固化体无侧限抗压强度降低更明显。

　　(2) SEM 分析

　　图 6.22 为 28d 养护龄期条件下，22% 含水量时复合固化剂对不同 Cr(Ⅵ) 和 Cr(Ⅲ) 浓度的污染土固化/稳定化的 SEM 图。由图可知，Cr(Ⅵ) 和 Cr(Ⅲ) 污染物浓度分别为 500mg/kg 和 583mg/kg 时，污染土固化体结构较致密；随着污染物浓度的逐渐增加，Cr(Ⅵ) 和 Cr(Ⅲ) 污染物浓度分别为 5000mg/kg 和 5833mg/kg 时，污染土固化体结构呈现珊瑚状，这些珊瑚状晶体应该是含铬水化物，土体结构变得松散；Cr(Ⅵ) 和 Cr(Ⅲ) 污染物浓度分别为 10000mg/kg 和 11667mg/kg 时，土体结构更加松散破碎，因此，固化/稳定化高浓度铬污染土时强度显著下降。SEM 图与无侧限抗压强度试验结果一致。

6.2.2　联合修复铬污染土应力-应变本构模型

6.2.2.1　联合修复铬污染土应力-应变关系曲线

单轴抗压强度是岩土材料最基本、最重要的性能，本小节所研究的复合制剂联合修复

(a) 500mg/kg 铬污染土

(b) 1000mg/kg 铬污染土

(c) 3000mg/kg 铬污染土

(d) 5000mg/kg 铬污染土

(e) 10000mg/kg 铬污染土

图 6.22 28d 不同含量铬污染土固化/稳定化 SEM 图

铬污染土抗压强度均为单轴无侧限抗压强度。复合制剂联合修复铬污染土单轴受压下的应力-应变关系能全面反映各个受力阶段的变形特点和破坏过程，获得包括峰值强度、峰值应变、弹性极限、残余强度、弹性模量等在内的重要力学性能指标值。为了深入分析复合制剂还原-吸附-固化联合修复铬污染土的力学性能，根据不同含水量、不同养护龄期、不同污染物含量的固化修复铬污染土试件无侧限抗压强度测试结果，绘制应力-应变关系曲线，结果如图 6.23～图 6.25 所示。

根据图 6.23～图 6.25 不同影响因素的应力-应变关系曲线可知，不同含水量、不同养护龄期和不同铬含量影响下，复合制剂还原-吸附-固化联合修复铬污染土的应力-应变曲线具有相似特点，典型、完整的复合制剂联合修复铬污染土的应力-应变曲线简化图可表示

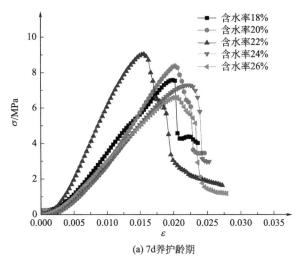

(a) 7d养护龄期

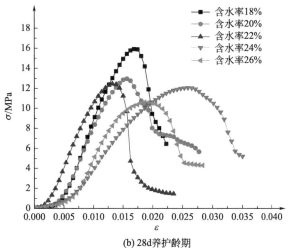

(b) 28d养护龄期

图 6.23 不同含水量实测应力-应变关系曲线

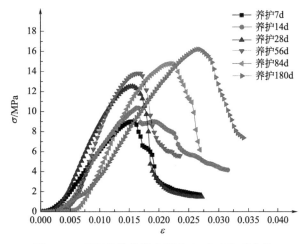

图 6.24 不同养护龄期实测应力-应变关系曲线

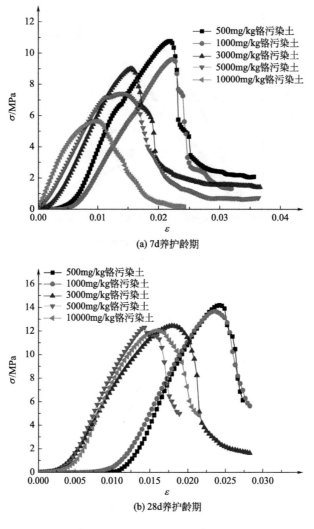

图 6.25　不同铬含量实测应力-应变关系曲线

为图 6.26，该应力-应变曲线可分为 OA、AB、BC 三个阶段和 Ⅰ、Ⅱ、Ⅲ 三个区域。

由图 6.26 可知，复合制剂还原-吸附-固化联合修复铬污染土应力-应变关系曲线可分为三个阶段。

第一阶段：OA 段，复合制剂修复铬污染土应力-应变曲线的初始直线段，这一阶段应力与应变之间呈直线关系。在这一阶段，复合制剂修复铬污染土试件刚开始加载，受力较小（$\sigma < \sigma_{le}$），应变近似按比例增长，试件内颗粒受压，空隙减小，颗粒未发生破坏，颗粒变形均在线弹性变形范围内，所修复铬污染土试件整体表现为线弹性，还原-吸附-固化联合修复铬污染土出现硬化。

第二阶段：AB 段，复合制剂修复铬污染土应力-应变曲线呈现非线性上升状态。这一阶段自 A 点开始，随着应力的逐渐增大，当应力超过复合制剂修复铬污染土的弹性极限 σ_{le} 时，铬污染土的应力-应变关系曲线斜率逐渐减小，复合制剂修复铬污染土内部颗粒发生破坏，颗粒之间的间隙不断被压密，复合制剂修复的铬污染土压密作用对强度的增大

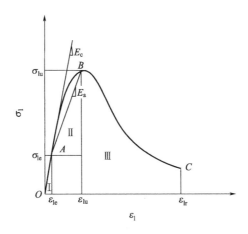

图 6.26　复合制剂固化体应力-应变全曲线

较结构破损对强度的减小占有足够优势，复合制剂修复铬污染土试件开始发生不可恢复性损伤，试件内部产生微裂纹。随着压力的增大，试件颗粒不断发生塑性破坏，B 点时达到峰值，此时试件整体完全损伤，宏观上应力-应变曲线表现为非线性上升，试件内部裂缝向外扩展，试样表面出现明显的微裂纹。

　　第三阶段：BC 段，复合制剂修复铬污染土应力-应变曲线呈非线性下降。该阶段试件出现软化，在应变增加不是很大的情况下，应力迅速衰减。此后，应力-应变曲线由陡变缓，逐步达到残余强度值，即 C 点。当应力达到峰值后，试件裂缝不断扩展、延伸、相连，沿最薄弱的面形成宏观斜裂缝，并随着应变增加逐步贯通全截面，形成一个破损带，而试件其他部分的裂纹不再扩展。试件上有斜面上摩阻力和残存黏结力相抵抗的外荷载，剩余承载力缓慢下降。试件逐渐过渡到具有一定强度的残余阶段，当应变达到 ε_{1r}，残余强度约为 $(0.2 \sim 0.4)\sigma_{1u}$，在更大的应变下，复合制剂修复铬污染土的强度仍未完全丧失。

6.2.2.2　联合修复铬污染土应力-应变本构方程

　　依据复合制剂还原-吸附-固化联合修复铬污染土的应力-应变曲线，分阶段建立修复铬污染土应力-应变本构方程如下。

　　（1）弹性直线段应力-应变关系曲线本构方程

　　由图 6.26 可知，OA 段上 A 点对应应力和应变分别为：σ_{1e} 和 ε_{1e}，即弹性极限应力和弹性极限应变，则有：

$$\varepsilon_{1e} = \frac{\sigma_{1e}}{E_c} \tag{6.27}$$

式中　E_c——复合制剂修复铬污染土的弹性模量；

　　　　σ_{1e}——约为 $(0.3 \sim 0.4)\sigma_{1u}$；

　　　　σ_{1u}——复合制剂修复铬污染土的峰值应力。

　　则复合制剂修复铬污染土弹性直线段 OA 的应力-应变曲线本构方程为：

$$\sigma_1 = E_c \varepsilon_1 (0 < \varepsilon_1 < \varepsilon_{1e}) \tag{6.28}$$

（2）非线性上升阶段的应力-应变关系曲线本构方程

由图 6.26 可知，为更好地反映复合制剂还原-吸附-固化联合修复铬污染土应力-应变关系，使本构方程更合理，引入 Popovics 提出的 Popovics 模型[21]：

$$\sigma_1 = \sigma_{1u} \times \frac{\varepsilon_1}{\varepsilon_{1u}} \times \frac{n}{n-1+\left(\dfrac{\varepsilon_1}{\varepsilon_{1u}}\right)^n} \tag{6.29}$$

式中 ε_{1u}——峰值应变；

σ_{1u}——峰值应力；

n——模型参数。

对于应变软化型的复合制剂修复铬污染土应力-应变关系曲线，可将曲线分为上升段和下降段两部分考虑，式（6.29）中 n 分别取 n_a 和 n_b，n 是与材料刚度大小密切相关的参数，可与抗压强度建立关系，来表达其物理意义。n_a 越大，图 6.26 曲线上升段越陡，表示材料初始模量越大；n_b 越大，图 6.26 曲线下降段越陡，表示材料脆性破坏越明显。

式（6.29）可以反映复合制剂还原-吸附-固化联合修复铬污染土应力-应变关系，但式中参数 n 为定参数时，拟合精度较低。这是由于 n 是与材料刚度大小密切相关的参数，而随着试件加载过程的进展，试件内部损伤逐渐增加，试件内部出现微小裂缝直至贯通。因此其刚度不可能为一个常量，而是一个不断减小的参数，采用损伤力学方法，引入损伤变量 D，由于 n 是与材料刚度大小密切相关的参数，因此可以采用弹性变量描述其损伤变化规律，此处以弹性模量随应变增长而不断减小的趋势进行拟合，得到式（6.30）：

$$D = A\exp(\varepsilon_1) + B \tag{6.30}$$

式中 D——损伤变量；

A，B——参数，由试验结果确定。

将式（6.30）的损伤变量引入式（6.29）中，可得：

$$\sigma_1 = \sigma_{1u} \times \frac{\varepsilon_1}{\varepsilon_{1u}} \times \frac{n[1-A\exp(\varepsilon_1)-B]}{n[1-A\exp(\varepsilon_1)-B]-1+\left(\dfrac{\varepsilon_1}{\varepsilon_{1u}}\right)^{n[1-A\exp(\varepsilon_1)-B]}} \tag{6.31}$$

式（6.31）即为改进的损伤 Popovics 模型。

对于 AB 上升段而言，结合图 6.26，令：

$$\sigma_{1u} = \sigma_{1u} - \sigma_{1e} \tag{6.32}$$

$$\sigma_1 = \sigma_1 - \sigma_{1e} \tag{6.33}$$

$$\varepsilon_{1u} = \varepsilon_{1u} - \varepsilon_{1e} \tag{6.34}$$

$$\varepsilon_1 = \varepsilon_1 - \varepsilon_{1e} \tag{6.35}$$

将式（6.32）～式（6.34）代入式（6.31），可得 AB 上升段的复合制剂修复铬污染土应力-应变曲线本构方程：

$$\sigma_1 - \sigma_{1e} = (\sigma_{1u} - \sigma_{1e}) \times \frac{\varepsilon_1 - \varepsilon_{1e}}{\varepsilon_{1u} - \varepsilon_{1e}} \times \frac{n[1-A\exp(\varepsilon_1)-B]}{n[1-A\exp(\varepsilon_1)-B]-1+\left(\dfrac{\varepsilon_1 - \varepsilon_{1e}}{\varepsilon_{1u} - \varepsilon_{1e}}\right)^{n[1-A\exp(\varepsilon_1)-B]}}$$

$$\tag{6.36}$$

即：

$$\sigma_1 = (\sigma_{lu} - \sigma_{le}) \times \frac{\varepsilon_1 - \varepsilon_{le}}{\varepsilon_{lu} - \varepsilon_{le}} \times \frac{n[1 - A\exp(\varepsilon_1) - B]}{n[1 - A\exp(\varepsilon_1) - B] - 1 + \left(\dfrac{\varepsilon_1 - \varepsilon_{le}}{\varepsilon_{lu} - \varepsilon_{le}}\right)^{n[1 - A\exp(\varepsilon_1) - B]}} + \sigma_{le}$$

(6.37)

式中，若令 $m = \dfrac{\varepsilon_1 - \varepsilon_{le}}{\varepsilon_{lu} - \varepsilon_{le}}$ ，并代入式(6.37)，则式(6.37) 可简化为：

$$\sigma_1 = (\sigma_{lu} - \sigma_{le}) \times \frac{mn(1-D)}{n(1-D) - 1 + m^{n(1-D)}} + \sigma_{le}$$

(6.38)

对式(6.38) 两边求导，可得：

$$\frac{d\sigma_1}{d\varepsilon_1} = \frac{E_a n(1-D)[n(1-D) - 1][1 - m^{n(1-D)}]}{[n(1-D) - 1 + m^{n(1-D)}]^2}$$

(6.39)

式中，$E_a = \dfrac{(\sigma_{lu} - \sigma_{le})}{(\varepsilon_{lu} - \varepsilon_{le})}$，依据曲线的连续性，则式(6.37) 满足以下边界条件：

① 当 $\varepsilon_1 = \varepsilon_{le}$ 时，$m = 0$，$\sigma_1 = \sigma_{le}$；

② 当 $\varepsilon_1 = \varepsilon_{lu}$ 时，$m = 1$，$\sigma_1 = \sigma_{lu}$；

③ 当 $\varepsilon_1 = \varepsilon_{le}$ 时，$m = 0$，$\dfrac{d\sigma_1}{d\varepsilon_1} = \dfrac{E_a n(1-D)}{[n(1-D) - 1]} = E_c$，即 $E_a = \dfrac{n(1-D) - 1}{n(1-D)} E_c$；

④ 当 $\varepsilon_1 = \varepsilon_{lu}$ 时，$m = 1$，$\dfrac{d\sigma_1}{d\varepsilon_1} = 0$。

由此可得，复合制剂联合修复铬污染土上升段的本构方程为：

$$\sigma_1 = (\varepsilon_1 - \varepsilon_{le}) E_a \times \frac{n(1-D)}{n(1-D) - 1 + \left(\dfrac{\varepsilon_1 - \varepsilon_{le}}{\varepsilon_{lu} - \varepsilon_{le}}\right)^{n(1-D)}} + \varepsilon_{le} E_c \quad (\varepsilon_{le} < \varepsilon_1 < \varepsilon_{lu})$$

(6.40)

（3）非线性下降阶段的应力-应变关系曲线本构方程

对于下降段 BC，拟合出损伤演化方程：

$$D = A' + B' \varepsilon_1^{1.5}$$

(6.41)

式中　A'，B'——参数，由试验结果确定。

引入损伤变量，则有：

$$\sigma_1 = \sigma_{lu} \times \frac{\varepsilon_1}{\varepsilon_{lu}} \times \frac{n(1 - A' - B'\varepsilon_1^{1.5})}{n(1 - A' - B'\varepsilon_1^{1.5}) - 1 + \left(\dfrac{\varepsilon_1}{\varepsilon_{lu}}\right)^{n(1 - A' - B'\varepsilon_1^{1.5})}}$$

(6.42)

令 $m_b = \dfrac{\varepsilon_1}{\varepsilon_{lu}}$，$E_u = \dfrac{\sigma_{lu}}{\varepsilon_{lu}}$，对式(6.42) 两侧求导，可得：

$$\frac{d\sigma_1}{d\varepsilon_1} = \frac{[1 - m_b^{n(1-D)}]}{[n(1-D) - 1 + m_b^{n(1-D)}]^2} E_u n(1-D)[n(1-D) - 1]$$

(6.43)

由连续性和边界条件可得：

① 当 $\varepsilon_1 = \varepsilon_{lu}$ 时，$m_b = 1$，$\sigma_1 = \sigma_{lu}$；

② 当 $\varepsilon_1 = \varepsilon_{lu}$ 时，$m_b = 1$，$\dfrac{d\sigma_1}{d\varepsilon_1} = 0$；

③ 当 $\varepsilon_1 \to \infty$ 时，$m_b \to \infty$，$\sigma_1 \to 0$；

④ 当 $\varepsilon_1 \to \infty$ 时，$m_b \to \infty$，$\dfrac{\mathrm{d}\sigma_1}{\mathrm{d}\varepsilon_1} \to 0$。

由此可得，复合制剂联合修复铬污染土下降段 BC 的应力-应变曲线本构方程为：

$$\sigma_1 = \varepsilon_1 E_u \times \frac{n(1-D)}{n(1-D)-1+\left(\dfrac{\varepsilon_1}{\varepsilon_{lu}}\right)^{n(1-D)}} \quad (\varepsilon_{lu} < \varepsilon_1) \tag{6.44}$$

(4) 复合制剂联合修复铬污染土应力-应变全曲线本构方程

依据上述分析，为使公式具有统一性，将式(6.40)中用 E_a 用 E_c 代替，将式(6.44)中的 E_u 也用 E_c 代替，令 $E_u = tE_c$，其中 t 为无量纲常数。则可得到完整的复合制剂还原-吸附-固化联合修复铬污染土的应力-应变全曲线本构方程为：

$$\sigma_1 = E_c \varepsilon_1 \quad (0 < \varepsilon_1 < \varepsilon_{le}) \tag{6.45a}$$

$$\sigma_1 = E_c \left(\frac{[n(1-D)-1]\left(1 - \dfrac{\varepsilon_{le}}{\varepsilon_1}\right)}{[n(1-D)-1] + \left(\dfrac{\varepsilon_1 - \varepsilon_{le}}{\varepsilon_{lu} - \varepsilon_{le}}\right)^{n(1-D)}} + \frac{\varepsilon_{le}}{\varepsilon_1} \right) \varepsilon_1 \quad (\varepsilon_{le} < \varepsilon_1 < \varepsilon_{lu}) \tag{6.45b}$$

$$\sigma_1 = E_c \left(\frac{tn(1-D)}{[n(1-D)-1] + \left(\dfrac{\varepsilon_1}{\varepsilon_{lu}}\right)^{n(1-D)}} \right) \varepsilon_1 \quad (\varepsilon_{lu} < \varepsilon_1 < \infty) \tag{6.45c}$$

式中　E_c——复合制剂修复铬污染土的弹性模量，$E_c = \dfrac{\sigma_{le}}{\varepsilon_{le}}$；

E_u——复合制剂修复铬污染土峰值点的弹性模量，$E_u = \dfrac{\sigma_{lu}}{\varepsilon_{lu}}$；

σ_{le}——复合制剂修复铬污染土应力-应变曲线中线性阶段与非线性阶段分界点处应力，MPa；

σ_{lu}——复合制剂修复铬污染土应力-应变曲线中峰值点对应的应力，MPa；

ε_{le}——复合制剂修复铬污染土应力-应变曲线中线性阶段与非线性阶段分界点处应变；

ε_{lu}——复合制剂修复铬污染土应力-应变曲线中峰值点对应的应变；

n——复合制剂修复铬污染土应力-应变曲线对应的参数；

D——损伤变量。

模型中的所有参数均可通过无侧限抗压强度试验直接或间接得到。

6.2.2.3　联合修复铬污染土应力-应变本构方程验证

利用 origin8 软件对实测数据与单轴压缩应力-应变曲线本构方程计算理论值进行了非线性拟合，复合制剂还原-吸附-固化联合修复铬污染土 7d 和 28d 的应力-应变拟合曲线如图 6.27～图 6.31 所示。

由图 6.27～图 6.31 可以看出，不同含水量、不同养护龄期、不同铬含量的复合制剂还原-吸附-固化联合修复铬污染土的理论计算结果与实测应力-应变关系曲线拟合较好，无明显误差，说明所推导的应力-应变本构模型能较好地反映复合制剂还原-吸附-固化联合修复铬污染土的应力-应变关系。

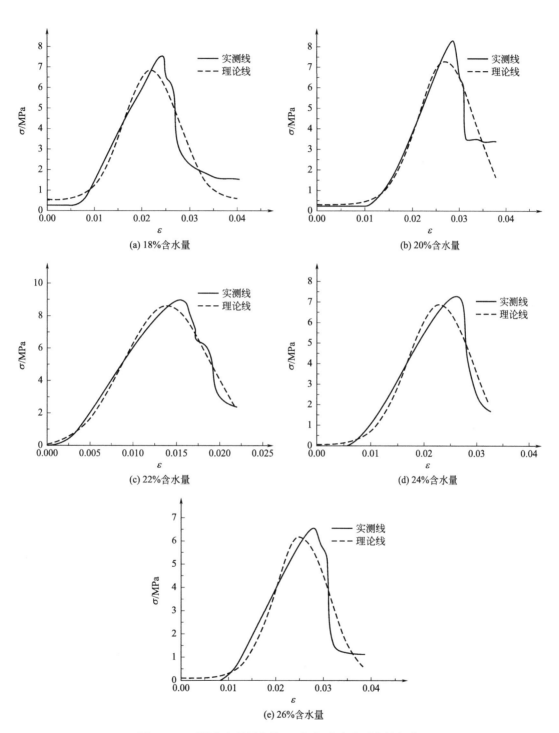

(a) 18%含水量

(b) 20%含水量

(c) 22%含水量

(d) 24%含水量

(e) 26%含水量

图 6.27　不同含水量固化体 7d 应力-应变关系曲线拟合

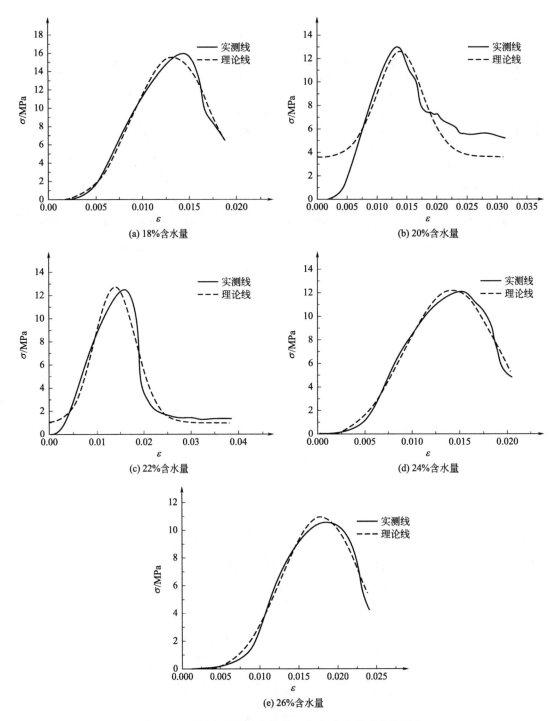

图 6.28　不同含水量固化体 28d 应力-应变关系曲线拟合

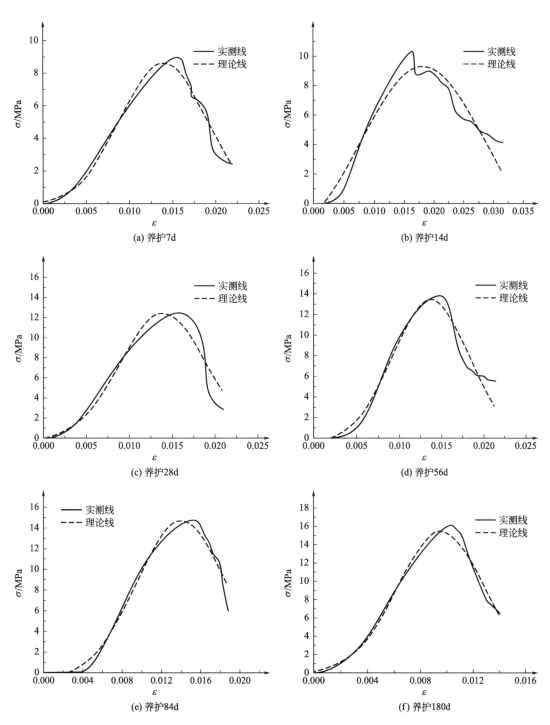

(a) 养护7d　　　　　　　　(b) 养护14d

(c) 养护28d　　　　　　　　(d) 养护56d

(e) 养护84d　　　　　　　　(f) 养护180d

图 6.29　不同养护龄期固化体应力-应变关系曲线拟合

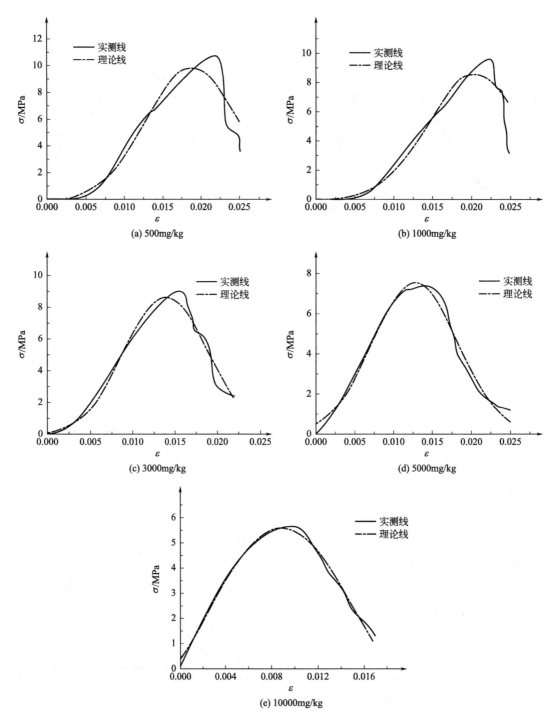

图 6.30　不同铬含量固化体 7d 应力-应变关系曲线拟合

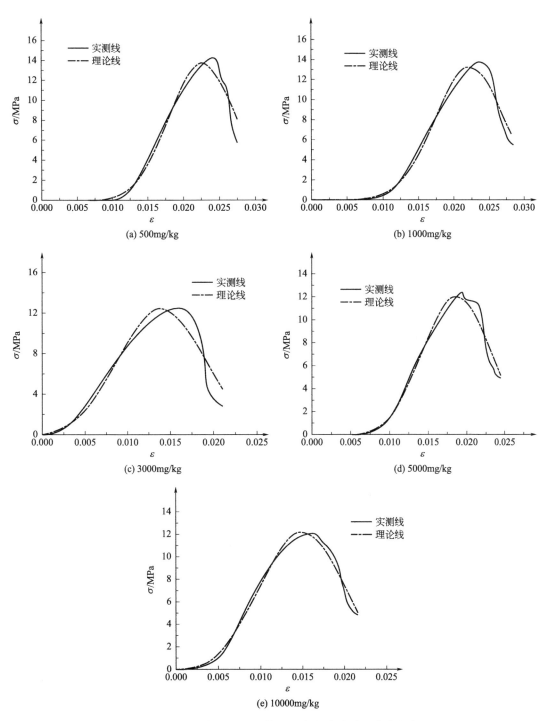

图 6.31　不同铬含量固化体 28d 应力-应变关系曲线拟合

6.3 联合修复铬污染土的毒性浸出特性

正交试验确定的复合制剂最佳配比通过毒性浸出对比试验进一步确认污染物得到有效固定，但若在工程建设中应用，还需对不同因素作用下的毒性淋滤特性进行评价。本节研究考虑两方面因素对还原-吸附-固化联合修复铬污染土毒性浸出的影响：一方面因素是土质自身特性，如污染物含量、含水量；另一方面是外在因素，如养护龄期、浸提液 pH值，以期通过对影响毒性浸出的各种因素进行探讨，为联合修复铬污染土在实际工程中的应用提供技术支持。

试验样品配比方案如表 6.10 所列。表中污染物含量按照 Cr(Ⅵ) 含量表示，铬复合污染土中 Cr(Ⅲ) 含量/Cr(Ⅵ) 含量＝7/6。根据表 6.10 样品配比方案试件样品破碎过 9.5mm 筛，参照《固体废物　浸出毒性浸出方法　醋酸缓冲溶液法》（HJ/T 300—2007）进行浸出试验，取浸出液做毒性测试，测定六价铬、总铬浸出浓度，考察不同的含水量、养护龄期、污染物含量、浸提液 pH 值对联合修复铬污染土毒性浸出的影响规律，分析铬浸出浓度的变化过程。

6.3.1 含水量对联合修复铬污染土毒性浸出的影响

按表 6.10 中不同含水量配比方案制备试件，养护 7d 和 28d 后进行 Cr(Ⅵ) 和总铬浸出浓度试验，结果如图 6.32 所示。

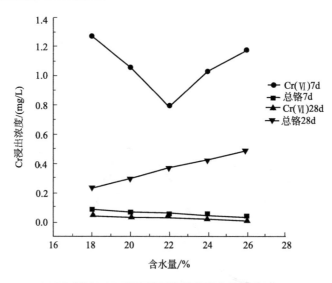

图 6.32　含水量对铬浸出浓度的影响

图 6.32 为 Cr(Ⅵ) 含量 3000mg/kg、Cr(Ⅲ) 含量 3500mg/kg 的污染土，养护 7d 和 28d 条件下，不同含水量对复合制剂固化/稳定化铬污染土毒性浸出浓度的影响。由试验结果可知，7d 养护龄期时，随着含水量的逐渐增加，固化体总铬浸出浓度呈现先降低后增大的趋势，Cr(Ⅵ) 浸出浓度极低且略微降低；当含水量为 18％时，污染土固化体的 Cr(Ⅵ) 浸出浓度为 0.08mg/L，总铬浸出浓度为 1.27mg/L，即 Cr(Ⅲ) 浸出浓度为

1.19mg/L。而当含水量为22%时,污染土固化体的Cr(Ⅵ)浸出浓度为0.05mg/L,总铬浸出浓度为0.79mg/L,即Cr(Ⅲ)浸出浓度为0.74mg/L。当含水量为26%时,污染土固化体的Cr(Ⅵ)浸出浓度为0.02mg/L,总铬浸出浓度为1.18mg/L,即Cr(Ⅲ)浸出浓度为1.16mg/L。较高含水量有利于污染土中的Cr(Ⅵ)与复合固化剂中的CaS$_5$充分接触和反应,将更多的Cr(Ⅵ)还原为Cr(Ⅲ),而Cr(Ⅲ)浓度大时,粉煤灰合成沸石未能及时对其吸附,Cr(Ⅲ)阻碍水泥的水化反应,因此水化物对Cr(Ⅲ)固定能力有限,导致固化体Cr(Ⅲ)浸出浓度较高。较低含水量时在养护初期水泥的水化反应未充分进行,进而水化物对Cr(Ⅲ)固定能力有限,粉煤灰合成沸石在较低含水量时也未能及时吸附Cr(Ⅲ),导致固化/稳定化Cr(Ⅲ)效果相对较差,因此固化体Cr(Ⅲ)浸出浓度较高。而含水量适中(最优含水量在22%附近)时,水泥的水化反应和硬凝反应不断发生,粉煤灰合成沸石也能及时吸附Cr(Ⅲ),Cr(Ⅲ)对水泥的水化反应和凝硬反应的阻碍作用不明显,因此联合修复Cr(Ⅲ)效果相对较好,固化体Cr(Ⅲ)浸出浓度最小。

28d养护龄期时,随着含水量的逐渐增加,固化体总铬浸出浓度呈现逐渐升高的趋势,基本检测不出Cr(Ⅵ)浸出浓度。当含水量从18%增加到26%时,污染土固化体的总铬浸出浓度从0.23mg/L增大到0.48mg/L,Cr(Ⅵ)浸出浓度从0.04mg/L降低到0.01mg/L,即Cr(Ⅲ)浸出浓度从0.19mg/L增大到0.47mg/L。较高含水量有利于污染土的Cr(Ⅵ)与复合制剂中的CaS$_5$充分接触和反应,将更多的Cr(Ⅵ)还原为Cr(Ⅲ),而Cr(Ⅲ)浓度大时,粉煤灰合成沸石未能及时对其吸附,Cr(Ⅲ)阻碍水泥的水化反应和硬凝反应,导致联合修复Cr(Ⅲ)效果相对较差,因此固化体Cr(Ⅲ)浸出浓度较高。

6.3.2 养护龄期对联合修复铬污染土毒性浸出的影响

按表6.10中A3配合比方案制备试件,养护不同龄期后进行Cr(Ⅵ)和总铬浸出浓度试验,结果如图6.33所示。

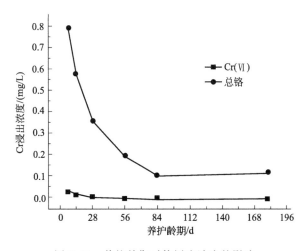

图6.33 养护龄期对铬浸出浓度的影响

图6.33为Cr(Ⅵ)含量3000mg/kg、Cr(Ⅲ)含量3500mg/kg污染土、含水量22%条件下,不同养护龄期对复合制剂联合修复铬污染土毒性浸出浓度的影响。由试验结果可知,随着养护龄期的逐渐增加,固化体总铬浸出浓度呈现先持续降低后稳定的趋势;六价

铬浸出浓度极低，最后基本检测不出。当养护龄期从 7d 延长到 180d 时，污染土固化体的总铬浸出浓度从 0.79mg/L 下降到 0.12mg/L。可见复合制剂对污染土中 Cr(Ⅵ) 和 Cr(Ⅲ) 固化效果持续且稳定。尽管污染土中 Cr(Ⅵ) 和 Cr(Ⅲ) 的存在延迟了水泥水化反应的初凝和终凝时间，使得水化反应滞后，但解聚-胶结反应、火山灰反应及碳酸化反应的综合作用不仅使复合制剂固化土的强度不断增加，而且各种新生成物质填充了土体中的孔隙，使得渗透系数降低，进一步减小了 Cr(Ⅵ) 和 Cr(Ⅲ) 的浸出浓度，长期稳定性明显改善，有效避免了单独掺入水泥时固化体出现的浸出浓度反弹现象。

6.3.3　铬含量对联合修复铬污染土毒性浸出的影响

按表 6.10 中不同铬含量配合比方案制备标准试件，养护 7d 和 28d 后进行 Cr(Ⅵ) 和总铬浸出浓度试验，结果如图 6.34 所示。

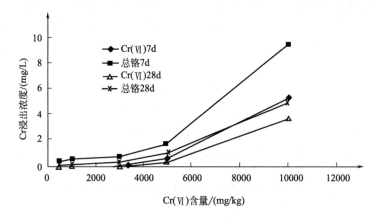

图 6.34　铬含量对铬浸出浓度的影响

图 6.34 为污染土 Cr(Ⅵ) 含量 500mg/kg、1000mg/kg、3000mg/kg、5000mg/kg、10000mg/kg［Cr(Ⅲ) 含量/Cr(Ⅵ) 含量＝7/6］、含水量 22%，养护 7d 和 28d 龄期条件下，不同 Cr(Ⅵ) 和 Cr(Ⅲ) 含量对复合制剂联合修复铬污染土毒性浸出浓度的影响。由试验结果可知，随着铬含量的逐渐增加，固化体铬毒性浸出浓度呈现增大趋势，特别是 7d 养护龄期时固化体 Cr(Ⅵ) 和 Cr(Ⅲ) 浸出浓度增加更明显。

7d 养护龄期时，当污染土 Cr(Ⅵ) 含量从 500mg/kg 增加到 3000mg/kg 时［复合污染土中 Cr(Ⅲ) 浓度/Cr(Ⅵ) 浓度＝7/6］，污染土固化体的 Cr(Ⅵ) 浸出浓度从 0mg/L（无法检出）增大到 0.05mg/L，总铬浸出浓度从 0.41mg/L 增大到 0.79mg/L，即 Cr(Ⅲ) 浸出浓度从 0.41mg/L 增大到 0.74mg/L，符合环境标准要求。当 Cr(Ⅵ) 污染物浓度从 5000mg/kg 增加到 10000mg/kg 时［复合污染土中 Cr(Ⅲ) 浓度/Cr(Ⅵ) 浓度＝7/6］，污染土固化体的 Cr(Ⅵ) 浸出浓度从 0.68mg/L 增大到 5.28mg/L，总铬浸出浓度从 1.73mg/L 增大到 9.51mg/L，即 Cr(Ⅲ) 浸出浓度从 1.05mg/L 增大到 4.23mg/L，可见当污染物浓度≥5000mg/kg 时浸出浓度不再符合环境标准要求。复合制剂固化/稳定化≤3000mg/kg 的 Cr(Ⅵ) 和 Cr(Ⅲ) 污染土时，复合制剂中超量的 CaS₅ 容易将污染土的 Cr(Ⅵ) 完全还原为 Cr(Ⅲ)，粉煤灰合成沸石也能有效吸附 Cr(Ⅲ)，Cr(Ⅲ) 对水泥的水化反应和凝硬反应干扰较小，因此固化/稳定化 Cr(Ⅵ) 和 Cr(Ⅲ) 效果相对较好，固化体

Cr(Ⅵ) 和 Cr(Ⅲ) 浸出浓度较低。而复合固化剂固化/稳定化≥5000mg/kg 的 Cr(Ⅵ) 和 Cr(Ⅲ) 污染土时，复合固化剂中 CaS₅ 剂量不足以将污染土中的 Cr(Ⅵ) 完全还原为 Cr(Ⅲ)，对于已经还原的 Cr(Ⅲ)，由于浓度较大，粉煤灰合成沸石未能及时对其吸附，因此 Cr(Ⅲ) 和未被还原的 Cr(Ⅵ) 共同阻碍水泥的水化反应和硬凝反应，导致固化/稳定化 Cr(Ⅵ) 和 Cr(Ⅲ) 效果相对较差，固化体 Cr(Ⅵ) 和 Cr(Ⅲ) 浸出浓度较高。

而 28d 养护龄期时，当 Cr(Ⅵ) 污染物浓度从 500mg/kg 增加到 3000mg/kg 时 [复合污染土中 Cr(Ⅲ) 浓度/Cr(Ⅵ) 浓度=7/6]，基本检测不出 Cr(Ⅵ) 浸出浓度，Cr(Ⅵ) 浸出浓度从 0mg/L（无法检出）增大到 0.03mg/L，总铬浸出浓度从 0.18mg/L 增大到 0.41mg/L，即 Cr(Ⅲ) 浸出浓度从 0.18mg/L 增大到 0.38mg/L，符合环境标准要求。当 Cr(Ⅵ) 污染物浓度从 5000mg/kg 增加到 10000mg/kg 时 [复合污染土中 Cr(Ⅲ) 浓度/Cr(Ⅵ) 浓度=7/6]，污染土固化体的 Cr(Ⅵ) 浸出浓度从 0.43mg/L 增大到 3.76mg/L，总铬浸出浓度从 1.02mg/L 增大到 5.02mg/L，即 Cr(Ⅲ) 浸出浓度从 0.59mg/L 增大到 1.26mg/L，可见 28d 养护龄期时仅污染物浓度为 10000mg/kg 时浸出浓度不符合环境标准要求。复合制剂固化/稳定化 10000mg/kg 的 Cr(Ⅵ) 和 Cr(Ⅲ) 污染土时，复合固化剂中 CaS₅ 剂量不足以将污染土中的 Cr(Ⅵ) 完全还原为 Cr(Ⅲ)。相比 7d 养护初期时固化体 Cr(Ⅵ) 和 Cr(Ⅲ) 浸出浓度降低，特别是 Cr(Ⅲ) 浸出浓度降低明显，说明复合制剂对不同浓度污染土中的 Cr(Ⅲ) 固定效果显著，对 Cr(Ⅲ) 浓度范围适应性较强，但对于 Cr(Ⅵ) 浓度范围适应性有限，改善这种情况要按 Cr(Ⅵ) 含量对复合制剂中的还原剂量进行调整。

6.3.4　浸提液 pH 值对联合修复铬污染土毒性浸出的影响

虽然目前各国没有规定不同 pH 值时的重金属浸出性标准，但可以设想，随着时间增长，酸雨淋滤等情况会导致土壤 pH 值降低，使处理材料逐步碳化。鉴于此，按表 6.10 中 A3 配合比方案制备标准试件养护 28d 后，用不同 pH 值的浸提液进行 Cr(Ⅵ) 和总铬浸出浓度试验，结果如图 6.35 所示。

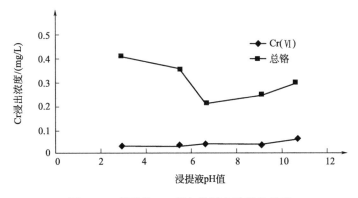

图 6.35　浸提液 pH 值与铬浸出浓度的关系

图 6.35 为 22%含水量条件下，Cr(Ⅵ) 和 Cr(Ⅲ) 污染物浓度分别为 3000mg/kg 和 3500mg/kg 的污染土经复合制剂联合修复养护 28d 后，浸提液 pH 值与铬毒性浸出的关系。由试验结果可知，随着浸提液 pH 值的逐渐增加，固化体 Cr(Ⅵ) 毒性浸出浓度呈现

略微增大趋势，总铬浸出浓度先下降后增大。当浸提液酸性较强时，即 pH 值为 2.90 时，污染土固化体的 Cr(Ⅵ) 浸出浓度为 0.03mg/L，总铬浸出浓度为 0.41mg/L，即 Cr(Ⅲ) 浸出浓度为 0.38mg/L。当浸提液中性时，即 pH 值为 6.99 时，污染土固化体的 Cr(Ⅵ) 浸出浓度为 0.04mg/L，总铬浸出浓度为 0.21mg/L，即 Cr(Ⅲ) 浸出浓度为 0.17mg/L。当浸提液碱性较强时，即 pH 值为 10.76 时，污染土固化体的 Cr(Ⅵ) 浸出浓度为 0.06mg/L，总铬浸出浓度为 0.30mg/L，即 Cr(Ⅲ) 浸出浓度为 0.24mg/L。由此可见，浸提液 pH 值对铬的浸出性影响较大，pH 值变化会导致浸出性的显著差异。

低 pH 值促进酸溶态和水溶态铬的浸出，pH 值中等时主要是水溶态铬的浸出，高 pH 值则促进碱溶态和水溶态铬的浸出。对于 Cr(Ⅵ)，低 pH 值时复合制剂中过量的 CaS_5 可以继续还原 Cr(Ⅵ)，所以 Cr(Ⅵ) 浸出浓度较低。高 pH 值时 CaS_5 还原作用较弱，所以 Cr(Ⅵ) 浸出浓度略微升高。对于 Cr(Ⅲ)，低 pH 值时酸溶态和水溶态 Cr(Ⅲ) 同时浸出，所以浸提液 pH 值低时 Cr(Ⅲ) 浸出浓度较高。与中等 pH 值时相比，高 pH 值时碱溶态和水溶态 Cr(Ⅲ) 同时浸出，但 Cr(Ⅲ) 浸出浓度增加不明显，说明碱溶态 Cr(Ⅲ) 含量较少，即 $Cr(OH)_3$ 含量较少。由此可见，使用复合制剂时 Cr(Ⅲ) 的主要固化机制是水泥的化学结晶作用和粉煤灰合成沸石的吸附作用。

6.4 联合修复铬污染土的耐久性研究

通过前面研究可见，采用复合制剂对铬污染土还原-吸附-固化联合修复后，土体的强度和淋滤特性都得到显著改善，可以很好地固定重金属铬，并使土体具有一定强度。修复后的铬污染土可以作为路基填料和建筑材料等使用。然而，近年来频发的极端天气，如非季节性交替冰冻、昼夜温差增大等，以及正常的自然环境变化，如风吹日晒、雨淋、四季变换等，都会对修复后污染土耐久性产生显著影响，使得土体的强度或污染物质运移特性在修复后一段时间内发生变化，进而对其上的建筑物或构筑物稳定性产生不利影响。因此研究铬污染土修复后的耐久性，特别是土体承受干湿循环及冻融循环能力，具有重要的工程实际意义。

基于此，本节对修复后铬污染土在干湿循环和冻融循环过程中的无侧限抗压强度和淋滤特性进行测试，结合微观扫描电镜分析研究还原-吸附-固化联合修复铬污染土经干湿循环和冻融循环破坏后，抗压强度和淋滤特性的微观变化，对修复铬污染土的干湿循环和冻融循环耐久性进行评价，为修复后铬污染土的长期稳定性提供理论及技术支持。

6.4.1 试验方案

考虑土质自身特性，如污染物含量因素对复合制剂还原-吸附-固化联合修复铬污染土在干湿循环和冻融循环条件下的耐久性。按表 6.11 中 Cr(Ⅵ) 和 Cr(Ⅲ) 含量制备铬污染土，烘干、破碎后备用。制样时，首先将 Cr(Ⅵ) 3 倍剂量的还原剂 CaS_5 溶于干污染土 22% 的水中，再与污染土均匀混合 30min，然后加入固体总量 15% 的粉煤灰合成沸石均匀混合，再加入吸附剂 22% 的水到混合物中搅拌 30min，最后加入固体总量 20% 的水泥均匀混合，然后加入固化剂 22% 的水搅拌 10min，将搅拌好的样品放入自制试件成型模具内，使用压力机以 20kN 力制成 Φ50mm×100mm 的标准试件。脱模后将试件用内封袋密封，置于 20℃恒温、99％相对湿度的养护箱中养护 28d 后，进行干湿循环和冻融循环耐久性试验测试。

干湿循环试验循环次数为 0 次、1 次、2 次、4 次、6 次、8 次、10 次、12 次、14 次、16 次，要求每组 3 个平行试样，按干湿循环试验制样后，进行无侧限抗压强度、质量测定，并进行淋滤试验和微观结构分析，研究不同干湿循环次数下复合制剂联合修复铬污染土的强度变化、毒性浸出浓度变化、质量损失率及微观结构变化规律。

冻融循环试验试件制作方法与干湿循环试验相同，循环 0 次、1 次、2 次、4 次、8 次、12 次、16 次，要求每组 3 个平行试样，按冻融循环试验制样后，进行无侧限抗压强度、含水率、质量测定，并进行淋滤试验和微观结构分析，研究不同冻融循环次数下复合制剂联合修复铬污染土的强度变化、淋滤特性变化、质量损失率及微观结构变化规律。

干湿循环和冻融循环试验样品配比如表 6.11 所列。

表 6.11　耐久性试验样品配比

试验序号	Cr^{6+}含量/(mg/kg)	Cr^{3+}含量/(mg/kg)	污染土/g	CaS$_5$/倍	粉煤灰合成沸石/g	水泥/g	去离子水/mL
1	1000	1165	260	3	60	80	88
2	3000	3500	260	3	60	80	88
3	5000	5835	260	3	60	80	88

每次干湿循环或冻融循环结束后，需根据称量的试样质量变化，依据式（6.46）计算累计质量损失率 C（％），并从外观判别试样是否破坏。当 C 大于 30％或试样在试验过程中破坏，则判定该试样的耐久性不能达到要求[22]。

累计质量损失率计算公式为：

$$C = \sum_{i=1}^{n} \frac{W_i}{M_0} = \sum_{i=1}^{n} \frac{M_0 - M_n}{M_0} \qquad (n=1,2,3,\cdots,12) \tag{6.46}$$

式中　W_i——第 i 次循环后试样的质量损失（第 i 次循环后残留在烧杯中的干物质质量）；

M_0——试样的初始干质量（即 28d 时测定的质量）；

M_n——第 n 次循环后试样的干质量。

在每次干湿循环或冻融循环后对试样的状况进行健全度描述，如表 6.12 所列[23]。

6.4.2　干湿循环条件下联合修复铬污染土的耐久性

6.4.2.1　干湿循环作用下固化土的强度变化

试验对比了在不同铬含量条件下，复合制剂还原-吸附-固化联合修复铬污染土标准试件经过不同干湿循环周期后，无侧限抗压强度随干湿循环次数的变化规律，试验结果如图 6.36 所示。

表 6.12　试样健全度判别标准

健全度级别	试样表面状况	试样脱落状况
a	外观未呈现明显变化	
b	局部产生细微裂纹	局部表面出现脱落
c	一部分产生明显裂痕	试样小部分脱落
d	整体出现明显裂痕	试样有大块脱落
e	试样一部分整体崩落(<20%程度)	
f	试样整体出现崩落、崩坏,但是基本形状还存在	
g	试样全体崩坏,成片状或块状	
h	试样全体崩坏,成细粒状或泥状	

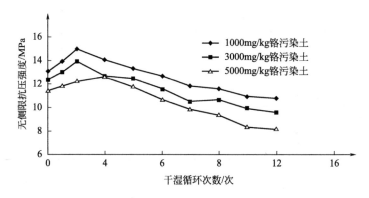

图 6.36　无侧限抗压强度与干湿循环次数的关系

图 6.36 是在干湿循环作用下,复合制剂修复铬污染土无侧限抗压强度随干湿循环次数的变化规律。由图 6.36 可知,复合制剂修复铬污染土无侧限抗压强度随干湿循环次数的增加先增大,当达到最大值后随干湿循环次数的继续增加而逐渐减小。在干湿循环作用初期,复合制剂固化/稳定化铬污染土的无侧限抗压强度均出现了不同程度的增长,对于 1000mg/kg 和 3000mg/kg 的铬污染土,无侧限抗压强度峰值出现在 2 次干湿循环时,而 5000mg/kg 的铬污染土的无侧限抗压强度峰值出现在 4 次干湿循环时,此后随着干湿循环作用的进行,无侧限抗压强度逐渐降低,降低幅度趋缓。

通过强度损失率进一步分析干湿循环作用下复合制剂修复铬污染土的强度变化规律,强度损失率计算公式为:

$$\Delta q_u = \frac{q_{u,0} - q_{u,n}}{q_{u,0}} \times 100\% \tag{6.47}$$

式中　Δq_u——强度损失率;

$q_{u,0}$——试样标准养护 28d 的无侧限抗压强度;

$q_{u,n}$——第 n 次干湿循环后试样的无侧限抗压强度。

计算结果如图 6.37 所示。

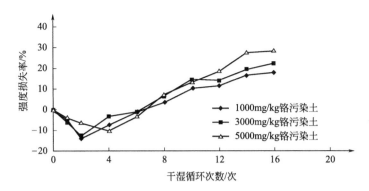

图 6.37　干湿循环过程中无侧限抗压强度损失率变化

由图 6.37 可以看出，随着干湿循环次数增加，复合制剂修复铬污染土的强度损失率先减小后逐渐增大；从总体看，铬含量越高，强度损失变化越大，经过 16 次干湿循环后，1000mg/kg、3000mg/kg、5000mg/kg 铬污染土强度损失率分别为 17.95%、22.27%和 28.73%。

从强度变化过程分析，复合制剂联合修复铬污染土经过 28d 的养护后，复合制剂中水泥与土体之间的物理化学作用还在持续进行，其水化产物带来的强度增长与干湿循环对强度的削弱作用是一个相互消长的动态平衡过程，两者反应程度的平衡状态直接影响固化铬污染土体的强度。干湿循环初期，复合制剂与铬污染土之间作用带来的强度增长较大，此时干湿循环对铬污染土固化体的破坏作用相比之下并不显著；随着干湿循环次数的增加，干缩湿涨会使复合制剂固化/稳定化铬污染土内部产生内应力，固化土因内应力变化而产生裂隙，干湿循环破坏作用相对明显，逐渐超过水化产物带来的强度增长，从而导致强度降低。另外，干湿循环过程中，主要是湿润时，新形成的裂隙和原来的孔隙中充满水导致 pH 值降低，水化物 C-S-H 发生脱钙，Ca/Si 比降低，对于水泥基材料，Ca/Si 比的降低会使其胶结作用减小，从而强度减小。经历多次干湿作用后，联合修复铬污染土强度损失率变化越来越小，趋于稳定。

从图 6.37 还可以看出，与低含量铬污染土相比，高含量铬污染土固化体强度峰值出现时间晚，且峰值低。这是因为铬离子含量越高，复合制剂水化反应受到的延滞越为严重，同时对固化体强度弱化效应越明显，不利于强度增长，而干湿循环对强度的削弱作用持续存在，所以导致修复高含量铬污染土强度较低。

6.4.2.2　干湿循环作用下固化土毒性浸出变化

试验对比了污染土不同铬含量条件下，复合制剂联合修复铬污染土标准试件，不同干湿循环周期时六价铬和总铬浸出浓度随干湿循环次数的变化规律，试验结果如图 6.38 所示。

图 6.38 是复合制剂修复铬污染土干湿循环过程中的毒性浸出变化曲线。由图 6.38 可以看出，复合制剂修复铬污染土在干湿循环作用初期，Cr(Ⅵ) 和总铬浸出浓度均有所下降，之后随着干湿循环次数增加，浸出浓度增加；但低含量（1000mg/kg）及中等含量（3000mg/kg）的铬污染土 Cr(Ⅵ) 和总铬浸出浓度波动幅度均不大，变化较为稳定，在干湿循环过程中浸出浓度满足相关标准的要求；而高含量铬污染土（5000mg/

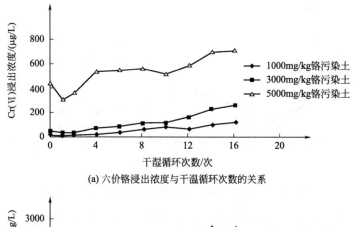

(a) 六价铬浸出浓度与干温循环次数的关系

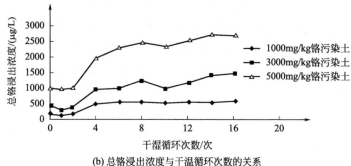

(b) 总铬浸出浓度与干温循环次数的关系

图 6.38　铬浸出浓度与干湿循环次数的关系

kg）Cr（Ⅵ）和总铬浸出浓度波动幅度较大，增大较为明显，与低含量铬污染土相比，高含量铬污染土固化体在干湿循环过程中浸出浓度不能满足相关标准的要求，但超标不严重。

分析原因，干湿循环作用初期，复合制剂及其与土体之间的物理化学作用还在持续进行，而且起主要作用，重金属 Cr（Ⅵ）和 Cr（Ⅲ）不易浸出。随着干湿循环次数的增加，复合制剂固化铬污染土发生局部微裂隙拓展、大孔隙增多、污染土内部裂缝出现、外部出现裂缝掉皮现象等一系列演化过程，固化污染土体的结构完整性遭到破坏，此时，原来被包裹在污染土固化体中的重金属离子与外部环境，特别是与水的接触面积增大，环境的 pH 值降低，使得复合制剂对铬离子的吸附能力降低，从而铬离子容易浸出。在浸出试验中，酸性浸提液的使用也会进一步破坏复合制剂修复铬污染土 pH 值的平衡，重金属发生解吸和形态改变，从而加速重金属离子浸出。

从不同铬含量污染土固化体表现出的浸出规律分析，当污染土中铬含量较低时，复合制剂能比较有效地将大部分铬离子固化/稳定化在土体中，Cr（Ⅵ）和总铬浸出浓度较低。当污染土中铬含量较高时，有限掺量的复合制剂对重金属铬离子的固化/稳定化效果表现出不足。因为较高浓度的铬离子阻碍复合制剂水化产物的形成，这样会削弱水化凝胶体的吸附结合能力，重金属铬离子以游离态存在于污染土的孔隙中，使得复合制剂对铬离子的固化/稳定化效果下降，Cr（Ⅵ）和总铬浸出浓度升高。

从毒性浸出角度看，干湿循环作用对复合制剂还原-吸附-固化联合修复铬污染土的破坏作用有限，复合制剂修复铬污染土，特别是低含量铬污染土，具有较强的耐干湿循环能力。

6.4.2.3　干湿循环作用下固化土质量损失率

通过考察干湿循环过程中试件的质量损失也可以评价固化铬污染土的耐久性。质量变化的确定通过称量每个循环试件的质量而得，在称量试件质量之前用刷子轻刷试块表面。质量损失的百分比以第一次干质量为基准。

试样的累计质量损失率如图6.39所示。由图6.39可知，随着干湿循环次数的增加，复合制剂修复铬污染土的累计质量损失率逐渐增大，并且污染土铬含量越高，累计质量损失率越大，16次干湿循环累计质量损失率＜2%，体现出复合制剂修复铬污染土具有较强的耐干湿循环能力。

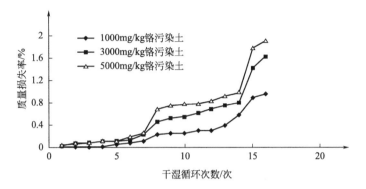

图6.39　干湿循环过程中的累计质量损失率变化

图6.40为3000mg/kg铬污染土固化体试样在干湿循环后的外观变化情况照片（彩色版见文后），其每次干湿循环后试样的健全度评价结果如图6.41所示。

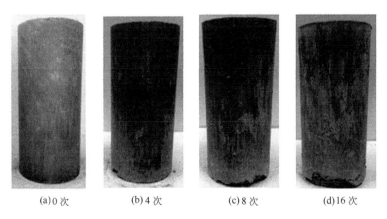

(a)0次　　　　(b)4次　　　　(c)8次　　　　(d)16次

图6.40　固化铬污染土试样随干湿循环外观变化

从图6.40和图6.41可知，复合制剂修复铬污染土试样在2次干湿循环后，试样外观未出现明显变化，只是表面由比较光滑而逐渐变得粗糙；从第4次循环开始出现轻微的裂缝；到第8次循环结束试样出现明显裂痕，试样小部分脱落；试样从第15次干湿循环结束开始出现明显裂痕，同时出现较大块脱落现象。试样进行了16次干湿循环，健全度仍未见e～h级，说明复合制剂还原-吸附-固化联合修复铬污染土具有较强的耐干湿循环能力。

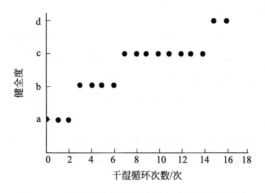

图 6.41   固化铬污染土试样健全度评价结果

6.4.2.4   干湿循环作用下固化土微观结构变化

复合制剂还原-吸附-固化联合修复铬污染土试件经过一定干湿循环次数后,试件强度、淋滤特性及外观出现明显变化,从微观结构看,也应有相应变化,因此,本节使用扫描电子显微镜(SEM)对不同铬含量试件在不同干湿循环次数作用下的微观结构变化进行进一步分析,扫描照片如图 6.42~图 6.45 所示。

(a) 1000mg/kg 铬污染土   (b) 5000mg/kg 铬污染土

图 6.42   不同含量铬污染土试件 0 次干湿循环后 SEM 检测照片

从图 6.42 中可以看出,养护 28d 的复合制剂还原-吸附-固化联合修复铬污染土在 0 次干湿循环时(标样),试件中存在一些孔隙,由于复合制剂中水泥及其与铬污染土之间的物理化学作用还在持续进行,经历 2 次干湿循环后(图 6.43),相较未干湿循环试件,污染土体更加密实,结构也更加完整,结构表面可见大量纤维状及絮状水化凝胶体,证明了复合制剂和铬污染土之间的反应仍在进行,这与 2 次干湿循环时强度上升和毒性浸出浓度下降的规律是吻合的。从图 6.44 可以看出,试件经历 8 次干湿循环后其表面出现局部裂隙,表明此时试件结构在干湿循环作用下遭到破坏,物理包裹能力降低,这与试验发现的无侧限抗压强度大幅下降和毒性浸出明显上升的规律相吻合。试件经历 16 次干湿循环后(图 6.45),其表面不但显现大量裂隙,而且破碎粗糙状明显,特别是 5000mg/kg 的高浓度铬污染土固化体含有大量板状 $Ca(OH)_2$。分析原因,在干湿循环过程的湿润状态时,新形成的裂隙和原来的孔隙中充满水导致 pH 值降低,水化

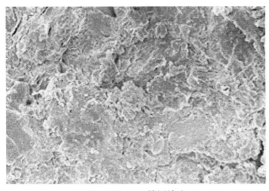 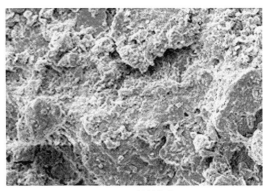

(a) 1000mg/kg 铬污染土　　　　　　　　　　　　(b) 5000mg/kg 铬污染土

图 6.43　不同含量铬污染土试件 2 次干湿循环后 SEM 检测照片

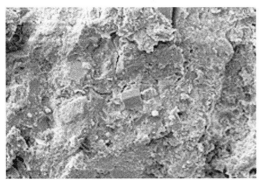 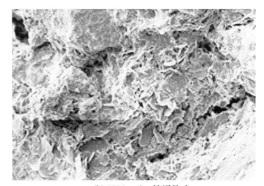

(a) 1000mg/kg 铬污染土　　　　　　　　　　　　(b) 5000mg/kg 铬污染土

图 6.44　不同含量铬污染土试件 8 次干湿循环后 SEM 检测照片

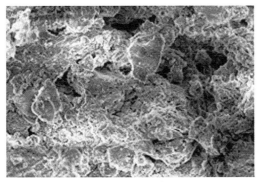 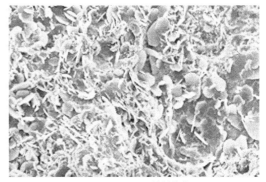

(a) 1000mg/kg 铬污染土　　　　　　　　　　　　(b) 5000mg/kg 铬污染土

图 6.45　不同含量铬污染土试件 16 次干湿循环后 SEM 检测照片

物 C-S-H 发生脱钙，含铬越高的水化物脱钙越严重，而在干燥状态时结晶成大量的 $Ca(OH)_2$，晶体结构明显。这从微观上进一步证明了高浓度铬污染土经复合制剂固化后形成的高含铬水化物相对不稳定，与强度和毒性浸出的宏观试验结果一致。

6.4.3　冻融循环条件下联合修复铬污染土的耐久性

6.4.3.1　冻融循环作用下固化土的强度变化

冻融循环试验可有效模拟在寒冷地区冻融交替对还原-吸附-固化联合修复铬污染土的影响。试验对比了污染土不同铬含量条件下，复合制剂修复铬污染土标准试件经过不同冻融循环周期后，无侧限抗压强度随冻融循环次数的变化规律，试验结果如图6.46所示。

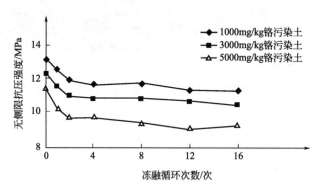

图 6.46　无侧限抗压强度与冻融循环关系

图 6.46 是在冻融循环作用下，复合制剂还原-吸附-固化联合修复铬污染土无侧限抗压强度随冻融循环次数的变化规律。由图 6.46 可知，复合制剂修复铬污染土的无侧限抗压强度随着冻融循环次数的增加而逐渐减小；而且总体上相同冻融循环次数条件下，铬含量越低，无侧限抗压强度越大。

通过强度损失率进一步分析冻融循环作用下复合制剂修复铬污染土的强度变化规律，强度损失率计算公式为：

$$\Delta q_{\mathrm{u}} = \frac{q_{\mathrm{u},0} - q_{\mathrm{u},n}}{q_{\mathrm{u},0}} \times 100\% \tag{6.48}$$

式中　Δq_{u}——强度损失率；

$\quad\quad q_{\mathrm{u},0}$——试样标准养护 28d 的无侧限抗压强度；

$\quad\quad q_{\mathrm{u},n}$——第 n 次冻融循环后试样的无侧限抗压强度。

计算结果如图 6.47 所示。

由图 6.47 可以看出，随着冻融循环次数增加，复合制剂修复铬污染土强度损失率逐渐增大；从总体看，铬含量越高，强度损失越大，经过 16 次冻融循环后，1000mg/kg、3000mg/kg、5000mg/kg 铬污染土强度损失率分别为 14.01%、14.77% 和 19.24%。分析原因，在冻融循环过程中，随着温度的正负波动，复合制剂修复污染土中的水发生相变，由液态水变成固态冰或由固态冰变成液态水。由于水与冰密度不同，固态冰的体积比等质量的液态水的体积大，当液态水转变为固态冰时，冰晶生长，体积膨胀，对周围的土颗粒产生挤压，使土颗粒发生位移甚至破碎变形，同时也会改变孔隙的形态，使土的结构性得到显著弱化，冻胀过程中拉张破坏作用造成污染土冻锋面所在部位晶片断裂，导致无侧限抗压强度下降。

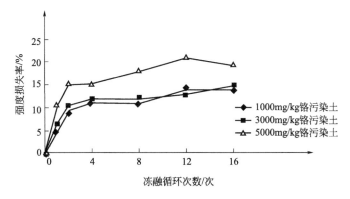

图 6.47　冻融循环过程中无侧限抗压强度损失率变化

6.4.3.2　冻融循环作用下固化土毒性浸出变化

试验对比了污染土不同铬含量条件下，复合制剂修复铬污染土标准试件，不同冻融循环周期时六价铬和总铬浸出浓度随冻融循环次数的变化规律，试验结果如图 6.48 所示。

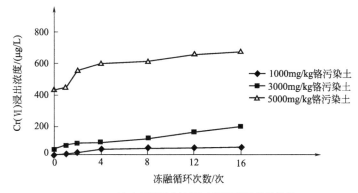

(a) 六价铬浸出浓度与冻融循环次数的关系

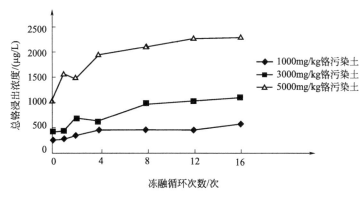

(b) 总铬浸出浓度与冻融循环次数的关系

图 6.48　浸出液中铬离子浓度与冻融循环次数关系

图 6.48 是复合制剂修复铬污染土冻融循环过程中的毒性浸出浓度变化曲线。由图 6.48 可以看出，随着冻融循环次数增加，复合制剂修复铬污染土 Cr(Ⅵ) 和总铬浸出

浓度均不断增加，特别是高含量铬污染土（5000mg/kg）Cr(Ⅵ)和总铬浓度均较高，且变化幅度较大。冻融循环第16次时，1000mg/kg铬污染土Cr(Ⅵ)和总铬的毒性浸出浓度分别为0.055mg/L和0.58mg/L，与第0次相比，分别增加了0.045mg/L和0.32mg/L；3000mg/kg铬污染土Cr(Ⅵ)和总铬的毒性浸出浓度分别为0.179mg/L和1.092mg/L，较第0次分别增加了0.149mg/L和0.582mg/L；5000mg/kg铬污染土Cr(Ⅵ)和总铬的毒性浸出浓度分别为0.671mg/L和2.295mg/L，较第0次分别增加了0.241mg/L和1.075mg/L。可见冻融循环降低了固化土对重金属铬的固定能力。

分析原因，反复冻融循环作为强风化过程，改变了铬污染土团聚体的大小和稳定性，降低了固化污染土对铬的结合能，冻融循环次数越多，结合能降低程度越大；并且随着冻融循环次数的增加，铬的解吸率也随之增大，说明冻融作用可以促进污染土中Cr(Ⅵ)和总铬的解吸，从而增加了铬对生态环境的风险。

从冻融循环结果看，1000mg/kg和3000mg/kg铬污染土Cr(Ⅵ)和总铬的毒性浸出浓度均未超过《铬渣污染治理环境保护技术规范》（HJ/T 301—2007）；而5000mg/kg铬污染土的Cr(Ⅵ)和总铬浸出浓度超过标准要求，但超标不严重。说明复合制剂联合修复铬污染土的Cr(Ⅵ)和总铬在低温环境下能长期保持相对的稳定性，固化土体，特别是低含量铬污染土，具有较强的耐冻融循环能力。

6.4.3.3 冻融循环作用下固化土质量损失率

通过考察冻融循环过程中试件的质量损失可评价固化铬污染土的耐久性。质量变化的确定通过称量每个循环试件的质量而得，在称量试件质量之前用刷子轻刷试件表面。质量损失的百分比以第一次冻质量为基准。

试样的累计质量损失率如图6.49所示。由图6.49可知，随着冻融循环次数的增加，复合制剂修复铬污染土的累计质量损失率逐渐增大，并且污染土铬浓度越高，累计质量损失率越大，16次冻融循环累计质量损失率<1%，体现出复合制剂修复铬污染土具有较好的耐冻融循环能力。

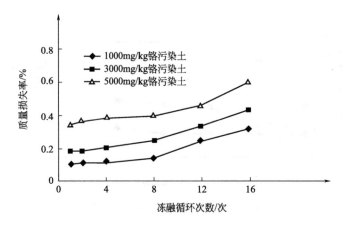

图6.49 冻融循环过程中的累计质量损失率变化

图6.50为3000mg/kg铬污染土试样在冻融循环后的外观变化情况照片，其每次冻融循环后试样的健全度评价结果如图6.51所示。

(a) 0 次　　　　(b) 4 次　　　　(c) 8 次　　　　(d) 16 次

图 6.50　复合制剂固化铬污染土试样随冻融循环外观变化

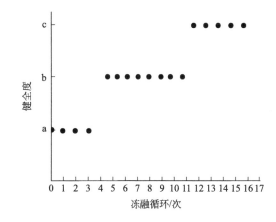

图 6.51　复合制剂固化铬污染土试样健全度评价结果

从图 6.50（彩色版见文后）和图 6.51 可知，复合制剂修复铬污染土在第 3 次冻融循环前，试样外观未现明显变化；从第 4 次冻融循环开始出现轻微的裂缝，之后逐渐扩展，到第 12 次冻融循环结束试样出现较为明显裂缝。整个试验过程中试样未出现脱落现象。试样进行了 16 次冻融循环，健全度未见 d～h 级，说明复合制剂修复铬污染土具有较强的耐冻融循环能力。

从试验结果不难看出，虽然孔隙水结晶、融化能导致固化铬污染土开裂，但处在相对干燥条件的固化铬污染土未出现部分研究者将水泥土置于保水状态所出现的破坏现象。

6.4.3.4　冻融循环作用下固化土微观结构变化

复合制剂还原-吸附-固化联合修复铬污染土试件经过一定冻融循环次数后，试件强度、淋滤特性及外观出现明显变化，从微观结构看也应有相应变化，因此，本节使用扫描电子显微镜（SEM）对不同铬含量试件在不同冻融循环次数作用下的微观结构变化进行进一步分析，扫描照片如图 6.52～图 6.55 所示。

从图 6.52 中可以看出，养护 28d 的复合制剂还原-吸附-固化联合修复铬污染土在 0 次冻融循环时（标样）试件中存在很多孔隙，表面有板状氢氧化钙结晶存在；经历 4 次冻

(a) 1000mg/kg 铬污染土　　　　　　　　　　(b) 5000mg/kg 铬污染土

图 6.52　不同含量铬污染土试件 0 次冻融循环后 SEM 检测照片

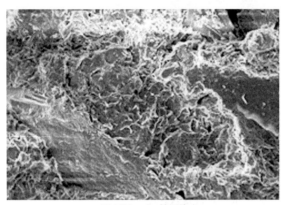 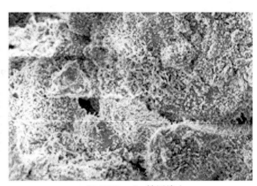

(a) 1000mg/kg 铬污染土　　　　　　　　　　(b) 5000mg/kg 铬污染土

图 6.53　不同含量铬污染土试件 4 次冻融循环后 SEM 检测照片

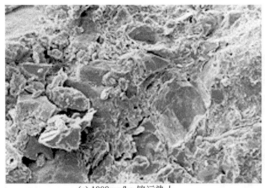 

(a) 1000mg/kg 铬污染土　　　　　　　　　　(b) 5000mg/kg 铬污染土

图 6.54　不同含量铬污染土试件 10 次冻融循环后 SEM 检测照片

融循环后（图 6.53），相较未冻融循环试件，固化污染土变得粗糙，高铬含量污染土固化体呈现出小珊瑚状晶体，该晶体应为冻融循环过程中解吸的 Cr(Ⅲ) 以及未被及时吸附的 Cr(Ⅲ) 与水泥形成的含铬水化物结晶，同时体现了水化作用还在持续进行；试件经历 16 次冻融循环后（图 6.55），试件破碎粗糙状明显，固化剂水化物晶体断裂部位形成弱面，

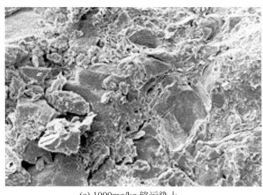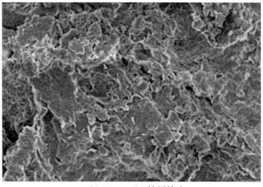

(a) 1000mg/kg 铬污染土　　　　　　　　　　　　　(b) 5000mg/kg 铬污染土

图 6.55　不同含量铬污染土试件 16 次冻融循环后 SEM 检测照片

试件内部结构明显发生改变，这也进一步证明了强度和毒性浸出的宏观试验结果。

参考文献

[1] 李喜林，刘玲，王来贵 . 一种铬污染土的联合修复方法 [P]：中国，CN 108160684 B，2017-12-27.

[2] 李喜林，张颖，赵雪，等 . 粉煤灰合成沸石吸附含铬废水中 3 价铬的研究 [J]. 非金属矿，2017，40（05）：93-95.

[3] 聂永丰，金宜英，刘富强 . 固体废物处理工程技术手册 [M]. 北京：化学工业出版社，2013.

[4] Yousuf M，Mollah A，Vempati R K，et al. The Interfacial Chemistry of Solidification/Stabilization of Metals in Cement and Pozzolanic Material Systems [J]. Waste Management，1995，15（2）：137-148.

[5] 雄厚金，林天健，李宁 . 岩土工程化学 [M]，北京：科学出版社，2009.

[6] 刘玲，刘海卿，李喜林，等 . 石灰和粉煤灰固化修复六价铬污染土试验研究 [J]. 硅酸盐通报，2015，34（11）：2767-2771.

[7] 刘玲，刘海卿，李喜林，等 . 熟石灰-矿渣联合修复重金属污染土强度及淋滤特性研究 [J]. 硅酸盐通报，2016，35（07）：2065-2070.

[8] 宁建国，黄新，许晟 . 土样 pH 值对固化土抗压强度增长的影响研究 [J]. 岩土工程学报，2007，29（1）：98-101.

[9] 邓建忠，石美，李娟，等 . 化学还原固定化土壤地下水中六价铬的研究进展 [J]. 环境工程学报，2015，9（7）：3077-3085.

[10] 胡月 . 多硫化钙修复地下水铬污染研究 [D]. 长春：吉林大学，2015.

[11] 曹心德，魏晓欣，代革联，等 . 土壤重金属复合污染及其化学钝化修复技术研究进展 [J]. 环境工程学报，2011，5（7）：1441-1453.

[12] 王永强，肖立中，李伯威，等 . 骨炭＋沸石对重金属污染土壤的修复效果及评价 [J]. 农业环境与发展，2010，27（3）：90-93.

[13] 李喜林，赵雪，项莹雪，等 . 改性粉煤灰吸附含铬废水中 Cr(Ⅵ) 和 Cr(Ⅲ) 试验研究 [J]. 非金属矿，2015，38（4）：75-78.

[14] 曾正中，王晓利，李勃，等 . 粉煤灰合成 A 型沸石处理制革废水实验 [J]. 兰州大学学报（自然科学版），2012，48（6）：43-48.

[15] Wu Deyi，Sui Yanming，He Shengbing，et al. Removal of Trivalent Chromium from Aqueous Solution by Zeolite Synthesized from Coal Fly Ash [J]. Journal of Hazardous Materials，2008，155（3）：415-423.

[16] 冀晓东，宋祎楚，柯瑶瑶，等 . 粉煤灰合成沸石对 Cr^{3+} 的去除能力及影响因素研究 [J]. 环境科学学报，2015（12）：1-11.

［17］ 申坤.多环芳烃污染土壤固化稳定化修复研究［D］.北京：轻工业环境保护研究所，2011.

［18］ Kogbara R B，Yi Y，Al-Tabbaa A. Process Envelopes for Stabilisation/Solidification of Contaminated Soil Using Lime-Slag Blend［J］. Envion Sci Pollut Res，2011，18：1286-1296.

［19］ 樊恒辉，高建恩，吴普特，等.水泥基土壤固化剂固化土的物理化学作用［J］.岩土力学，2010，31（12）：3741-3745.

［20］ 席永慧，熊浩.锌污染土固化处理实验研究［J］.同济大学学报（自然科学版），2012，40（11）：1608-1612.

［21］ ManDer J B，Priestley M J，Park R. Theoretical Stress-Strain Model for Confined Concrete. Journal of Structural Engineering，1988，114（8）：1804-1826.

［22］ 薄煜琳，杜延军，魏明俐，等.干湿循环对 GGBS＋MgO 改良黏土强度影响的试验研究［J］.岩土工程学报，2013，35（S）：134-139.

［23］ Shibi T，Kamei T. Effect of Freeze-Thaw Cycles on the Strength and Physical Properties of Cement-Stabilised Soil Containing Recycled Bassanite and Coal Ash［J］. Cold Regions Science and Technology，2014，106-107（10）：36-45.

第 7 章

含铬废水还原-吸附联合处理技术

铬渣堆放造成场地及周边地下水污染已经引起人们广泛关注。据统计，全国半数以上地区 20％的地下水铬污染都是由电镀污泥、铬渣等危险废物造成的[1]。含铬废水主要来自于以下几大工业生产过程[2-4]。

① 冶金工业产品多种多样，生产工艺各有不同，废水排放量大，所产生的废水中镉、砷、Cr(Ⅵ)、铅、汞等污染物的含量非常高。

② 电镀行业在水污染方面造成的影响也尤为突出。金属铬由于具有高韧性、高强度、抗氧化等特点，成为电镀行业中重要的原材料之一。根据相关资料显示，我国电镀生产厂家每年排放的重金属废水达到 4 亿吨[5]。其中生产过程中的电镀清洗废水、电镀废液及其他废水是 Cr(Ⅵ) 的主要来源，如不加以处理会对水体造成严重污染。

③ 制革工业在我国年产值超过 4000 亿元，但由此也产生大量的废水。皮革废水碱性大、色度高、有机悬浮物多，还含有大量的重金属铬、氨氮及硫化物，排放量大，水质不稳定，废水间歇排放，对后续废水处理造成很大难度。皮革生产由水洗、鞣制、染色等工序组成，Cr(Ⅲ) 主要用于鞣制工序中，但工业制鞣剂成分并不纯，同样含有 Cr(Ⅵ)，因此水中含有高浓度的 Cr(Ⅲ) 及少量 Cr(Ⅵ)。

④ 铬盐生产及各行业生产排出的铬渣往往不经过处理，随意堆放或填埋。铬渣长期露天堆置，经浸溶、雨淋、水冲等方式形成高浓度含铬废水，对土壤和地表水、地下水造成严重污染。

含铬废水的处理方法有很多种，如还原中和、离子交换、铬酸钡沉淀以及活性炭吸附等[6]。目前，大多数研究者均采用单一的方法处理含铬废水，单一的处理方法存在处理效果差、易产生二次污染等缺陷。本章采用化学还原-吸附法联合处理技术对含铬废水进行研究，两种方法联用可以各自发挥优点：还原剂 CaS$_x$ 与 Cr(Ⅵ) 反应产物为硫单质，且多硫化物氧化较慢，不易被环境中存在的氧气氧化而失效，从而在水环境中更稳定，不存在安全问题；沸石是含碱土金属或碱金属的具有三维空间结构的硅铝酸盐晶体，是一种强极性吸附剂，且由于自身具有不同铝硅比和孔径大小以及孔道内有被交换的金属阳离子等，使其对不同极性分子具有选择性[7]，并且价格较低。

试验主要针对含铬废水中 Cr(Ⅵ) 和 Cr(Ⅲ) 进行研究。还原 Cr(Ⅵ) 的化学反应需要 H$^+$ 的参与，因此将含铬废水和酸性废水混合处理较好，既可节约化学反应时调节 pH 值所需酸的费用，又可以提高酸性废水的碱度，达到排放标准。试验废水水样 Cr(Ⅵ) 浓度为 100mg/L，总铬浓度为 125mg/L，pH＝2.79。

7.1 还原剂处理含铬废水中 Cr(Ⅵ)方案优选

还原剂种类丰富、数量繁多，对不同条件下的含铬废水处理效果不一。常用的还原剂按参与反应的元素分为两种：一类是含铁元素；另一类是含硫元素。通常含铁元素的还原剂主要包括铁单质类、亚铁盐类；含硫元素的还原剂主要有亚硫酸盐类、硫化盐类、硫代硫酸盐类。

试验采用 Na_2SO_3、$Na_2S_2O_4$ 和 CaS_x 处理酸性高浓度含铬废水。比较分析几种还原剂在不同投药量条件下对 Cr(Ⅵ) 还原效果的影响，确定最佳还原剂。然后采用单一变量原则，在 25℃恒温摇床中以转速 150r/min 进行试验，研究不同反应时间、CaS_x 投加量、pH 值及初始含铬废水浓度条件下，CaS_x 对 Cr(Ⅵ) 的还原效果，确定 CaS_x 的最佳还原条件。所用 Na_2SO_3、$Na_2S_2O_4$ 均为分析纯，CaS_x 主要成分为多硫根（S_x^{2-}，$x＝2～6$，主要为 5），购自连云港兰星工业技术有限公司，体积分数为 29％。

7.1.1 还原剂种类对 Cr(Ⅵ)去除效果的影响

Cr(Ⅵ) 初始浓度 100mg/L，控制反应 pH＝2.79，药剂投加量分别为化学反应理论投药量的 1～7 倍，得到不同还原剂对 Cr(Ⅵ) 去除效果的影响，结果如图 7.1 所示。

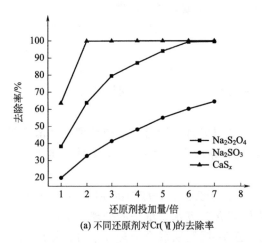

(a) 不同还原剂对Cr(Ⅵ)的去除率

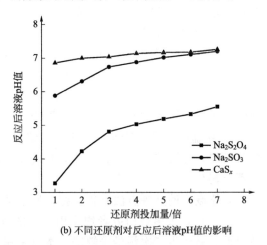

(b) 不同还原剂对反应后溶液pH值的影响

图 7.1　不同还原剂对 Cr(Ⅵ) 的还原效果

由图 7.1(a) 可知，当投药量为理论值的 1 倍时，Na_2SO_3、$Na_2S_2O_4$ 和 CaS_x 对 Cr(Ⅵ) 的去除率分别为 19.9％、38.4％、63.55％。投药量由 1 倍增加到 2 倍时，三种含硫还原剂对 Cr(Ⅵ) 的去除率显著增加，去除效果最好的 CaS_x 可达 99.86％，剩余 Cr^{6+} 浓度仅为 0.14mg/L。虽然 $Na_2S_2O_4$ 去除率增速没有 CaS_x 快，但在投药量增加到 6 倍和 7 倍时，去除效果也比较好，分别为 99.37％和 99.59％。可见，随着还原剂投加量的逐渐增大，Cr(Ⅵ) 的去除率均表现为先逐渐增大后趋于稳定。总体看，还原剂对 Cr(Ⅵ) 去除率由大到小依次为 $CaS_x＞Na_2S_2O_4＞Na_2SO_3$。由图 7.1(b) 可知，随投药量的增加，三种还原剂反应后的 pH 值均呈上升趋势。$Na_2S_2O_4$ 反应后 pH 值最低，且反应前后 pH 值在 $3\sim5.5$ 之间。其他两种还原剂反应后 pH 值在 $5\sim7$ 之间，接近中性。

可见，$Na_2S_2O_4$ 在投加量增加到 6 倍时，Cr(Ⅵ) 剩余浓度较低，但反应后 pH 显酸性，为达到排放标准需要后续加碱，增加了水处理成本。虽然 Na_2SO_3 反应后的溶液 pH 值在投加量为 2 倍以上时达到排放标准，但相对于 CaS_x、$Na_2S_2O_4$ 来说，去除率偏低。而 CaS_x 可以做到两者兼顾，且有研究表明，反应后残留的部分硫化物可通过加入少量硫酸亚铁去除，处理后溶液不会产生二次污染[8]。由此确定，CaS_x 为还原 Cr(Ⅵ) 的最佳还原剂。

7.1.2　CaS_x 处理含铬废水中 Cr(Ⅵ) 试验研究

7.1.2.1　反应时间对 Cr(Ⅵ) 处理效果的影响

在质量浓度为 100mg/L、pH=2.79 的含 Cr(Ⅵ) 废水中加入 1.5 倍理论值的 CaS_x，测定不同反应时间下 Cr(Ⅵ) 的去除率，结果如图 7.2 所示。

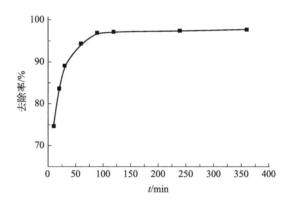

图 7.2　反应时间对 Cr(Ⅵ) 去除效果的影响

图 7.2 为投加 1.5 倍理论量的 CaS_x 时，不同反应时间与 Cr(Ⅵ) 去除率的关系曲线。由于 CaS_x 为液体，易溶解在废水中，进而加快反应进行的速率，反应时间仅为 10min 时，Cr(Ⅵ) 去除率即达到 74.6%，随后去除率增加较快，直到反应进行 90min 时，Cr(Ⅵ) 去除率已为 96.87%，之后，CaS_x 对 Cr(Ⅵ) 的去除率随时间的增加趋于稳定。因此，90min 为 CaS_x 与 Cr(Ⅵ) 反应的最佳时间。

7.1.2.2　CaS_x 投加量对 Cr(Ⅵ) 处理效果的影响

Cr(Ⅵ) 初始浓度 100mg/L、控制 pH=2.79、反应时间为 90min，考察不同 CaS_x 投加量对 Cr(Ⅵ) 去除效果的影响，结果如图 7.3 所示。

由前面试验结果可知，反应 2h 时，投加 2 倍理论值的 CaS_x，去除率达到 99.86%。结合经验，将多硫化钙的投加倍数细化，确定更加经济、安全、合理的投加量。分析图 7.3，多硫化钙投加量由 1 倍增加到 1.5 倍时，折线斜率较大；1.5 倍增加到 1.75 倍时，折线斜率相对减小；1.75 倍以后，斜率趋于 0，去除率由 99.85% 增至 99.91%。这是由于加药量不足时，废水中的 Cr(Ⅵ) 不能充分接触到 CaS_x，因而减缓了 Cr(Ⅵ) 的去除速度。而加药量过大时，CaS_x 在废水中有剩余。杨彤等[9]研究表明 CaS_x 可与 $FeSO_4$ 反应，

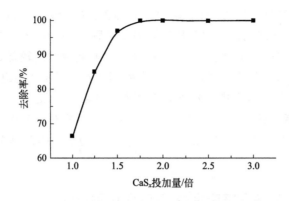

图 7.3 CaS$_x$ 投加量对 Cr(Ⅵ) 去除效果的影响

生成 S、FeS、CaSO$_4$，因此，当 CaS$_x$ 投加量稍多时，可加入少量 FeSO$_4$ 与其反应，从而将其去除，但溶液中多硫化钙含量过大时，亦需要大量 FeSO$_4$ 与之反应，这就大大增加了处理成本，并引起了新的处理问题，不经济。因此，投加量为 CaS$_x$ 理论值的 1.5～2.0 倍为最佳。

7.1.2.3 pH 值对 Cr(Ⅵ) 处理效果的影响

在质量浓度 100mg/L 的含 Cr(Ⅵ) 废水中投加 1.75 倍理论值的 CaS$_x$、反应时间为 90min，考察不同 pH 值对 Cr(Ⅵ) 去除效果的影响，结果如图 7.4 所示。

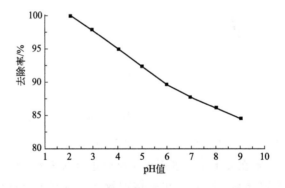

图 7.4 pH 值对 Cr(Ⅵ) 去除效果的影响

考虑电镀废水很少有碱度过大的情况，试验选取 pH 值在 2～9 条件下的电镀废水，对 CaS$_x$ 去除 Cr(Ⅵ) 的影响因素进行研究。从图 7.4 中的曲线能明显看出，溶液初始 pH 值从 2 升高到 9，去除率呈下降趋势。说明 CaS$_x$ 对 Cr(Ⅵ) 的去除效率随酸性的升高而升高。根据方程式可知，CaS$_x$ 与 Cr(Ⅵ) 进行氧化还原反应时需要 H$^+$ 的参与，增加含铬废水中的 H$^+$ 浓度，能够促进 CaS$_x$ 与 Cr(Ⅵ) 发生氧化还原反应，加快反应正向进行，试验所得结果与原理相符。

7.1.2.4 含铬废水浓度对 Cr(Ⅵ) 处理效果的影响

在 200mL pH＝2.79 的含 Cr(Ⅵ) 废水中投加 1.75 倍理论值的 CaS$_x$、反应时间为 90min，考察不同含铬废水浓度对 Cr(Ⅵ) 去除效果的影响，结果如图 7.5 所示。

由图 7.5 可知，废水水样初始浓度在 50mg/L 以下时，滤液中剩余 Cr(Ⅵ) 浓度在测

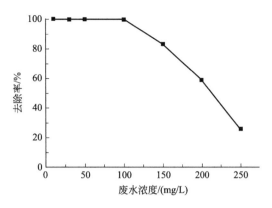

图 7.5　水样浓度对 Cr(Ⅵ) 去除效果的影响

定方法所检测限值以下，认为去除率为 100％。废水水样初始浓度在 150mg/L 以上时，去除率不断降低，滤液中剩余 Cr(Ⅵ) 浓度分别为 25.13mg/L、82.12mg/L、185mg/L。因此，CaS_x 对低浓度含铬废水去除效果明显优于高浓度含铬废水。

7.1.3　还原反应前后 XRD 微观分析

试验所用 CaS_x（含量为 29％）购自连云港兰星工业技术有限公司，药剂中的主要成分为 CaS_5，是特定条件下 CaO 与 S 制成的，所以含有少量 CaO、S 等杂质，其 XRD 图谱如图 7.6 所示。检测结果中含有 $Ca(OH)_2$，这是因为 CaS_5 液体烘干检测过程中，CaO 与环境中的氧气发生接触反应的缘故。

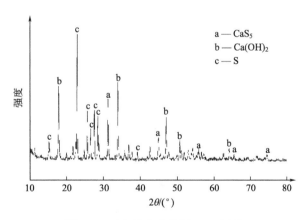

图 7.6　反应前多硫化钙 XRD 图谱

为分析多硫化钙还原 Cr(Ⅵ) 的反应机制，对反应沉淀物进行收集并且烘干，进行 XRD 图谱分析，结果如图 7.7 所示。由图 7.7 得到，生成沉淀物中主要为 $Cr(OH)_3$ 以及单质 S。其中 $Cr(OH)_3$ 与单质 S 分别与 JCPDS No.16-0817 和 JCPDS No.08-0247 标准卡片的晶型衍射峰具有非常高的匹配度，且可在图中观察到各峰的峰形尖锐，说明在多硫化钙还原 Cr(Ⅵ) 过程中产生的沉淀产物 [$Cr(OH)_3$ 与单质 S] 的晶体结晶完整，晶型较好，Chrysochoou[10] 在研究中也得到一致结论[10]。

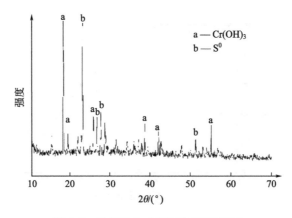

图 7.7　反应后生成沉淀物 XRD 图谱

7.2 吸附剂处理含铬废水中 Cr(Ⅲ)方案优选

试验选取天然粉煤灰、改性粉煤灰、粉煤灰合成沸石等多种吸附剂进行研究，利用物质本身具有的吸附特性去除电镀废水中 Cr(Ⅲ)，分别比较每种吸附剂对电镀废水中 Cr(Ⅲ)的去除效果，最终确定最佳吸附剂。

控制初始反应温度 25℃、振荡速度 150r/min，采用单因素轮转试验法，每次改变吸附剂吸附时间、投加量、溶液 pH 值、三价铬初始浓度等参数之一，其他参数不变，获得吸附剂对含铬废水中 Cr(Ⅲ) 吸附的最佳工艺条件。

7.2.1　吸附剂种类对 Cr(Ⅲ) 去除效果的影响

选取 30～100 目天然粉煤灰、1mol/L 硫酸改性粉煤灰、1mol/L 氢氧化钠改性粉煤灰、1mol/L 聚合氯化铝改性粉煤灰、1mol/L 硫酸亚铁改性粉煤灰及粉煤灰合成沸石各 40g，吸附时间 60min，取清液测试 Cr(Ⅲ) 浓度，结果如图 7.8 所示。

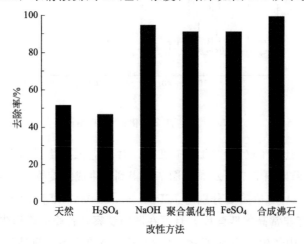

图 7.8　粉煤灰不同改性方法对 Cr(Ⅲ) 去除效果的影响

　　由图 7.8 可见，天然粉煤灰对 Cr(Ⅲ) 的吸附效果并不理想，去除率只达到 51.56%。经过不同方式对天然粉煤灰进行改性后，粉煤灰对 Cr(Ⅲ) 的吸附效果有所改变，其中硫酸改性后的粉煤灰对 Cr(Ⅲ) 的吸附效果没有增加，反而有所降低，这是因为在改性过程中 H^+ 占据了粉煤灰的孔道，使有效吸附点位数量减少，影响了后续对 Cr(Ⅲ) 的吸附。而通过其他方式改性后的粉煤灰对含铬废水中 Cr(Ⅲ) 的去除率均大幅度增加。从总体来看，吸附剂对 Cr(Ⅲ) 的去除率从高至低依次为：粉煤灰合成沸石＞NaOH 改性粉煤灰＞$FeSO_4$ 改性粉煤灰＞聚合氯化铝改性粉煤灰＞天然粉煤灰＞H_2SO_4 改性粉煤灰。

　　针对本试验原理，电镀废水中大部分甚至全部 Cr(Ⅵ) 由效率高、效果好的还原剂还原成 Cr(Ⅲ)，废水中原有及转化的 Cr(Ⅲ) 通过吸附剂吸附去除，所以试验需选用对 Cr(Ⅲ) 去除率较高的吸附剂。由试验结果得出，粉煤灰合成沸石对 Cr(Ⅲ) 的吸附效果优于所有吸附剂，且用量小、效率高，选定为试验的最佳吸附剂。

7.2.2　粉煤灰合成沸石吸附含铬废水中 Cr(Ⅲ) 试验研究

7.2.2.1　反应时间对 Cr(Ⅲ) 处理效果的影响

　　在 200mL Cr(Ⅲ) 浓度 100mg/L 的水样中投加粉煤灰合成沸石 10g，吸附不同时间后，取清液测试 Cr(Ⅲ) 浓度，结果如图 7.9 所示。

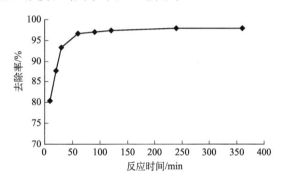

图 7.9　吸附时间对 Cr(Ⅲ) 去除率的影响

　　由图 7.9 可知，在初始阶段粉煤灰合成沸石对 Cr(Ⅲ) 的吸附过程较为迅速，振荡 10min 时，Cr(Ⅲ) 去除率就可以达到 80.39%。吸附时间越长，Cr(Ⅲ) 的去除率越高，振荡 60min 时，Cr(Ⅲ) 去除率为 96.64%，此后随振荡时间延长，Cr(Ⅲ) 去除率增加幅度减缓至基本平衡。这说明吸附时间在 60min 时，粉煤灰合成沸石对 Cr(Ⅲ) 的吸附接近饱和，粉煤灰合成沸石内部大部分孔道被 Cr^{3+} 占领，即使再增加粉煤灰合成沸石与 Cr(Ⅲ) 的接触机会，也不会对 Cr(Ⅲ) 的去除率有太大影响。因而，吸附时间确定为 60min。

7.2.2.2　粉煤灰合成沸石投加量对 Cr(Ⅲ) 处理效果的影响

　　在 200mL Cr(Ⅲ) 浓度 100mg/L 的水样中投加不同质量的粉煤灰合成沸石，吸附 60min 后，取清液测试 Cr(Ⅲ) 浓度，结果如图 7.10 所示。

　　由图 7.10 可知，粉煤灰合成沸石投加量对含 Cr(Ⅲ) 废水吸附去除效果影响很大。粉煤灰合成沸石投加量越大，Cr(Ⅲ) 的去除率越高，而单位质量的粉煤灰合成沸石对 Cr(Ⅲ) 吸附量随之减小。当废水中投加的粉煤灰合成沸石由 1g 增加到 15g 时，Cr(Ⅲ) 去除率由

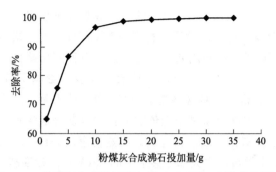

图 7.10　粉煤灰合成沸石投加量对 Cr(Ⅲ) 去除率的影响

65.43%增加到 98.92%，此后粉煤灰合成沸石量继续增加，但 Cr(Ⅲ) 去除率增加较缓慢。综合去除效果和经济节约方面的考虑，确定 15g 为 200mL Cr(Ⅲ) 质量浓度 100mg/L 的含铬废水中粉煤灰合成沸石最佳投加量。

7.2.2.3　pH 值对 Cr(Ⅲ) 处理效果的影响

在 200mL Cr(Ⅲ) 浓度 100mg/L 的水样中投加 15g 粉煤灰合成沸石，调节不同 pH 值，吸附 60min 后，取清液测试 Cr(Ⅲ) 浓度，结果如图 7.11 所示。

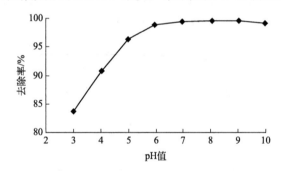

图 7.11　pH 值对 Cr(Ⅲ) 去除率的影响

由图 7.11 可以看出，pH 处于酸性范围或碱性范围影响粉煤灰合成沸石对 Cr(Ⅲ) 的吸附效果。在酸性条件下，随 pH 值的升高，粉煤灰合成沸石对 Cr(Ⅲ) 吸附去除率迅速增大，pH 由 3 增大到 6 时，去除率由 83.76% 增加为 98.96%，此后增长放缓，当 pH=9 时，去除率为 99.62%，之后再增加溶液 pH 值，去除率反而减小。分析可知，当 pH 值较低时，溶液中 H^+ 浓度较高，与 Cr^{3+} 形成竞争性吸附，从而导致粉煤灰合成沸石对 Cr^{3+} 吸附去除能力下降。当 pH>7 时，溶液中的 OH^- 大量存在，与 Cr^{3+} 形成 $Cr(OH)_3$ 沉淀，此时溶液中的 Cr(Ⅲ) 的去除还有 $Cr(OH)_3$ 沉淀作用。但并不是 pH 值持续升高对反应皆有利，当溶液 pH 值超出 $Cr(OH)_3$ 沉淀范围，Cr(Ⅲ) 去除率会有所下降。因此，确定原水 pH 值在 6~10 之间都可以直接进行处理。

7.2.2.4　含铬废水初始浓度对 Cr(Ⅲ) 处理效果的影响

在浓度不同的 200mL 含 Cr(Ⅲ) 水样中，加入 15g 粉煤灰合成沸石，pH 值为 6.5，吸附 60min 后，取清液测试 Cr(Ⅲ) 浓度，结果如图 7.12 所示。

由图 7.12 可知，以 100mg/L 为界，Cr(Ⅲ) 初始浓度低于或等于 100mg/L，投加 15g 粉煤灰合成沸石，滤液中 Cr(Ⅲ) 剩余浓度均满足《污水综合排放标准》（GB 8978—

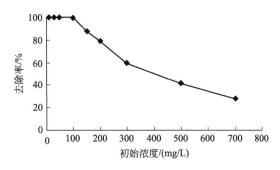

图 7.12　初始浓度对 Cr(Ⅲ) 去除效果的影响

1996) 对总铬≤1.5mg/L 的要求；当 Cr(Ⅲ) 初始浓度大于 100mg/L，投加 15g 粉煤灰合成沸石，Cr(Ⅲ) 去除率逐渐降低，且均达不到排放要求。随 Cr(Ⅲ) 浓度的增加，粉煤灰合成沸石对 Cr(Ⅲ) 的单位吸附量增加，这说明 Cr(Ⅲ) 浓度随着粉煤灰合成沸石的吸附位利用率的增大而增大[11]，在 700mg/L 时单位吸附量达到最大。

7.2.3　吸附动力学分析

7.2.3.1　吸附等温线

试验采用 2.2.4.1 部分 Langmuir 和 Freundlich 这两种目前应用性能最好的吸附等温线模型对试验所得数据结果进行拟合。通过试验得到某一温度下粉煤灰合成沸石吸附不同初始浓度的含 Cr(Ⅲ) 废水与去除率关系曲线，拟合结果如图 7.13 和表 7.1 所示。

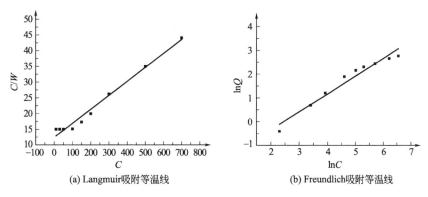

(a) Langmuir吸附等温线　　(b) Freundlich吸附等温线

图 7.13　粉煤灰合成沸石对 Cr(Ⅲ) 吸附等温线模型

表 7.1　拟合后的吸附等温参数

吸附剂	离子种类	Langmuir			Freundlich		
		W_s	a	R^2	K_F	n	R^2
粉煤灰合成沸石	Cr(Ⅲ)	22.502	3.569×10^{-3}	0.9808	0.160	1.336	0.9510

根据表 7.1 可以分别得到 Langmuir 及 Freundlich 方程中的常数值及相关系数，从表中 R^2 值判断，粉煤灰合成沸石吸附 Cr(Ⅲ) 的过程符合 Langmuir 吸附等温模型，拟合曲线存在一定的线性关系，拟合度更高，线性相关系数 $R^2 = 0.9808$，说明粉煤灰合成沸石

对 Cr(Ⅲ) 的吸附过程是单分子层的吸附。

7.2.3.2　吸附动力学

吸附动力学的研究主要依靠用吸附速率方程来对其进行描述,试验采用准一级和准二级动力学方程对粉煤灰合成沸石吸附 Cr(Ⅲ) 的过程进行拟合。

（1）准一级动力学方程

$$\ln(q_e-q_t)=\ln q_e-k_1 t \tag{7.1}$$

式中　q_t——t 时刻单位吸附量,mg/g;

　　　k_1——吸附速率常数,$\min^{-1}$;

　　　q_e——达到平衡时的吸附量,mg/g。

以 $\ln(q_e-q_t)$ 为纵轴,时间 t 为横轴作图,斜率为 k_1,截距为 $\ln q_e$,进而求得速率参数 k_1 和 q_e 的值。

（2）准二级动力学方程

用于描述固体吸附的二级吸附速率方程式为:

$$\frac{t}{q_t}=\frac{1}{k_2 q_e^2}+\frac{t}{q_e} \tag{7.2}$$

式中　q_t——t 时刻单位吸附量,mg/g;

　　　q_e——达到平衡时的吸附量,mg/g;

　　　k_2——吸附速率常数,g/(mg·min)。

以 $\dfrac{t}{q_t}$ 为纵轴,时间 t 为横轴作图,直线斜率为 $\dfrac{1}{q_e}$,截距为 $\dfrac{1}{k_2 q_e^2}$,进而求得速率参数 k_2 和 q_e 的值[12]。

将不同反应时间试验结果采用准一级、准二级动力学方程对所得试验数据进行拟合分析,所得到的结果如图 7.14 和表 7.2 所示。

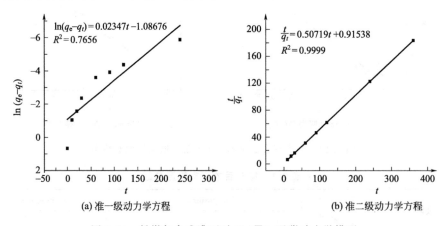

图 7.14　粉煤灰合成沸石对 Cr(Ⅲ) 吸附动力学模型

从表 7.2 可以看出,准二级动力学方程的拟合相关系数较准一级动力学方程的拟合相关系数大,而且准一级动力学方程计算得到的平衡吸附量与实际试验得到的数据偏差较大。因此,粉煤灰合成沸石吸附 Cr(Ⅲ) 的过程可以通过准二级动力学方程进行描述。

表 7.2　拟合后的吸附动力学参数

吸附剂	离子种类	准一级动力学方程			准二级动力学方程		
		q_e/(mg/g)	k_1/min^{-1}	R^2	q_e/(mg/g)	k_2/min^{-1}	R^2
粉煤灰合成沸石	Cr(Ⅲ)	0.3373	0.0235	0.7656	1.9716	0.2810	0.9999

7.3　响应曲面法优化 CaS$_x$-粉煤灰合成沸石联用处理含铬废水

单一的还原剂或吸附剂对 Cr(Ⅵ) 或 Cr(Ⅲ) 有一定的去除效果,但每一种处理技术有优点也有缺点,单独使用一种方法往往处理成本较高,处理效果不佳,应用上有局限性。因此,只有同时采用多项处理技术,相互之间取长补短,才能够实现经济效益的最大化。试验采用还原、吸附两种方法联合来处理酸性电镀废水,以达到有效治理的目的。

7.3.1　响应曲面法优化设计

响应曲面法 (RSM) 通过结合数理统计分析、数学应用、试验设计等技术,探讨影响因子和响应值之间的数学模型关系。它主要包括试验设计、建模、检验模型的有效性、寻求最佳因素的组合条件等众多试验和统计技术[13]。响应曲面法所得到的结果具有连续性,且对试验分析结果表达得清晰、简单易懂,因此广泛应用于食品、化工、水处理等领域的工艺条件优化研究。

响应曲面法的具体设计方法有很多,最常用的是中心复合设计 (CCD) 和箱线图设计 (BBD)。BBD 法基于球面空间设计,主要用于确定试验因素及其交互作用对响应值的影响,被广泛应用于对工艺条件的优化处理[14]。就所需的试验次数而言,BBD 法是以最少的试验次数对试验条件进行优化的有效方法,并且可旋转或近似可旋转,优于中心复合设计法。

本节基于在 CaS$_x$、粉煤灰合成沸石去除电镀废水中铬的单因素试验结果基础上筛选出的因素水平进行 Box-Behnken 试验设计,通过响应曲面法多元二次回归方程拟合各因素与响应值之间的函数关系,并探究各影响因素之间内部联系,预测 CaS$_x$-粉煤灰合成沸石联用去除电镀废水中铬的最佳反应条件,并对其结果进行验证。

基于 7.1 部分和 7.2 部分试验结果,采用 Design-Expert.V8.0.6 中的响应曲面法 BBD 模型对水处理工艺进行 3 因素 3 水平的反应条件优化试验设计。选择 CaS$_x$ 投加量 (倍)、粉煤灰合成沸石投加量 (g)、废水初始 pH 值为影响因素,分别用 X_1、X_2、X_3 表示,并将 Cr(Ⅵ) 去除率与总铬去除率作为响应值,通过响应面分析确定试验的最佳方案,试验各因素和水平编码详见表 7.3。

试验中自变量与响应值之间的关系采用二次多项式方程进行拟合,拟合公式如式 (7.3) 所示:

$$Y = \beta_0 + \sum_{i=1}^{K} \beta_i X_i + \sum_{i=1}^{K} \beta_{ii} X_i^2 + \sum_{i=1}^{K-1} \sum_{j=i+1}^{K} \beta_{ij} X_i X_j \qquad (7.3)$$

式中　　　Y——系统响应值；

　　　　　β_0——偏移项偏移系数；

　　　　　β_i——线性偏移系数；

　　　　　β_{ii}——二阶偏移系数；

　　　　　β_{ij}——交互效应系数；

　　　X_i, X_j——自变量。

表 7.3　试验因素和水平编码

编码	水平		
	-1	0	1
X_1	1.5	1.75	2
X_2	13	15	17
X_3	3	4	5

考虑到试验的实际自变量编码为：CaS_x 投加量/倍（X_1）、粉煤灰合成沸石投加量/g（X_2）、废水初始 pH 值（X_3），因此，自变量 X_1、X_2、X_3 与响应值的二次多项式方程公式如式（7.4）所示：

$$Y = \beta_0 + \beta_i X_1 + \beta_i X_2 + \beta_i X_3 + \beta_{ii} X_1^2 + \beta_{ii} X_2^2 + \beta_{ii} X_3^2 + \beta_{ij} X_1 X_2$$
$$+ \beta_{ij} X_1 X_3 + \beta_{ij} X_2 X_3 \tag{7.4}$$

7.3.2　试验结果分析

采用 BBD 试验设计，共 17 个试验点，试验结果如表 7.4 所列。

表 7.4　BBD 试验设计及响应值

试验编号	因素			响应值	
	X_1 CaS_x 投加量	X_2 粉煤灰合成沸石投加量	X_3 初始 pH 值	Cr(Ⅵ) 去除率/%	总铬去除率/%
1	0	0	0	98.36	99.58
2	1	0	-1	99.8	99.89
3	-1	1	0	75.68	78.896
4	0	0	0	98.34	99.58
5	0	1	-1	98.32	98.16
6	0	0	0	98.38	99.61
7	0	-1	1	98.44	94.29
8	1	1	0	99.056	99.96
9	-1	0	1	72.64	79.22
10	0	-1	-1	98.08	94.56
11	0	0	0	98.36	99.56

试验编号	因素			响应值	
	X_1 CaS$_x$投加量	X_2 粉煤灰合成沸石投加量	X_3 初始 pH 值	Cr(Ⅵ) 去除率/%	总铬 去除率/%
12	-1	0	-1	75.68	81.14
13	0	1	1	98.56	98.56
14	0	0	0	98.33	99.54
15	1	-1	0	99.16	98.08
16	1	0	1	96.56	99.8
17	-1	-1	0	76.096	75.72

采用 Design-Expert 软件对表 7.4 中的试验数据进行处理分析,建立二阶模型,从而得到每个响应值对应的回归方程,并进行方差分析,探究模型各个变量之间的拟合程度。

六价铬、总铬去除率试验结果分析中,自变量 X_1、X_2、X_3 与响应值(去除率)的二次回归方程分别如式(7.5)和式(7.6)所示:

$$Y=98.35+12.19X_1-0.020X_2-0.33X_3-11.14X_1^2+0.29X_2^2$$
$$-0.29X_3^2+0.078X_1X_2+0.7X_1X_3-0.03X_2X_3 \tag{7.5}$$

$$Y=99.57+10.43X_1+1.62X_2-0.23X_3-8.9X_1^2-2.52X_2^2$$
$$-0.67X_3^2-0.31X_1X_2+0.46X_1X_3+0.17X_2X_3 \tag{7.6}$$

分别以六价铬、总铬去除率为响应值,建立响应曲面二次模型,方差分析如表 7.5所列。

表 7.5　响应曲面二次模型方差分析

来源	平方和		自由度		均方		F 值		P 值(Prob>F)	
	六价铬	总铬	六价铬	总铬	六价铬	总铬	六价铬	总铬	六价铬	总铬
模型	1717.25	1256.60	9	9	190.81	139.62	288.78	267.03	<0.0001	<0.0001
X_1	1187.79	856.03	1	1	1187.79	856.03	1797.80	1637.17	<0.0001	<0.0001
X_2	3.200×10^{-3}	20.89	1	1	3.200×10^{-3}	20.89	4.843×10^{-3}	39.94	0.9465	0.0004
X_3	0.90	0.44	1	1	0.90	0.44	1.36	0.84	0.2819	0.3886
X_1X_2	0.024	0.42	1	1	0.024	0.42	0.037	0.80	0.8533	0.3999
X_1X_3	1.96	0.84	1	1	1.96	0.84	2.97	1.60	0.1287	0.2462
X_2X_3	3.600×10^{-3}	0.11	1	1	3.600×10^{-3}	0.11	5.449×10^{-3}	0.21	0.9432	0.6572
X_1^2	522.81	333.14	1	1	522.81	333.14	791.25	637.14	<0.0001	<0.0001
X_2^2	0.35	26.63	1	1	0.35	26.63	0.52	50.94	0.4923	0.0002
X_3^2	0.36	1.87	1	1	0.36	1.87	0.54	3.58	0.4865	0.1005
残差	4.63	3.66	7	7	0.66	0.52				

续表

来源	平方和		自由度		均方		F 值		P 值(Prob>F)	
	六价铬	总铬	六价铬	总铬	六价铬	总铬	六价铬	总铬	六价铬	总铬
失拟项	4.62	3.66	3	3	1.54	1.22	4055.79	1792.83	<0.0001	<0.0001
纯误差	1.520×10^{-3}	2.720×10^{-3}	4	4	3.800×10^{-4}	6.800×10^{-4}				
总和	1721.88	1260.26	16	16						

六价铬响应曲面二次模型中，拟合曲线相关系数 $R^2 = 0.9973$，模型 F 值 288.78，各因素对六价铬去除率的影响程度由大到小为：$X_1 = X_1^2 > X_1 X_3 > X_3 > X_3^2 > X_2^2 > X_1 X_2 > X_2 X_3 > X_2$，其中 X_1、X_1^2 项对六价铬去除率影响极为显著（prob>F 值<0.001）。试验中信噪比值（adeq precision）为 41.77，大于 4，失拟项 F 值 4055.79，说明模型具有良好的可行度与精确度。

总铬响应曲面二次模型中，拟合曲线相关系数 $R^2 = 0.9971$，模型 F 值 267.03，X_1、X_1^2 项对总铬去除率影响极为显著（prob>F 值<0.001）。试验中信噪比值为 44.536>4，失拟项 F 值 1792.83，说明模型具有良好的可行度与精确度。

7.3.3　响应面分析

为了更清晰直观地观察响应面的形状，进一步探究各因素与响应值之间的相互关系，采用 Design-Expert 进行分析，将 CaS_x 投加量、粉煤灰合成沸石投加量、废水初始 pH 值三因素之间的相互作用关系对 Cr(VI) 及总铬去除率的影响情况，绘制出响应面图和等高线图。

（1）三因素对 Cr(VI) 去除率的影响

图 7.15～图 7.17（彩色版见书后）表明了 CaS_x 投加量、粉煤灰合成沸石投加量与初始 pH 值对电镀含铬废水中的 Cr(VI) 去除率的影响。从图 7.15 可看出，在电镀含铬废水 pH=4.00 的条件下，Cr(VI) 去除率随 CaS_x 投加量的增加逐渐增高，在投加量达到理论值的 1.75 倍以后，Cr(VI) 去除率接近 100%。图 7.16 表明，当投加 15g 粉煤灰合成沸石时，随着 CaS_x 投加量的增加和 pH 值的减小会使 Cr(VI) 去除率增高，但 pH 值的减小并

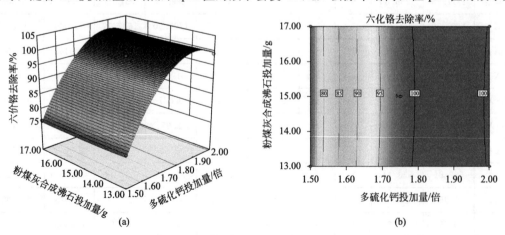

图 7.15　CaS_x 投加量与粉煤灰合成沸石投加量对 Cr(VI) 去除率影响

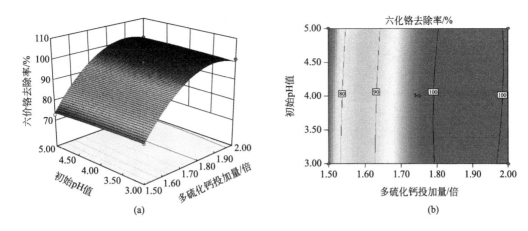

图 7.16　CaS_x 投加量与初始 pH 值对 Cr(Ⅵ) 去除率的影响

不是主要因素。由图 7.17 可知，当 CaS_x 投加量为理论值的 1.75 倍时，粉煤灰合成沸石投加量与 pH 值对 Cr(Ⅵ) 的去除率影响很小，这与之前试验结果相一致；粉煤灰合成沸石主要吸附 Cr(Ⅲ)，对 Cr(Ⅵ) 吸附量很小，废水中绝大部分的 Cr(Ⅵ) 通过 CaS_x 的还原性转化为 Cr(Ⅲ) 来去除[15]。综上所述，CaS_x 投加量是整个反应过程中最显著的因素，且粉煤灰合成沸石投加量与 pH 值对 Cr(Ⅵ) 去除率影响不大，与二次模型分析结果相吻合。

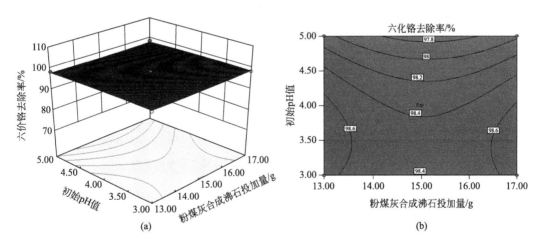

图 7.17　粉煤灰合成沸石投加量与初始 pH 值对 Cr(Ⅵ) 去除率的影响

（2）三因素对总铬去除率的影响

图 7.18～图 7.20（彩色版见书后）表明了 CaS_x 投加量、粉煤灰合成沸石投加量与初始 pH 值对电镀含铬废水中的总铬去除率的影响。从图 7.18 可看出，在电镀含铬废水 pH＝4 的条件下，总铬去除率随 CaS_x 和粉煤灰合成沸石投加量的增加而逐渐增大；在 CaS_x 投加 1.75 倍，投加 15g 的粉煤灰合成沸石时，总铬去除率能够接近 100%，这时废水中 Cr(Ⅵ) 与 Cr(Ⅲ) 已去除完全，之后再增加还原剂和吸附材料，总铬去除率没有明显的变化。图 7.19 表明，粉煤灰合成沸石投加量为 15g 时，总铬去除率会随着 CaS_x 投加量的增加和 pH 值的减小而增大，这与静态试验结论一致。由图 7.20 可知，当 CaS_x 投加

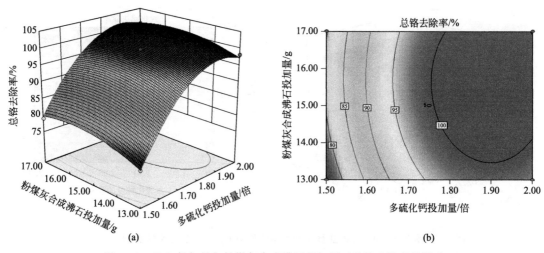

图 7.18　CaS$_x$ 投加量与粉煤灰合成沸石投加量对总铬去除率的影响

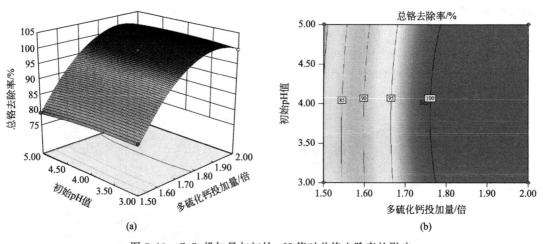

图 7.19　CaS$_x$ 投加量与初始 pH 值对总铬去除率的影响

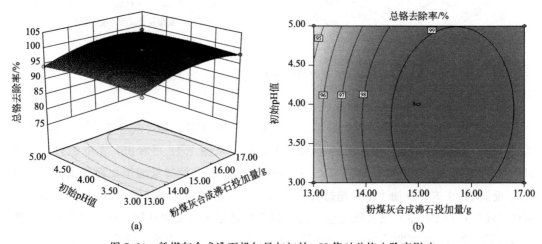

图 7.20　粉煤灰合成沸石投加量与初始 pH 值对总铬去除率影响

量为 1.75 倍时，粉煤灰合成沸石投加量的多少主要影响总铬去除率的高低。综上所述，CaS_x 投加量与粉煤灰合成沸石投加量是整个反应过程中最显著的因素，而 pH 值对总铬去除率影响不大，与二次模型的结果相吻合。

7.3.4　优化设计方案

根据已建立模型，由 RSM 预测最优值，分别得到响应值达到最大，即 $Cr(Ⅵ)$ 去除率和总铬去除率最高的情况下，三因素的最优搭配，见表 7.6。

表 7.6　三因素最优搭配

项目	优化方案
CaS_x 投加量/倍	1.81
粉煤灰合成沸石投加量/g	15.44
pH 值	3.87
$Cr(Ⅵ)$ 去除率/%	100
总铬去除率/%	100

结合实际条件，考虑经济性和操作性，最终确定 CaS_x-粉煤灰合成沸石联合处理酸性电镀含铬废水的最优方案：CaS_x 投加量为理论值的 1.8 倍，水样以呈酸性为宜，pH 值不超过 4 即可，粉煤灰合成沸石投加量为 15g/200mL 电镀含铬废水。为了进一步验证模型和回归方程的预测准确性，以此最优为基础，试验测得 $Cr(Ⅵ)$ 去除率为 99.98%，总铬去除率为 99.94%，均满足国家相关规定的要求。

7.4　CaS_x-粉煤灰合成沸石联用处理含铬废水动态试验

本节进一步对 CaS_x-粉煤灰合成沸石联用处理含铬废水的动态工艺进行研究。试验将有机玻璃柱作为反应器，考察吸附剂种类、吸附剂填充量及进水流速对 $Cr(Ⅵ)$ 及总铬穿透曲线的影响，从而得到动态处理工艺的最佳条件，为处理含铬废水的实际工程应用提供一定的理论基础。

7.4.1　动态试验装置及方法

本试验分为还原与吸附两个过程。还原反应需要在反应池中进行，将酸性电镀废水中的 $Cr(Ⅵ)$ 还原成 $Cr(Ⅲ)$，还原后的废水从反应池中流出，反应池下部为沉淀区，通过排泥管进行排放。反应池流出的废水由蠕动泵调节固定的流速，连续不断地流入吸附柱中，柱中添加的粉煤灰合成沸石对 $Cr(Ⅲ)$ 具有吸附作用，从而达到将废水中 $Cr(Ⅵ)$ 和 $Cr(Ⅲ)$ 共同去除的目的。

试验选用内径为 50mm、高为 50cm 的有机玻璃柱作为动态吸附柱，柱中由上至下依次添加 4cm 过滤棉、一定高度的粉煤灰合成沸石、2cm 过滤棉、5cm 石英砂。过滤棉与石英砂均起到布水均匀的作用，此外，下层的过滤棉可以阻止吸附剂流失，减小渗漏量。

结合单因素试验及响应曲面优化试验结果，还原剂CaS_x最佳投放量为理论投放量的1.8倍，反应时间达到120min后去除率趋于稳定。因此，将一定量模拟废水与1.8倍理论量的CaS_x混合，于反应池中进行还原反应，还原后溶液流入动态吸附柱中，同时反应池设有沉淀区，生成的大部分固体沉淀物沉降至池底，每隔24h打开排泥管排出沉淀。

准确称量一定高度的粉煤灰合成沸石于图7.21的动态吸附柱中，连接好各装置部件。反应池中上清液经过蠕动泵控制流速，由进水口流入动态柱中，废水经过粉煤灰合成沸石颗粒吸附过滤后排出。本试验采用连续式吸附操作，上端进水，下端出水，即废水不断流进吸附柱中，与粉煤灰合成沸石接触，从而降低废水中总铬浓度，满足排放要求。试验开始之初，出水中总铬浓度几乎为零，随着反应的逐步进行，上层吸附剂的吸附能力达到饱和状态，有效吸附剂层开始下移，当有效吸附剂层前沿下移至吸附剂层的底端时，出水总铬浓度增加，并超过规定值，此时吸附柱穿透。床层穿透后出水中总铬浓度增速加快，吸附剂有效区域继续下移，直至整个吸附剂层几乎完全饱和，出水浓度接近进水浓度，此时称为吸附柱耗竭[16]。试验过程中，每隔12h取样一次，出水经过$0.45\mu m$微孔滤膜，测定水中$Cr(VI)$及总铬浓度。

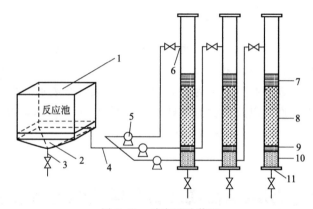

图7.21 动态试验装置

1—反应池；2—沉淀区；3—沉淀排泄管；4—进水总管；5—蠕动泵；6—进水口；
7—4cm过滤棉；8—粉煤灰合成沸石填料；9—2cm过滤棉；10—5cm石英砂；11—出水口

根据国家标准，排入水体中的总铬浓度应满足国家相关规定的要求（<0.5mg/L），因此，将出水浓度>0.5mg/L作为粉煤灰合成沸石失效点，出水浓度为进水浓度的2%～5%作为粉煤灰合成沸石的穿透点，直至出水浓度为进水浓度的95%～98%，认为粉煤灰合成沸石已达到吸附饱和状态，取样终止，试验结束。

7.4.2 试验结果及分析

7.4.2.1 吸附剂种类对铬处理效果的影响

向两个动态柱中分别填充15cm的天然粉煤灰和粉煤灰合成沸石，调节蠕动泵进水流速为2mL/min。每隔12h取样一次，出水经过$0.45\mu m$微孔滤膜过滤，测定出水溶液的$Cr(VI)$浓度和总铬浓度，以动态柱运行时间t为横轴，实时测定的出水铬浓度为纵轴，得到相应的穿透曲线，见图7.22。

由图7.22可知，对于出水$Cr(VI)$来说，两种吸附剂处理后的出水浓度变化范围小，

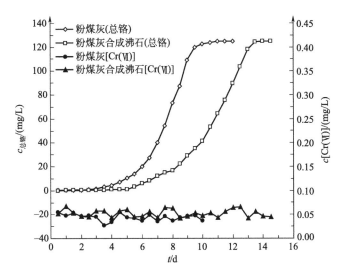

图 7.22　吸附剂种类对铬处理效果的影响

较稳定。这是因为废水中 Cr(Ⅵ) 主要是依靠氧化还原反应来去除的，只要保证 CaS$_x$ 的投加量足够，出水 Cr(Ⅵ) 浓度可以满足排放要求，且当其他还原反应条件一致，吸附剂种类对 Cr(Ⅵ) 的去除影响很小。但相比较而言，天然粉煤灰处理后的出水 Cr(Ⅵ) 浓度略小于粉煤灰合成沸石处理后的出水 Cr(Ⅵ) 浓度，表明天然粉煤灰对废水中的 Cr(Ⅵ) 具有吸附作用，并且天然粉煤灰对 Cr(Ⅵ) 吸附效果较粉煤灰合成沸石好。

　　两种吸附剂对总铬的穿透曲线表明，在试验初始阶段，吸附剂中孔隙及可交换离子较多，吸附能力强，出水总铬浓度保持在较低水平上，随着吸附时间的增加，吸附剂吸附能力趋于饱和，出水总铬浓度增大。天然粉煤灰的失效点、穿透点和饱和点所对应的时间分别为 2.5d、4.5d、10.5d，粉煤灰合成沸石的失效点、穿透点和饱和点所对应的时间分别为 4d、6.5d、13.5d。表明在吸附层高度、进水流速等条件相同的前提下，利用天然粉煤灰处理总铬所需要的失效时间、穿透时间和饱和时间较短，对 Cr(Ⅲ) 吸附总量少，且容易饱和。综合对比分析，粉煤灰合成沸石吸附量大，效率高。

7.4.2.2　吸附层高度对铬处理效果的影响

　　准确称量高度为 10cm、15cm、20cm 的粉煤灰合成沸石于 3 个动态柱中，调节蠕动泵进水流速为 2mL/min。每隔 12h 取样一次，出水经过 0.45μm 微孔滤膜过滤，测定出水溶液的 Cr(Ⅵ) 浓度和总铬溶度，以动态柱运行时间 t 为横轴，实时测定的出水铬浓度为纵轴，得到相应的穿透曲线，粉煤灰合成沸石在吸附层不同高度时的穿透曲线见图 7.23。

　　图 7.23 表明，吸附层高度对出水 Cr(Ⅵ) 浓度没有影响；在进水流速一定时，随着吸附层高度的不断增加，总铬穿透曲线的整体趋势没有变化，但所对应的穿透曲线峰形有所变缓，失效点、穿透点和耗竭点时间均延迟，失效时间由 10cm 的 1.5d 增加到 20cm 的 4d。主要是因为吸附层高度增加，传质区长度增长，意味着延长了水力停留时间。同时，动态柱中粉煤灰合成沸石填加量增大，等同于增加动态柱的吸附容量，有利于延长吸附周期，加大对 Cr(Ⅲ) 的吸附量。t = 3.5d 时，3 个动态柱依次处于出水浓度快速增长期、

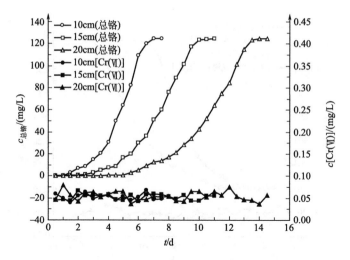

图 7.23   吸附层高度对铬处理效果的影响

穿透点、失效点，出水浊度各有不同，吸附层 20cm 的动态柱出水无杂质、浊度低，10cm
的动态柱出水浑浊。由于化学还原反应生成的 S 单质在沉淀区域并没有完全去除，一些小
颗粒悬浮在水中，出水图片表明，粉煤灰合成沸石吸附层不但吸附 Cr(Ⅲ)，还能起到过
滤作用，降低出水浊度，直到动态柱达到失效点，出水依然清澈透明。但并不是吸附层高
度越高越好，吸附剂量过大会导致吸附周期过长。因此，需合理选择吸附剂高度。

7.4.2.3   进水流速对铬处理效果的影响

准确称量 3 份 15cm 的粉煤灰合成沸石于 3 个动态柱中，分别调节蠕动泵进水流速为
1mL/min、2mL/min、3mL/min。每隔 12h 取样一次，出水经过 $0.45\mu m$ 微孔滤膜过滤，
测定出水溶液的 Cr(Ⅵ) 浓度和总铬溶度，以动态柱运行时间 t 为横轴，实时测定的出水
铬浓度为纵轴，得到相应的穿透曲线。

不同进水流速下的穿透曲线见图 7.24。

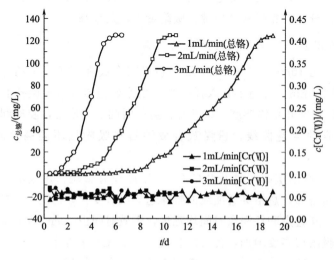

图 7.24   进水流速对铬处理效果的影响

如图 7.24 所示，进水流速对出水 Cr(Ⅵ) 浓度同样没有影响；对于总铬的穿透曲线，在吸附层厚度一致的情况下，进水流速越快，废水中 Cr(Ⅲ) 流经粉煤灰合成沸石颗粒的速度越快，传质推动力大，吸附速率快，Cr(Ⅲ) 与粉煤灰合成沸石颗粒接触不充分，导致穿透点与耗竭点均向左移动，穿透曲线趋于陡峭。因此，水力停留时间的延长可使粉煤灰合成沸石与废水接触更充分，但水力停留时间不宜过长，进水流速太小造成出水流速小，柱内液相发生纵向返混情况，不利于吸附，同时导致处理周期过长，而使粉煤灰合成沸石处理效率下降。因此，本试验中选取最佳进水流速为 2mL/min。

参考文献

[1]　陈传宏，田保国. 21 世纪初期中国环境保护与生态建设科技发展战略研究 [M]. 北京：中国环境科学出版社，2001.

[2]　郭峰. 含铬(Ⅵ) 废水无害化处理技术研究进展 [J]. 中国资源综合利用，2017，35 (08)：62-65.

[3]　丁畅越. 氨基功能化磁性纳米 Fe_3O_4 处理冶金废水中 Cr(Ⅵ) 的研究 [D]. 西安：西安建筑科技大学，2017.

[4]　吴娜娜，郑璐，李亚峰，等. 皮革废水处理技术研究进展 [J]. 水处理技术，2017，43 (01)：1-5，21.

[5]　王天行，刘晓东，喻学敏. 电镀废水处理技术研究现状及评述 [J]. 电镀与涂饰，2017，36 (09)：493-500.

[6]　周栋，高娜，高乐. 工业含铬废水处理技术研究进展 [J]. 中国冶金，2017，27 (01)：2-6.

[7]　宋祎楚，冀晓东，柯瑶瑶，等. 粉煤灰合成沸石对 Cr^{3+} 的去除能力及影响因素研究 [J]. 环境科学学报，2015，35 (12)：3847-3854.

[8]　赵雪. 多硫化钙-粉煤灰合成沸石联用处理含铬废水试验研究 [D]. 阜新：辽宁工程技术大学，2017.

[9]　杨彤，曹文海，许耀生. 化学法处理重金属离子废水的改进 [J]. 电镀与精饰，1999 (5)：38-40.

[10]　Chrysochoo M，Ting A. A Kinetic Study of Cr（Ⅵ）Reduction by Calcium Polysulfide [J]. Science of the Total Environment，2011，409 (19)：4072-4077.

[11]　李喜林，张颖，赵雪，等. 粉煤灰合成沸石吸附含铬废水中 3 价铬的研究 [J]. 非金属矿，2017，40 (05)：93-95.

[12]　Aksu Z. Biosorption of Reactive Dyes by Dried Activated Sludge：Equilibrium and Kinetic Modeling [J]. Biochem Eng J，2001，7：79-84.

[13]　Ray S，Lalman J A，Biswas N. Using the Box-Benkhen Technique to Statistically Model Phenol Photocatalytic Degradation by Titanium Dioxide Nanoparticles [J]. Chemical Engineering Journal，2009 (150)：15-24.

[14]　范春辉，贺磊，杜波，等. 响应曲面法优化电镀废水中六价铬的吸附去除特性 [J]. 陕西科技大学学报 (自然科学版)，2014 (4)：19-23.

[15]　李喜林，张颖，吕云燕，等. 响应曲面法优化 CaS_x-合成沸石联用处理电镀废水 [J]. 非金属矿，2018，41 (04)：103-105.

[16]　李喜林，张颖，孙彤彤，等. CaS_x-合成沸石联用处理高浓度含铬废水试验研究 [J]. 硅酸盐通报，2019，38 (05)：1538-1544.

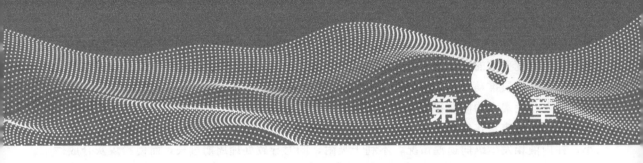

铬堆存场地含铬水体的生物处理技术

铬渣堆放造成场地及周边地下水污染已经引起人们广泛关注，地下水污染修复技术也已成为当前国内外的研究热点。目前，较典型的地下水污染修复技术已经有十多种，根据其主要工作原理可分为四大类，即物理修复技术、化学修复技术、生物修复技术和复合修复技术。生物修复技术由于经济、高效、安全等特点，潜力巨大[1]。在 20 世纪 70 年代末，Romanenko 等[2]在厌氧条件下分离出一株可以还原 Cr(VI) 的假单胞菌，这是微生物还原 Cr(VI) 首次被报道。柴立元等[3]从长沙铬渣堆场土壤中分离出一株高效还原 Cr(VI) 的好氧细菌，发现其 16h 内可将 300mg/L Cr(VI) 还原 90% 以上；Kabir 等[4]从制革废水和固体废物中分离出 5 种新型的 Cr(VI) 还原菌，除对 Cr(VI) 有高耐受性外，对 Ni^{2+} 和 Zn^{2+} 的耐受性最高，对 Hg^{2+} 和 Cd^{2+} 的耐受性最低；Mary Mangaiyarkarasi 等[5]从制革废水污染的土壤中分离到一株嗜碱革兰氏阳性枯草芽孢杆菌，将质量浓度为 50mg/L 的 Cr(VI) 还原 100%，并建立了还原动力学方程；Banerjee 等[6]从煤矿废水中分离出一株假单胞菌，其降铬能力为 150mg/L，他们研究了菌株的生长条件，得出该假单胞菌对六价铬的还原机理为生物吸附、生物累积和铁载体吸附三种方式。

笔者团队从皮革工业园区沉淀池污泥中分离出一株降铬能力强的兼性厌氧菌，在菌株鉴定基础上，确定了菌株还原六价铬的生长条件和最佳还原条件，研究了菌株的降铬机理，并进行了动态试验研究。

8.1 降铬菌株的驯化培养及鉴定

8.1.1 降铬菌株的培养驯化

试验所用的菌株取自阜新市皮革园区生化池。

取适量液体菌种加入到配制好的富集培养基中，在 35℃ 的生化培养箱中进行富集培养一段时间，每隔 7d 加入一次新的培养基，直至获得优势的 SRB 菌种。试验所用的培养基如下。

① 细菌的富集培养基　KNO_3 1g/L，Na_2HPO_4 0.5g/L，$MgSO_4 \cdot 7H_2O$ 0.6g/L，$FeSO_4 \cdot 7H_2O$ 0.5g/L，$CaSO_4 \cdot 2H_2O$ 0.5g/L，蛋白胨 1g/L，酵母膏 1g/L，柠檬酸钠

3g/L，蒸馏水 1L，pH＝8，121℃灭菌 20min。

② 细菌的驯化培养基　在富集培养基中加入一定浓度的 $K_2Cr_2O_7$，121℃灭菌 20min。

③ 固体培养基　在富集培养基中加入 2％的琼脂，121℃灭菌 20min。

④ 葡萄糖蛋白胨培养基　蛋白胨 5g/L，葡萄糖 5g/L，NaCl 5g/L，pH＝7.2～7.4，121℃灭菌 20min。

8.1.1.1　菌株的碳源优选

分别以柠檬酸钠、乙醇、乳酸钠、蔗糖、苯酚为碳源，进行不同碳源的优选试验，验证菌株利用碳源的情况，观察变黑的状况，培养 7d 后测定菌液浊度和 FeS 的浊度，分别在分光光度计 600nm、700nm 处测定吸光度值。

不同碳源对细菌生长的影响如图 8.1 所示。

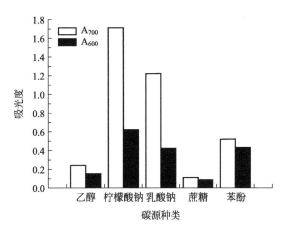

图 8.1　不同碳源对细菌生长的影响

由图 8.1 可看出，菌株对不同碳源的利用率由高到低的顺序为：柠檬酸钠＞乳酸钠＞苯酚＞乙醇＞蔗糖，所以选择细菌利用率最高的柠檬酸钠作为细菌培养的碳源。

8.1.1.2　菌株的富集培养

取 500mL 的锥形瓶，装入 300mL 经 121℃高温下灭菌 20min 的富集培养基，按 5％的接种量接入细菌，在 35℃的厌氧培养箱中进行富集培养。每周加一次富集培养基，当锥形瓶中的溶液变为墨汁色，并产生大量的臭鸡蛋气味的气体时，说明细菌已经适应了以柠檬酸钠为碳源的环境，能够大量繁殖。

细菌的富集培养如图 8.2 所示。

8.1.1.3　菌株的驯化

对富集培养后并大量繁殖的菌株进行耐铬能力驯化，使菌株能够在高浓度的含 Cr(Ⅵ) 废水中生长。最初阶段先加入浓度为 10mg/L 的 Cr(Ⅵ)，使细菌逐渐适应含 Cr(Ⅵ) 的生长环境；一周后加大 Cr(Ⅵ) 的投加量，使 Cr(Ⅵ) 浓度为 30mg/L 进行驯化；以后每周依次加入 50mg/L、80mg/L、120mg/L、150mg/L、200mg/L、250mg/L、300mg/L、350mg/L、400mg/L、450mg/L、500mg/L 的 Cr(Ⅵ)。

图 8.2 细菌的富集培养

在富集培养基中加入 500mg/L 的 Cr(Ⅵ)，调节 pH＝7，取上述驯化得到的菌株，按菌液比为 1∶4 的投加量投入培养基中，密封放于 35℃ 的厌氧培养箱中培养 2d，每隔 4h 取出上清液置于 4000r/min 的离心机中离心分离 10min，测定得到的上清液中 Cr(Ⅵ) 及总铬浓度，结果如图 8.3 所示。

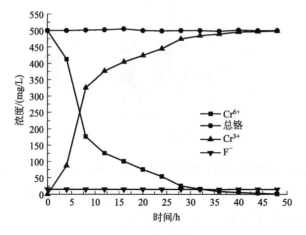

图 8.3 细菌的驯化

由图 8.3 可看出，细菌在含有 500mg/L 的 Cr(Ⅵ) 以及 15mg/L 的 F⁻ 的培养基中，对 Cr(Ⅵ) 的去除作用较强，但溶液中总铬的浓度并没有减少，可看出细菌将 Cr(Ⅵ) 还原为 Cr(Ⅲ)，溶液中 Cr(Ⅲ) 浓度在不断地增大，而溶液中的 F⁻ 没有变化，可见细菌对 F⁻ 没有去除效果。

8.1.1.4 菌株的纯化

采用叠皿夹层培养法对细菌进行纯化分离[7]。配制试验应用的固体培养基若干份，经 121℃ 高温灭菌处理 20min 后取出，自然降温至 50℃ 后，将其倒入灭菌处理的培养皿盖中，倒入体积为培养皿盖体积的 1/3 左右，自然晾干等待固体培养基凝固。同时利用酒精灯灭菌消毒的接种环把细菌接种到一定量的灭菌处理后的富集培养基中，分别将细菌稀释到 10 倍、100 倍、10^3 倍、10^4 倍、10^5 倍、10^6 倍、10^7 倍、10^8 倍，然后用灭菌处理后的移液管分别吸取不同浓度的菌液到凝固的固体培养基中，用灭菌后的涂布棒将吸取的菌液在固体培养基中均匀抹平，稍等片刻，待菌液完全渗入固体培养基后，在培养皿的内皿中倒入足量的固体培养基，使培养皿内皿充满培养基，再稍等片刻，待内皿中的培养基还没有完全凝固时，将培养皿扣在内皿上，稍稍按压排出气泡，将培养皿外部裹上保鲜膜密封置于厌氧培养箱中培养一段时间。几天后的菌落形态如图 8.4 所示。这是由硫酸盐还原菌代谢产生的 H_2S 与培养基中的 Fe^{2+} 反应生成黑色 FeS 沉淀所致。反复进行这样的菌株纯化分离，直至得到形态单一的菌落，之后将形态单一的菌株扣出置于灭菌消毒处理后的培养基中，继续培养即得到纯化的细菌。

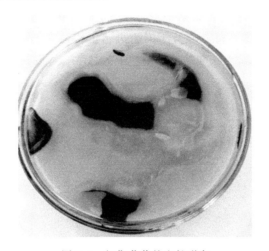

图 8.4　初期菌落的生长形态

8.1.1.5　菌株生长曲线的测定

用无菌操作按 5% 的接种量接入富集培养基，密封置于 35℃ 的厌氧培养箱中培养，培养 7d 观察变黑的状况，每隔 3h 测定菌液浊度和 FeS 的浊度，在分光光度计 600nm 处测定吸光度值。对比不接种的培养基，绘出细菌的生长曲线，如图 8.5 所示。由图 8.5 可看出，该菌株在 0~7h 为延滞期，该时期微生物在适应环境并不繁殖，但细菌体积增长很快。7~24h 为对数生长期，该时期微生物生长繁殖速度较快，细菌密度呈几何形式增加，

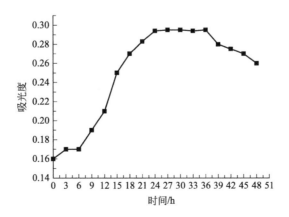

图 8.5　菌株的生长曲线

此时的细菌生长代谢能力最强。24~36h 是稳定期，该时期菌体繁殖速度逐渐下降，失活率上升，细胞数达到最大值，新生的细菌数和死亡的细菌数相同。36h 之后细菌处于衰亡期。

8.1.2 菌株的鉴定

8.1.2.1 革兰氏染色

用草酸铵结晶紫染色液初染 1~2min，水洗完再用革兰氏碘液进行媒染 1~2min，再水洗，利用体积分数为 95% 的乙醇溶液脱色 2~3 次后再水洗，然后利用番红试剂复染 2~3min，水洗并自然干燥，待其充分干燥后进行镜检，在 1600 倍的油镜下镜检，结果如图 8.6 所示。镜检结果发现硫酸盐还原菌被染为红色，所以初步判断该菌呈阴性。

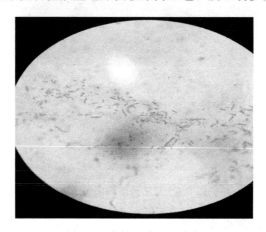

图 8.6 菌株的革兰氏染色

8.1.2.2 芽孢染色

取少量硫酸盐还原菌于载玻片上涂匀，干燥固定后，在涂片上滴加质量浓度为 76g/L 的孔雀绿水溶液，再把片子放于酒精灯火焰上方加热，待载玻片上出现蒸气约 10min，取下载玻片使其自然冷却后水洗，然后用番红染液复染 1min，再水洗，吸干水分后做镜检试验。在 1600 倍的油镜下镜检，结果如图 8.7 所示。细菌被染为黄色，说明细菌无芽孢，其为阴性菌。

8.1.2.3 甲基红试验

利用无菌操作取一定量的菌株置于葡萄糖蛋白胨培养基中，并向培养基中滴加 2~3 滴甲基红试剂，设置空白对照试验，在厌氧培养箱中培养一段时间后，培养基颜色变黄，如图 8.8 所示，说明细菌呈阴性。

8.1.2.4 TEM 分析

纯化、驯化后的硫酸盐还原菌的透射电镜检测结果如图 8.9 所示，分别在透镜的放大倍数为 12000 倍、20000 倍、25000 倍、30000 倍条件下观察，可明显看出该菌株呈杆状，且具有鞭毛。

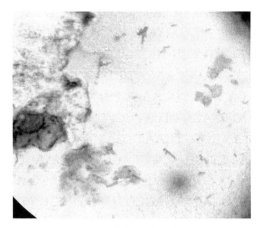

图 8.7　菌株的芽孢染色

图 8.8　菌株的甲基红试验

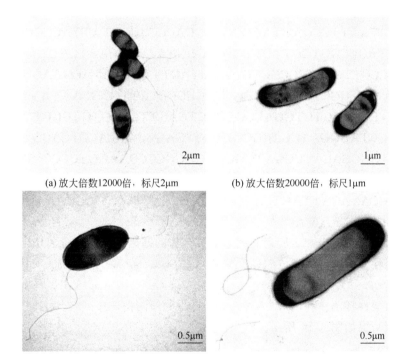

(a) 放大倍数12000倍，标尺2μm

(b) 放大倍数20000倍，标尺1μm

(c) 放大倍数25000倍，标尺0.5μm

(d) 放大倍数30000倍，标尺0.5μm

图 8.9　菌株的透射电镜检测

8.1.2.5　基因测序

分别将菌株在好氧和厌氧条件下培养一段时间，并对两种不同培养条件下得到的细菌进行基因测序，结果得到两种条件下培养的菌株的 DNA 测序结果相同，说明培养的菌株属于兼性厌氧菌。测序结果如下：

GCTACCTACTTCTTTTGCACCCACTCCCATGGTGTGACGGGCGGTGTGTACAAG

GCCCGGGAACGTATTCACCGTGGCATTCTGATCCACGATTACTAGCGATTCCGA

CTTCATGGAGTCGAGTTGCAGACTCCAATCCGGACTACGACATACTTTATGAGG

TCCGCTTGCTCTCGCGAGGTCGCTTCTCTTTGTATATGCCATTGTAGCACGTGTG
TAGCCCTGGTCGTAAGGGCCATGATGACTTGACGTCATCCCCACCTTCCTCCAGT
TTATCACTGGCAGTCTCCTTTGAGTTCCTTCCCGGCCGGACCGCTGGCAACAAAG
GATAAGGGTTGCGCTCGTTGCGGGACTTAACCCAACATTTCACAACACGAGCTG
ACGACAGCCATGCAGCACCTGTCTCACAGTTCCCGAAGGCACCAAGGCATCTCTG
CCAAGTTCTGTGGATGTCAAGACCAGGTAAGGTTCTTCGCGTTGCATCGAATTA
AACCACATGCTCCACCGCTTGTGCGGGCCCCCGTCAATTCATTTGAGTTTTAACC
TTGCGGCCGTACTCCCCAGGCGGTCTATTTAACGCGTTAGCTCCGGAAGCCACGC
CTCAAGGGCACAACCTCCAAATAGACATCGTTTACGGCGTGGACTACCAGGGTA
TCTAATCCTGTTTGCTCCCCACGCTTTCGCACCTGAGCGTCAGTCTTCGTCCAGG
GGGCCGCCTTCGCCACCGGTATTCCTCCAGATCTCTACGCATTTCACCGCTACAC
CTGGAATTCTACCCCCCTCTACGAGACTCAAGCCTGCCAGTTTCGAATGCAGTTC
CCAGGTTGAGCCCGGGGATTTCACATCCGACTTGACAGACCGCCTGCGTGCGCTT
TACGCCCAGTAATTCCGATTAACGCTTGCACCCTCCGTATTACCGCGGCTGCTGG
CACGGAGTTAGCCGGTGCTTCTTCTGCGGGTAACGTCAATGGCTAAGGTTATTA
ACCTTAACCCCTTCCTCCCCGCTGAAAGTACTTTACAATACGAAGGCCTTCTTCA
TACACGCGGCATGGCTGCATCAGGCTTGCGCCCATTGTGCAATATTCCCCACTGC
TGCCTCCCGTAGGAGTCTGGACCGTGTCTCAGTTCCAGTGTGGCTGGTCATCCTC
TCAGACCAGCTAGGGATCGTCGCCTTGGTGAGCCGTTACCTCACCAACAAGCTA
ATCCCATCTGGGCACATCCGATGGCAAGAGGCCCGAAGGTCCCCCTCTTTGGTCT
TGCGACATTATGCGGTATTAGCTACCGTTTCCAGTAGTTATCCCCCTCCATCGG
GCAGTTTCCCAGACATTACTCACCCGTCCGCCACTCGTCAGCAAAGCAGCAAGCT
GCTTCCTGTTTCCTTCGAC

序列同源性分析如表 8.1 所列。通过对该菌株的基因测序以及通过 BLAST 基因库比对、序列同源性分析可看出,该兼性厌氧菌与 *Citrobacter amalonaticus* TB10 的相似性最高,相似度达 99.93%,说明该菌株与 *Citrobacter amalonaticus* TB10 属于同一性质的菌株,均为柠檬酸性杆菌。利用 MEGA 6.0 软件得到所测菌株序列与其他物质的亲缘关系,得到的进化树结果如图 8.10 所示。

表 8.1 序列同源性分析

序号	菌名	菌株	相似性/%
1	柠檬酸杆菌	TB10	99.93
2	柠檬酸杆菌	HAMBI 1296	99.86
3	柠檬酸杆菌	LMG 7873	99.78
4	未培养的柠檬酸杆菌克隆	F2AUG.11	99.71
5	法式柠檬酸杆菌	CIP 104553	99.64
6	法式柠檬酸杆菌	17.7 KSS	99.57
7	未培养的细菌克隆	KSR-CFL3	99.49
8	柠檬酸杆菌	OFF7	99.42
9	柠檬酸杆菌属	CF3-C	99.35
10	柠檬酸杆菌属 富集培养克隆	TB39-15	99.28

图 8.10　菌株的系统进化树

8.2　菌株处理高浓度含铬废水条件优化及机理分析

本节将探究反应时间、pH 值、温度、初始 Cr(Ⅵ) 浓度、不同菌废比及重金属等因素对菌株处理高浓度含铬废水的影响。并通过菌株 CR-1 的回归旋转试验得到最佳的反应条件。同时，探究降铬菌株 CR-1 的降铬机理，并对其降铬的反应动力学进行研究。

通过平行对比试验，将处于对数生长期的 20mL 菌液接种到 100mL 含 Cr(Ⅵ) 浓度 500mg/L 的富集培养基 2 中，恒温厌氧培养 24h，每隔 3h 取处理后的溶液 4000r/min 离心 10min，取上清液测 Cr(Ⅵ) 浓度。试验采用控制单一变量法，考察不同 pH 值、不同培养温度、不同的初始 Cr(Ⅵ) 浓度、不同菌废比、不同培养时间对高效降铬菌株降铬特性的影响。

8.2.1　菌株处理含 Cr(Ⅵ)废水的单因素试验

8.2.1.1　pH 值对 Cr(Ⅵ) 去除率的影响

控制菌废比 1∶5、初始温度 35℃，调节不同 pH 值进行试验，取上清液测 Cr(Ⅵ) 浓度，结果如图 8.11 所示。

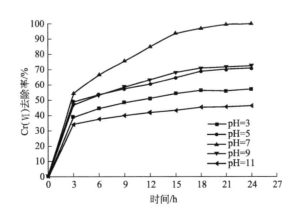

图 8.11　pH 值对 Cr(Ⅵ) 去除率的影响

由图 8.11 可以看出，降铬菌株 CR-1 在 pH 值从 3 逐渐增大到 11 时，对 Cr(Ⅵ) 去除率呈现先增大后减小的趋势。pH 值在 7 附近时 Cr（Ⅵ）的去除效果较好，pH 值低于 5 和高于 9 时 Cr（Ⅵ）的去除效果不理想，说明菌株 CR-1 的生长代谢最适 pH 值在 7 附近，此时细菌的活性较高，产生的代谢产物较多，提高了 Cr（Ⅵ）的去除率。所以要保证细菌具有较高的活性，就必须创造细菌最适的 pH 值环境，这样才能使细菌生长代谢活性达到较高的水平。

8.2.1.2 温度对 Cr（Ⅵ）去除率的影响

控制菌废比 1∶5、pH=7，调节不同温度进行试验，取上清液测 Cr（Ⅵ）浓度，结果如图 8.12 所示。

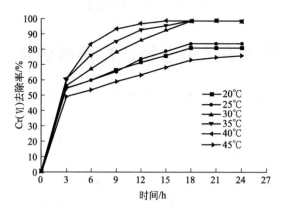

图 8.12 温度对 Cr（Ⅵ）去除率的影响

由图 8.12 可以看出，随着培养温度由 20℃提高到 40℃，菌株 CR-1 对 Cr（Ⅵ）的去除率逐渐增大，但温度达到 45℃时，Cr（Ⅵ）的去除率急剧降低，且低于 20℃时 Cr（Ⅵ）的去除率。当温度过低时，菌株 CR-1 的代谢较微弱，细胞中的各种酶活性降低，产生的代谢产物较少，对 Cr（Ⅵ）的去除率较低。当温度过高时，细菌细胞的蛋白质和核酸会发生变性，使其失活，从而影响了细菌对 Cr（Ⅵ）的去除效果。赵宇华等[8]研究表明，废水处理中纯培养的 SRB 菌的临界生长温度值为 45℃，超过该温度，菌株基本不再生长。李想等[9]研究的 *De sulfovibrio desulfuricans* G20 菌株临界生长温度为 47℃，超过该温度菌株基本不再生长。由图 8.12 还可以看出，随着培养时间的增加，温度范围为 30～40℃时，菌株 CR-1 对 Cr（Ⅵ）的去除率逐渐增大到趋于相同且去除效果最佳，由此说明降铬菌株 CR-1 属于中温菌，其最适温度范围是 30～40℃。

8.2.1.3 初始 Cr（Ⅵ）浓度对 Cr（Ⅵ）去除率的影响

控制菌废比 1∶5、pH=7、温度 35℃，调节不同 Cr（Ⅵ）初始浓度进行试验，取上清液测 Cr（Ⅵ）浓度，结果如图 8.13 所示。

从图 8.13 可以看出，随着初始 Cr（Ⅵ）浓度的增大，菌株 CR-1 对 Cr（Ⅵ）的去除率也逐渐降低。在初始 Cr（Ⅵ）浓度小于 500mg/L 时，几乎完全去除。当初始 Cr（Ⅵ）浓度大于 500mg/L 以后，菌株 CR-1 对 Cr（Ⅵ）的去除率快速下降，说明 Cr（Ⅵ）的增多对细菌的活性产生了影响，Cr（Ⅵ）的毒性使细菌细胞失活。所以在高浓度含 Cr（Ⅵ）废水中逐级驯化细菌，才能保持细菌在含高浓度 Cr（Ⅵ）的废水中保持较高活性。

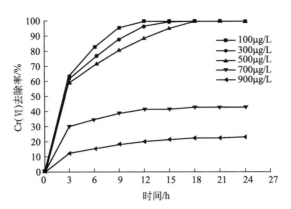

图 8.13 初始浓度对 Cr(Ⅵ) 去除率的影响

8.2.1.4 菌废比对 Cr(Ⅵ) 去除率的影响

控制 Cr(Ⅵ) 浓度 500mg/L、pH=7、温度 35℃，调节不同菌废比（1:10、1:6.67、1:5、1:4、1:3.33，即菌液投加量分别为 10mL、15mL、20mL、25mL 和 30mL）进行试验，取上清液测 Cr(Ⅵ) 浓度，结果如图 8.14 所示。

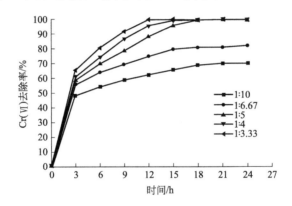

图 8.14 菌废比对 Cr(Ⅵ) 去除率的影响

图 8.14 结果表明，在 Cr(Ⅵ) 质量浓度不变的情况下，在 18h 之前，随着菌废比的增加，Cr(Ⅵ) 的去除率增大。说明菌废比的增大使溶液中细菌的密度变大，从而能够还原更多的 Cr(Ⅵ)。当反应时间为 18~24h 时，菌株处于稳定增长期，菌株对六价铬的去除率趋于稳定。菌废比为 1:5、1:4、1:3.33 时对 Cr(Ⅵ) 的去除率相同，但都比菌废比 1:10 和 1:1.67 高。在有效性相同条件下，由于菌废比越大，投加的菌体就越多，成本就越高，因此确定菌废比为 1:5。

8.2.1.5 其他重金属对菌株处理 Cr(Ⅵ) 的影响

控制 Cr(Ⅵ) 浓度 500mg/L、菌废比 1:5、pH=7、温度 35℃，培养基中加入 $PbSO_4$、$ZnSO_4$、$CdSO_4$，使溶液中 Pb^{2+}、Cd^{2+}、Zn^{2+} 的浓度按照 0mg/L、10mg/L、20mg/L、30mg/L、40mg/L、50mg/L 的梯度递增进行试验，取上清液测 Cr(Ⅵ) 浓度，结果如图 8.15 所示。

从图 8.15 中可以看出，Pb^{2+}、Zn^{2+}、Cd^{2+} 单独投加对菌株 CR-1 去除 Cr(Ⅵ) 的效

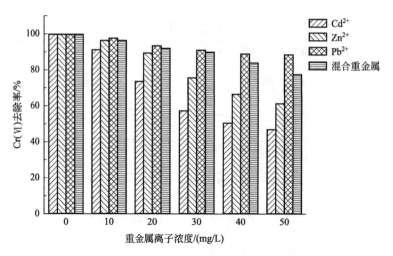

图 8.15　重金属对细菌处理 Cr(Ⅵ) 的影响

果都具有一定的抑制作用。且其抑制作用随着重金属离子浓度的升高而增大。而且,以上 3 种重金属对菌株 CR-1 降铬的抑制作用由强到弱依次为:$Cd^{2+} > Zn^{2+} > Pb^{2+}$。重金属 Zn^{2+} 为生物所必需的微量元素,其能够参与并且促进生物生化反应过程,但是如果超过了一定的范围,Zn^{2+} 的毒性就会对细菌细胞产生危害,使之失活,从而导致 Cr(Ⅵ) 去除率的降低。而 Cd^{2+} 对于细菌来说是一种不能被细菌所利用的毒性非常强的重金属,在 Cd^{2+} 浓度 $>20mg/L$ 时,就显示出细菌对 Cr(Ⅵ) 还原效果强烈的抑制作用,而且抑制作用逐渐趋于平缓,这种情况可能是由于 Cd^{2+} 浓度过大,Cd^{2+} 的毒性使溶液中的降铬菌株 CR-1 细胞中的各种酶失活引起的。Pb^{2+} 对菌株 CR-1 降铬效果影响较小,这可能是 Pb^{2+} 对菌株 CR-1 的还原酶没有影响,所以对 Cr(Ⅵ) 的去除率影响较小。宋霄敏等[10]的研究表明在 $Pb(NO_3)_2$ 初始浓度低于 950mg/L 时,APS 还原酶和亚硫酸盐还原酶均受到轻微抑制,这两种酶分别对溶液中的硫酸盐及亚硫酸盐的还原具有重要作用。当 $Pb(NO_3)_2$ 初始浓度达到 1100mg/L 时,两种酶的活性明显下降。

这 3 种重金属离子在水中容易与 S^{2-} 形成硫化物沉淀,而 Cr_2S_3 却极易水解,在该反应的 pH 值条件下,Cr^{3+} 以 $Cr(OH)^{2+}$ 形式存在。因此,Kiran 等[11]认为在较低的初始金属浓度下,由 SRB 产生的硫化物导致不溶金属沉淀,避免了金属对 SRB 的毒性作用,而在较高浓度下,这些金属由于其生物利用度的提高而倾向于对微生物有毒,从而导致酶的变性和失活、细胞器的破裂等。

由图 8.15 也可以看出,当 Pb^{2+}、Zn^{2+}、Cd^{2+} 混合投加(3 种金属离子占比相同,总的混合浓度为 10mg/L、20mg/L、30mg/L、40mg/L、50mg/L)时,金属阳离子共存与单一离子对 SRB 菌株还原效果影响不大,并未表现出明显的协同抑制作用。而 Hao 等[12]培养的 SRB 菌株对包含 Cd、Zn、Pb 在内的 6 种重金属混合表现出协同抑制作用,相比而言,笔者团队培养的菌株无疑对多种离子共存的实际工业废水处理是有利的。

8.2.2　菌株处理含 Cr(Ⅵ)废水的回归旋转实验

8.2.2.1　回归旋转实验设计

回归旋转设计能对各因素进行系统性研究,其具有实验规模小、计算简便、消除了回归系数之间的相关性等特点，并且回归旋转实验能避免回归正交试验中的试验点在因子空间的位置不同所产生的较大误差，因此本研究采用二次回归旋转设计来进行实验。

① 实验因素及其上下水平的确定　由于温度、pH 值是影响微生物生长的主要因素，菌废比是细菌降铬的主要影响因素，所以本实验挑选温度、pH 值和菌废比为研究因素。

② 因素水平编码　本实验所选因素有 3 个，即 $m=3$，采用二次回归旋转组合设计，得 $\gamma=1.682$，$\gamma^2=2.828$，对因素的编码如表 8.2 所列。

③ 根据表 8.2 中的各因素水平编码，进行细菌 CR-1 降铬的回归旋转实验，结果填入表 8.3 中。

表 8.2　降铬菌株优化实验的因素水平编码表

编码	因素		
	Z_1 温度/℃	Z_2 pH 值	Z_3 菌废比
+1.682	43	10	1∶7
+1	40	9.0	1∶6
0	35	7.0	1∶5
−1	30	5.0	1∶4
−1.682	27	4	1∶3
Δj	5	2	1∶1

表 8.3　二次回归正交旋转组合实验及结果

序号	X_1	X_2	X_3	X_1X_2	X_1X_3	X_2X_3	X'_1	X'_2	X'_3	y_a/%
1	1	1	1	1	1	1	0.406	0.406	0.406	71.3
2	1	1	−1	1	−1	−1	0.406	0.406	0.406	76.4
3	1	−1	1	−1	1	−1	0.406	0.406	0.406	69.5
4	1	−1	−1	−1	−1	1	0.406	0.406	0.406	78.1
5	−1	1	1	−1	−1	1	0.406	0.406	0.406	75.4
6	−1	1	−1	−1	1	−1	0.406	0.406	0.406	83.5
7	−1	−1	1	1	−1	−1	0.406	0.406	0.406	67.4
8	−1	−1	−1	1	1	1	0.406	0.406	0.406	68.7
9	1.682	0	0	0	0	0	2.23	−0.594	−0.594	80.2
10	−1.682	0	0	0	0	0	2.23	−0.594	−0.594	85.3
11	0	1.682	0	0	0	0	−0.594	2.23	−0.594	53.3
12	0	−1.682	0	0	0	0	−0.594	2.23	−0.594	49.5
13	0	0	1.682	0	0	0	−0.594	−0.594	2.23	72.6
14	0	0	−1.682	0	0	0	−0.594	−0.594	2.23	99.8
15	0	0	0	0	0	0	−0.594	−0.594	−0.594	99.7
16	0	0	0	0	0	0	−0.594	−0.594	−0.594	98.6
17	0	0	0	0	0	0	−0.594	−0.594	−0.594	99.2

序号	X_1	X_2	X_3	X_1X_2	X_1X_3	X_2X_3	X'_1	X'_2	X'_3	$y_a/\%$
18	0	0	0	0	0	0	−0.594	−0.594	−0.594	99.8
19	0	0	0	0	0	0	−0.594	−0.594	−0.594	99.1
20	0	0	0	0	0	0	−0.594	−0.594	−0.594	98.5
21	0	0	0	0	0	0	−0.594	−0.594	−0.594	97.7
22	0	0	0	0	0	0	−0.594	−0.594	−0.594	99.5
23	0	0	0	0	0	0	−0.594	−0.594	−0.594	99.3

④ 通过表 8.3 中数据初步得到回归方程：

$$a_j = \sum x_{aj}^2 \tag{8.1}$$

$$B_j = \sum x_{aj} y_a \tag{8.2}$$

$$b_j = B_j / a_j \tag{8.3}$$

$$Q_j = B_j^2 / a_j \tag{8.4}$$

$$SS_y = \sum y_a^2 - (\sum y_a)^2 / N \tag{8.5}$$

$$SS_R = \sum Q_j + \sum \sum_{i<j} Q_{ij} + \sum Q_{ij} \tag{8.6}$$

$$SS_r = SS_y - SS_R \tag{8.7}$$

$$\mathrm{d}f_y = N - 1 \tag{8.8}$$

$$\mathrm{d}f_R = C_{m+2}^2 - 1 \tag{8.9}$$

$$\mathrm{d}f_r = \mathrm{d}f_y - \mathrm{d}f_R \tag{8.10}$$

$$F = \frac{MS_j}{MS_r} \tag{8.11}$$

$$\hat{y} = b_0 + b_1 x_1 + b_2 x_2 + b_3 x_3 + b_{12} x_1 x_2 + b_{13} x_1 x_3 + b_{23} x_2 x_3$$
$$+ b_{11} x'_1 + b_{12} x'_2 + b_{13} x'_3 \tag{8.12}$$

根据上式得到各项数值如下。

Ⅰ. $a_0 = 23$；$a_1 = 13.7$；$a_2 = 13.7$；$a_3 = 13.7$；$a_{12} = 8$；$a_{13} = 8$；$a_{23} = 8$；$a_7 = 15.9$；$a_8 = 15.9$；$a_9 = 15.9$。

Ⅱ. $B_0 = 1922.4$；$B_1 = -8.28$；$B_2 = 29.3$；$B_3 = -68.9$；$B_{12} = -22.7$；$B_{13} = -4.3$；$B_{23} = -3.3$；$B_{11} = -84.2$；$B_{22} = -261.3$；$B_{33} = -64.7$。

Ⅲ. $b_0 = 83.6$；$b_1 = -0.609$；$b_2 = 2.15$；$b_3 = -5.07$；$b_{12} = -2.84$；$b_{13} = -0.538$；$b_{23} = -0.413$；$b_{11} = -5.30$；$b_{22} = -16.4$；$b_{33} = -4.07$。

Ⅳ. $Q_1 = 5.04$；$Q_2 = 63.0$；$Q_3 = 349.3$；$Q_{12} = 64.5$；$Q_{13} = 2.31$；$Q_{23} = 1.36$；$Q_{11} = 446.3$；$Q_{22} = 4285.3$；$Q_{33} = 263.3$。

Ⅴ. $SS_y = 5613.053$；$SS_R = 5480.41$；$SS_r = 132.643$；$\mathrm{d}f_y = 22$；$\mathrm{d}f_R = 9$；$\mathrm{d}f_r = 13$。

由以上计算的数值初步得到回归方程：

$$\hat{y} = 83.6 - 0.609 x_1 + 2.15 x_2 - 5.07 x_3 - 2.84 x_1 x_2 - 0.538 x_1 x_3 - 0.413 x_2 x_3$$
$$- 5.3 x'_1 - 16.4 x'_2 - 4.07 x'_3 \tag{8.13}$$

8.2.2.2 回归关系的显著性检验

对得到的初步回归方程进行显著性检验，结果如表 8.4 所列。由表 8.4 可知，总的回归关系达到显著，证明实验有效，但是 X_1、X_1X_3、X_2X_3 的 F 值小于 1，说明 X_1、X_1X_3、X_2X_3 不显著，其余因素则都达到极显著水平。

表 8.4 细菌降铬回归关系的显著性检验

变异原因	SS	df	MS	F 值	F_a
X_1	5.04	1	5.04	<1	
X_2	63.0	1	63.0	6.174	$F_{0.05(1,13)}=4.67$
X_3	349.3	1	349.3	34.235	$F_{0.01(1,13)}=9.07$
X_1X_2	64.5	1	64.5	6.322	$F_{0.05(1,13)}=4.67$
X_1X_3	2.31	1	2.31	<1	
X_2X_3	1.36	1	1.36	<1	
X'_1	446.3	1	446.3	43.742	$F_{0.01(1,13)}=9.07$
X'_2	4285.3	1	4285.3	420.004	$F_{0.01(1,13)}=9.07$
X'_3	263.3	1	263.3	25.806	$F_{0.01(1,13)}=9.07$
回归	5480.41	9	608.934	59.682	$F_{0.01(9,13)}=4.19$
剩余	132.643	13	10.203		
误差	3.602	8	0.450		$F_{0.01(5,8)}=6.63$
总变异	5613.053	22			

计算细菌降铬回归实验的中心点的纯误差平方和及自由度：

$$SS_e = \sum y_{0i} - (\sum y_{0i})^2/m_0 = (99.7^2 + 98.6^2 + \cdots + 99.3^2)$$
$$- (99.1 + 98.6 + \cdots + 99.3)^2/9 = 3.602 \tag{8.14}$$
$$df_e = m_0 - 1 = 8 \tag{8.15}$$

计算细菌降铬回归实验的失拟平方和及其自由度：

$$SS_{Lf} = SS_r - SS_e = 132.643 - 3.6022 = 129.041 \tag{8.16}$$
$$df_{Lf} = df_r - df_e = N - C_{m+2}^2 - m_0 + 1 = 5 \tag{8.17}$$

故 $\quad F_{Lf} = \dfrac{MS_{Lf}}{MS_e} = \dfrac{SS_{Lf}/df_{Lf}}{SS_e/df_e} = 57.316 \tag{8.18}$

查 F 分布表可知，$F_{0.01(5,8)}=6.63$，$F_{Lf} > F_{0.01(5,8)}$，所以 F_{Lf} 极显著。所建立的三元二次正交旋转组合设计回归方程虽然有意义，但是拟合度并不是很好，所以应删除不显著因素进行第二次显著性检验。这其中既有不显著因素的干扰，也可能还有其他因素影响，有必要进行更深入的研究[13]。

8.2.2.3 回归旋转方程第二次方差分析

因为 X_1、X_1X_3、X_2X_3 的 F 值小于 1，即 X_1、X_1X_3、X_2X_3 没有达到显著水平，则应将 X_1、X_1X_3、X_2X_3 从回归方程中删除，进行第二次方差分析，结果如表 8.5 所列。

表 8.5　降铬菌株回归旋转方程的第二次方差分析

变异原因	SS	df	MS	F 值	F_a
X_2	63.0	1	63.0	7.131	$F_{0.05(1,16)}=4.49$
X_3	349.3	1	349.3	39.536	$F_{0.01(1,16)}=8.53$
X_1X_2	64.5	1	64.5	7.301	$F_{0.05(1,16)}=4.49$
X'_1	446.3	1	446.3	50.515	$F_{0.01(1,16)}=8.53$
X'_2	4285.3	1	4285.3	485.037	$F_{0.01(1,16)}=8.53$
X'_3	263.3	1	263.3	29.802	$F_{0.01(1,16)}=8.53$
回归	5471.7	6	911.95	103.220	$F_{0.01(6,16)}=4.20$
剩余	141.353	16	8.835		
误差	3.602	8	0.450		
总变异	5613.053	22			

二次方差分析表明，各项均达到极显著水平，拟合度检验也表明，在剔除不显著的项后方程拟合度有所改善。所以最后确定的回归方程为：

$$\hat{y}=83.6+2.15x_2-5.07x_3-2.84x_1x_2-5.3x'_1-16.4x'_2-4.07x'_3 \qquad (8.19)$$

将 $x'_j=x_j^2-\dfrac{13.658}{23}$ 代入上述方程，得到式（8.20）：

$$\hat{y}=98.903+2.15x_2-5.07x_3-2.84x_1x_2-5.3x_1^2-16.4x_2^2-4.07x_3^2 \qquad (8.20)$$

用实际变量 $x_1=\dfrac{Z_1-35}{5}$，$x_2=\dfrac{Z_2-7}{2}$，$x_3=\dfrac{Z_3-5}{1}$ 代入式中，最终得到菌株 CR-1 降铬率与温度、pH 值和菌废比三因素之间关系的方程：

$$y=-515.202+16.828Z_1+68.415Z_2+35.63Z_3-0.284Z_1Z_2$$
$$-0.212Z_1^2-4.10Z_2^2-4.07Z_3^2 \qquad (8.21)$$

通过 1stopt 软件的 Levenberg-Marquardt 及通用全局优化法计算 [式(8.21)]，得到当 $Z_1=35$，$Z_2=7.1$，$Z_3=4$ 时，$y=99.9$。说明当温度为 35℃，pH 值为 7.1，菌废比为 1∶4 时，Cr(Ⅵ) 去除率最佳理论值可达到 99.9%。

8.2.3　菌株降铬机理分析

现今，大多研究认为微生物除 Cr(Ⅵ) 的机理有三种：第一种是微生物的代谢产物可以还原 Cr(Ⅵ)，例如 SRB 能还原 SO_4^{2-} 生成 H_2S 和 S^{2-}，H_2S 和 S^{2-} 能够将 Cr(Ⅵ) 还原成低价态达到去除的目的；第二种是微生物可以依靠菌体内本身的还原酶或者一些具有还原性的物质来还原 Cr(Ⅵ)；第三种是微生物细胞表面的高聚合物可以直接对 Cr(Ⅵ) 进行吸附，以达到去除 Cr(Ⅵ) 的目的。

用无菌操作取适量在对数生长期的菌株 CR-1 的菌液，4000r/min 转速下离心 20min。按如下步骤进行。

① H_2S 途径的样品预处理　取上清液，上清液中含有菌株 CR-1 在生长过程中产生的 H_2S，此溶液中不含细菌，只含有 H_2S。

② 吸附途径的细菌胞外聚合物制备　弃上清液，加入 0.9％的 NaCl 溶液至原体积，使细菌重新悬浮于溶液中，重复 3 次。然后加入氢氧化钠溶液将 pH 值调节到 11，在 100r/min 转速下慢速搅拌 10min 后，4000r/min 转速下离心 20min，用滤膜过滤得到胞外聚合物。

③ 细菌还原酶途径的细胞预处理　离心 30min，用相同体积的 2.5g/L NaHCO$_3$ 缓冲溶液冲洗，此时降铬菌株 CR-1 细胞会悬于该缓冲溶液中。

④ 各途径对 Cr(Ⅵ) 的还原实验　分别取 20mL 以上预处理后的溶液加入 100mL Cr(Ⅵ) 浓度为 500mg/L 的溶液中，在 35℃下恒温厌氧培养 24h，每隔 3h 取处理后的溶液以转速 4000r/min 离心 10min，测溶液中剩余的 Cr(Ⅵ) 浓度，结果如图 8.16 所示。

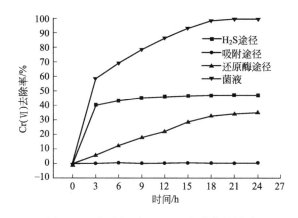

图 8.16　各途径对 Cr(Ⅵ) 去除率的影响

图 8.16 结果显示，微生物的胞外聚合物吸附途径对于处理 Cr(Ⅵ) 的效果很不理想，Cr(Ⅵ) 的浓度几乎没有变化，这是因为 Cr(Ⅵ) 是以 CrO$_4^{2-}$ 阴离子基团存在的。潘响亮[14]研究的 SRB 胞外聚合物能够对 Cu^{2+} 和 Zn^{2+} 进行吸附。对比本实验和潘响亮等的研究结果，可以得出 SRB 细菌的胞外聚合物不能吸附阴离子基团中的重金属，但对重金属阳离子的吸附效果很好。在细菌还原酶途径中，由于溶液中不含有 SO$_4^{2-}$，所以此途径只是细菌细胞内的还原酶还原 Cr(Ⅵ)，虽然能够还原少量的 Cr(Ⅵ)，但是在还原 Cr(Ⅵ) 中并不占主导地位。硫化氢途径对六价铬的还原比其他途径要好很多，因为经过一段时间的培养，溶液中大量的硫化氢会还原大量的六价铬。经过离心的只含有 H$_2$S 的溶液在加入含 Cr(Ⅵ) 的废液后，溶液中的 H$_2$S 马上就会还原大部分的 Cr(Ⅵ)，且反应时间就只有几分钟，说明 H$_2$S 还原 Cr(Ⅵ) 是化学反应，所以之后 H$_2$S 对 Cr(Ⅵ) 的还原率几乎不变。

可以分析得到，菌株还原 Cr(Ⅵ) 的机理是：菌株 CR-1 对大部分 Cr(Ⅵ) 的去除是依靠培养的菌液中所积累的 H$_2$S，而剩余部分的去除则是依靠细菌的还原酶以及细菌在废液中生长还原 SO$_4^{2-}$ 而生成的少量 H$_2$S，而胞外聚合物对 Cr(Ⅵ) 的吸附几乎没有效果。

8.2.4　菌株降铬的还原动力学研究

8.2.4.1　动力学模型的选择

由降铬菌株 CR-1 的降铬机理可知，在菌液中积累的 H$_2$S 和 S^{2-} 处理多数的 Cr(Ⅵ)

后，细菌去除 Cr(Ⅵ) 的原理是由细菌内的还原酶将六价铬还原。而细菌的胞外聚合物不能吸附 Cr(Ⅵ)，不存在吸附动力学，所以应进行细菌还原动力学的研究。

Shen 和 Wang[15] 利用 Monod 方程对纯化分离后的脱硫弧菌、芽孢杆菌等去除 Cr(Ⅵ) 的还原动力学过程进行模拟。研究显示，该还原动力学方程能够用于模拟多种细菌还原酶还原 Cr(Ⅵ) 的过程。因此，本实验将此动力学方程应用于模拟菌株 CR-1 的反应动力学过程，其方程式如下：

$$-\frac{\mathrm{d}C}{\mathrm{d}t}=\frac{k_\mathrm{m}C}{K_\mathrm{c}+C}X \tag{8.22}$$

式中　k_m——Cr(Ⅵ) 还原速率常数，mg/(h·个)；

C——t 时刻的 Cr(Ⅵ) 浓度，mg/L；

K_c——半速率常数，mg Cr(Ⅵ)/L；

X——t 时刻的细菌密度，个/L。

在细菌处理 Cr(Ⅵ) 的过程中也会分裂繁殖子代细菌，但是子代细菌的除铬量远小于最初接种菌的除铬量。由于 Cr(Ⅵ) 对细菌生长繁殖具有一定的毒性，所以在还原一定量的 Cr(Ⅵ) 后，就会有一些细菌衰亡，从而导致细胞内部能够还原 Cr(Ⅵ) 的还原酶失活。因此，需要考虑溶液中活细胞的密度，可通过下式来计算：

$$X=X_0-\frac{C_0-C}{R_\mathrm{c}} \tag{8.23}$$

式中　C_0——初始 Cr(Ⅵ) 浓度，mg/L；

X_0——初始菌密度，个/L；

R_c——单个细胞的最大 Cr(Ⅵ) 还原量，mg/L；

C——t 时刻溶液中的剩余 Cr(Ⅵ) 浓度，mg/L。

将式(8.23)代入式(8.22)得到：

$$-\frac{\mathrm{d}C}{\mathrm{d}t}=\frac{k_\mathrm{m}C}{K_\mathrm{c}+C}\left(X_0-\frac{C_0-C}{R_\mathrm{c}}\right) \tag{8.24}$$

将等式两端同时积分得到：

$$t=\frac{K_\mathrm{c}}{k_\mathrm{m}\left(\frac{C_0}{R_\mathrm{c}}-X_0\right)}\ln\left[\frac{CX_0}{C_0\left(X_0-\frac{C_0-C}{R_\mathrm{c}}\right)}\right]+\frac{R_\mathrm{c}}{k_\mathrm{m}}\ln\left(\frac{X_0}{X_0-\frac{C_0-C}{R_\mathrm{c}}}\right) \tag{8.25}$$

由此模型可知，溶液中的初始菌密度是 Cr(Ⅵ) 最终还原量的重要影响因素。为减少细胞分裂的子代细菌对动力学方程结果的影响，初始菌密度要尽可能大，以确保拟合结果的准确性。半速率常数 (K_c) 的值代表了细菌还原酶对 Cr(Ⅵ) 的还原能力，细菌还原酶对 Cr(Ⅵ) 的还原能力越强，那么 K_c 值越小，否则 K_c 值越大。而 k_m 值则从侧面反映了还原酶的还原速率，k_m 越大说明还原酶还原 Cr(Ⅵ) 的速率越快[16]。对式(8.25)进行非线性最优化拟合，可以快速得出 K_c、k_m 以及 R_c 的动力学参数值。

8.2.4.2　动力学参数拟合

通过细菌计数，因原菌悬液中的细菌密度为 3×10^{11} 个/L，按 1:5 的菌废比接种后，得出溶液中的初始菌密度为 $X_0=6\times10^{10}$ 个/L，已知初始 Cr(Ⅵ) 浓度 $C_0=500\mathrm{mg/L}$。还原动力学方程拟合曲线如图 8.17 所示。

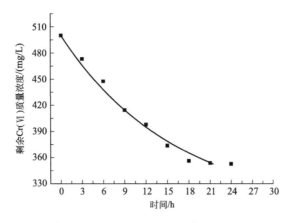

图 8.17　还原动力学拟合曲线

拟合结果 $R^2 = 0.996$，说明拟合结果较合理。根据拟合曲线得出的参数值最终得到公式：

$$t = 0.536\ln\left(\frac{C}{2.476C - 737.759}\right) + 15.964\ln\left(\frac{1}{0.005C - 1.476}\right) \tag{8.26}$$

利用还原动力学方程估算降铬菌株 CR-1 对 Cr(Ⅵ) 的最大还原量为 $R_c X_0 = 201.98\text{mg/L}$，实际在 24h 内的对 Cr(Ⅵ) 还原量为 187.4mg/L，方程估算的最大还原量与实际还原量仅相差 14.58mg/L。通过得到的参数值可知菌株 CR-1 降铬能力较好。

8.3　降铬菌株固定化包埋技术及生长条件优化

8.3.1　无机-有机杂化材料的制备

有机-无机杂化材料的制备原理如下：$ZrOCl_2 \cdot 8H_2O$ 溶解于乙醇中会形成水合锆离子，主要形式为 $[Zr(OH)_4 \cdot 4H_2O]_4^{8+}$ 四聚体，每一个锆原子有 4 个架桥羟基和 4 个水分子配位[17]，$ZrOCl_2$ 在乙醇溶液中进行水解和缩聚反应，形成纳米氧化锆溶胶。反应机理为：

$$Zr-Cl + H_2O \longrightarrow Zr-OH + HCl$$
$$Zr-OH + HO-Zr \longrightarrow Zr-O-Zr + H_2O$$

纳米氧化锆粒子表面含有大量的亲水性羟基，能稳定分散在水中，形成中间包裹无机材料的"胶束"[18]。当向纳米氧化锆分散液中加入水溶性有机单体丙烯酰胺及水溶性引发剂后，有机单体丙烯酰胺便会钻进包覆无机粒子的"胶束"内，附着在纳米粒子的水性表面。引发剂经加热分解产生自由基，若自由基进到"胶束"内，将引发聚合反应，有机单体在纳米粒子表面聚合，形成有机包覆层（通过共价键连接）[19]。

$$\underset{HO}{\overset{HO}{}}\overset{OH\ \ OH}{\underset{OH}{\bigcirc}}\!\!\!\overset{}{\underset{}{ZrO_2}}\ OH + H_2NOC-HC=H_2C \xrightarrow{K_2S_2O_8/NaHSO_3} \bigcirc ZrO_2$$

有机-无机杂化材料的制备方法为：室温下，称取 2g 氧氯化锆溶于 200mL 质量分数为 95％的乙醇溶液中，$ZrOCl_2$ 在乙醇溶液中进行水解和缩聚反应。在得到无色透明的纳米二氧化锆明胶后，向 200mL 溶胶中加入 0.6g 丙烯酰胺单体、0.05g 亚硫酸氢钠和过硫酸钾（作为引发剂），将混合溶液充分搅拌均匀，在 25℃下，进行聚合反应 30min，即得到纳米 ZrO_2-聚丙烯酰胺无机-有机杂化材料[20]。图 8.18 所示即为配制的 ZrO_2-聚丙烯酰胺杂化材料。

图 8.18　有机-无机杂化材料实物

8.3.2　有机-无机杂化材料处理污染地下水试验

8.3.2.1　杂化材料投加量对污染地下水修复的影响

取 100mL 含 Cr(Ⅵ) 10mg/L、Cr(Ⅲ) 10mg/L、SO_4^{2-} 500mg/L 的水样，调节初始 pH＝7，加入不同体积的纳米 ZrO_2-聚丙烯酰胺杂化材料，在反应温度为 25℃的条件下振荡 30min，测定滤后上清液浓度，结果如图 8.19 所示。

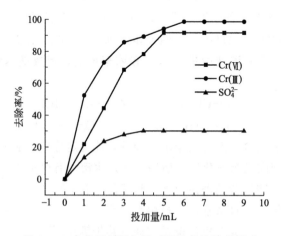

图 8.19　杂化材料投加量对污染物去除的影响

由图 8.19 可知，随着杂化材料投加量的增加，溶液中各离子的去除率均呈现先增大后趋于稳定的变化趋势。Cr(Ⅵ) 在杂化材料投加量为 5mL 时去除率达到最大，为

87.2%；Cr(Ⅲ) 在杂化材料投加量为 6mL 时去除率达到最大，为 95.4%；SO_4^{2-} 去除率相对而言最低，最大去除率仅为 30.2%。说明杂化材料对 Cr(Ⅵ) 和 Cr(Ⅲ) 有较好的选择吸附性，而对 SO_4^{2-} 的吸附性较差。综合考虑各离子的去除率以及经济成本问题，确定反应的最佳投加量为 7mL。

8.3.2.2　反应时间对污染地下水修复的影响

取 100mL 含 Cr(Ⅵ) 10mg/L、Cr(Ⅲ) 10mg/L、SO_4^{2-} 500mg/L 的水样，调节初始 pH＝7，加入 7mL 纳米 ZrO_2-聚丙烯酰胺杂化材料，在反应温度为 25℃的条件下振荡不同时间，测定滤后上清液浓度，结果如图 8.20 所示。

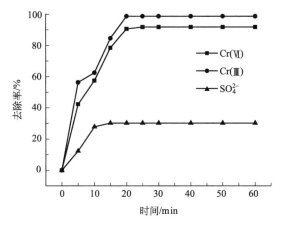

图 8.20　反应时间对污染物去除的影响

由图 8.20 可看出，杂化材料对三种污染物的吸附速率均呈现先快后慢的变化，这是因为初始阶段溶液中污染物浓度高，会使得吸附传质速率大，随着吸附的进行，污染物浓度逐渐降低，吸附传质速率也跟着下降。整个反应过程在 20min 时可基本达到稳定，且可看出，该杂化材料的吸附过程类似于纳米金属氧化物的吸附过程，吸附时间相对较长，所以该杂化材料对污染物的吸附作用主要是纳米 ZrO_2 的吸附作用，只有足够的时间才能完成污染物向吸附剂传质的过程。所以，最终确定反应时间为 20min。

8.3.2.3　pH 值对污染地下水修复的影响

取 100mL 含 Cr(Ⅵ) 10mg/L、Cr(Ⅲ) 10mg/L、SO_4^{2-} 500mg/L 的水样，加入 7mL 纳米 ZrO_2-聚丙烯酰胺杂化材料，调节不同 pH 值，在反应温度为 25℃的条件下振荡 20min，测定滤后上清液浓度，结果如图 8.21 所示。

由图 8.21 可看出，随着 pH 值增加，Cr(Ⅲ) 的去除率先增大后趋于稳定，Cr(Ⅵ) 和 SO_4^{2-} 去除率先增大后减小再趋于稳定。总体来看，三种离子在 pH＝5 时去除率最大，Cr(Ⅲ)、Cr(Ⅵ) 和 SO_4^{2-} 去除率分别为 98.7%、91.8% 和 30.2%。这是由于 pH 值会影响纳米 ZrO_2 表面电荷点的分布，ZrO_2 表面的羟基为阳离子提供了键合位点，pH 值较低（小于 4）时，溶液中 H^+ 大量存在，会因中和导致羟基位点减少，导致吸附阳离子能力较低[21]。随着 pH 值增大，特别是碱性条件下，OH^- 和 SO_4^{2-} 存在一定的竞争关系，导致硫酸盐去除率下降，综合考虑确定最佳的 pH 值为 5。

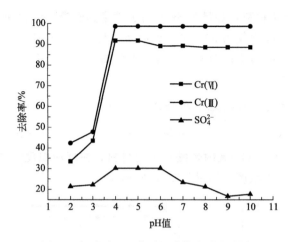

图 8.21　溶液 pH 值对污染物去除的影响

8.3.2.4　反应温度对污染地下水修复的影响

取 100mL 含 Cr(Ⅵ) 10mg/L、Cr(Ⅲ) 10mg/L、SO_4^{2-} 500mg/L 的水样，控制 pH 值为 5，加入 7mL 纳米 ZrO_2-聚丙烯酰胺杂化材料，在不同反应温度的条件下振荡 20min，测定滤后上清液浓度，结果如图 8.22 所示。

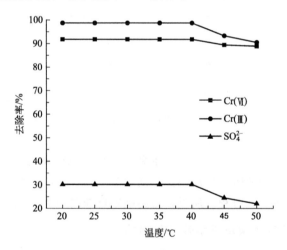

图 8.22　反应温度对污染物去除的影响

由图 8.22 可知，在温度为 20～40℃时污染物的去除率均可保持在最高水平，而再增加反应温度会使污染物的去除率降低，当反应温度增加到 50℃时，Cr(Ⅵ)、Cr(Ⅲ) 以及 SO_4^{2-} 的去除率分别降为 83.2%、88.9%、22%，说明较高的反应温度并不利于反应的进行。这是由于锆的醇盐不稳定，在温度较高时锆的醇盐会分解，影响制备的杂化材料的稳定性，从而影响其吸附容量。所以选择该反应的最佳温度为 20～40℃。

通过单因素实验可发现，自制的纳米 ZrO_2-聚丙烯酰胺无机-有机杂化材料对溶液中的 Cr(Ⅵ)、Cr(Ⅲ) 及 SO_4^{2-} 均存在不同程度上的去除，可作为很好的水处理剂。但实验过程中发现，由于纳米 ZrO_2-聚丙烯酰胺杂化材料是呈胶状的液体，所以投加到水中后会使原水成分变得复杂，最终得到的处理水中会含有一定的杂化材料且无法与水分离，所以要对该杂化材料进行处理来克服这一弊端。

8.3.3　有机-无机杂化材料微观表征分析

8.3.3.1　傅里叶变换红外光谱（FT-IR）分析

纳米 ZrO_2-聚丙烯酰胺无机-有机杂化材料的 FT-IR 红外光谱如图 8.23 所示。由图分析可知，$3398cm^{-1}$ 处出现 N—H 伸缩振动；$2357cm^{-1}$ 处出现 C—H 伸缩振动；$1446cm^{-1}$ 处出现 C＝O 伸缩振动；$1026cm^{-1}$ 处出现 C—N 伸缩振动；在波数 $<1000cm^{-1}$ 处出现 Zr—O—Zr 特征峰。可看出，杂化材料中既有有机物的吸收峰出现，又有无机物的吸收峰出现，说明无机-有机杂化材料中纳米 ZrO_2 与聚丙烯酰胺间是通过共价键连接的。

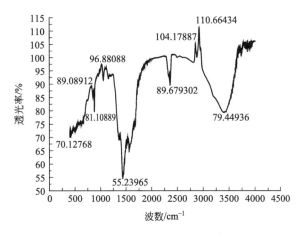

图 8.23　杂化材料的 FT-IR 分析

8.3.3.2　SEM 分析

将杂化材料和杂化材料处理完水后的样品在 60℃条件下烘干，采用 SEM 在不同放大倍数下，观察材料的表面结构，分析材料在吸附处理前后的差异，结果如图 8.24 所示。

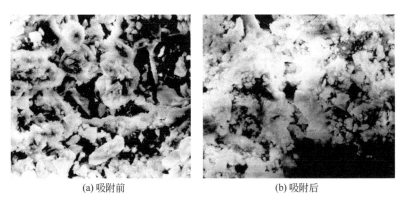

(a) 吸附前　　　　　　　　　　(b) 吸附后

图 8.24　有机-无机杂化材料吸附前后 SEM 结构

对比图 8.24(a)、（b）可看出，有机-无机杂化材料处理污染水前，由一些形状不规则的物质组成，表面孔隙明显，质地均匀，分散性较好；处理完污染水的有机-无机杂化材料表面明显变得密实，由于污染物占据杂化材料的孔隙使得孔隙明显减少。

8.3.3.3　X 射线衍射（XRD）分析

将 ZrO_2-聚丙烯酰胺杂化材料以及分别吸附处理含 $Cr(VI)$、$Cr(III)$、SO_4^{2-} 污染水后的材料，在 60℃条件下干燥处理一段时间，进行 XRD 分析，分析结果如图 8.25 所示。

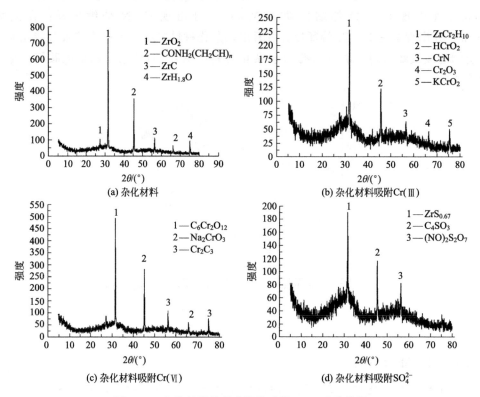

图 8.25　杂化材料处理水样前后的 XRD 成分分析

由图 8.25 可看出，纳米 ZrO_2-聚丙烯酰胺杂化材料主要成分为 ZrO_2、$CONH_2$ $(CH_2CH)_n$、ZrC、$ZrH_{1.8}O$ 等。吸附 $Cr(III)$ 后主要以 $ZrCr_2H_{10}$、$HCrO_2$、CrN、Cr_2O_3 等 Cr^{3+} 形式存在；吸附处理 $Cr(VI)$ 后的存在形式为 $C_6Cr_2O_{12}$、Na_2CrO_3、Cr_2C_3；吸附处理含硫酸根离子水样后以 $ZrS_{0.67}$、C_4SO_3、$(NO)_2S_2O_7$ 的形式存在。

8.3.4　纳米 ZrO_2-SRB 固定化颗粒的制备

8.3.4.1　制备方法

将驯化培养的 SRB 菌液经离心机以 3000r/min 的转速离心 10min，取出倒掉上清液，即得到想要的浓缩菌。称取质量分数为 2.5% 的海藻酸钠于蒸馏水中，充分溶胀后，加入一定量无机-有机杂化材料混匀溶解，密封并于室温条件下存放 8～12h，再向混合溶液中加入 2.5% 的制孔剂聚乙二醇 400，以及一定量的浓缩菌，充分混合后利用注射器滴入到

pH＝6 的 2％ CaCl₂ 饱和硼酸溶液中，其间利用搅拌器以 100r/min 的搅拌速率进行交联。4h 后取出颗粒，用 0.9％的生理盐水进行冲洗，再吸干表面水分[22]，往复 3 遍。小球使用前，再放入富集培养基中激活 12h。包埋的细菌颗粒如图 8.26 所示。

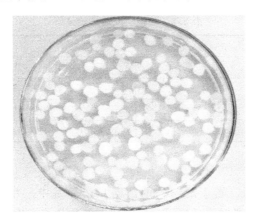

图 8.26　包埋的细菌颗粒

8.3.4.2　固定化小球性能测试

（1）机械强度

将固定化的细菌颗粒放于 100mL 的玻璃注射器中，向玻璃注射器施加一定的压力后，观察颗粒的破损情况；同时，用手捏固定好的细菌颗粒，根据整个过程细菌颗粒的变化情况来描述其机械强度，从颗粒的硬度以及弹性对其进行强度分级，分级情况见表 8.6。

表 8.6　颗粒的机械强度等级

等级	机械强度性能描述
差	较软
中	具有一定的硬度，弹性较差
良	具有一定的硬度，弹性好
优	硬度大，且易碎

（2）传质性能

将固定化的细菌颗粒加入一定量的滴有墨水的蒸馏水中，2h 后取出，观察颜色进入颗粒的深度，与未加入墨水的固定化颗粒进行对比，确定固定化颗粒的传质性能。传质性能分级见表 8.7。

表 8.7　颗粒的传质性能等级

等级	机械传质性能描述
差	颗粒仅有表面变黑，且颜色较浅
中	距离颗粒中心约 1/2 处变黑，颜色较深
良	颗粒中心变黑，颜色较浅
优	颗粒中心变黑，颜色较深

（3）成球性能

根据固定化颗粒制备过程，肉眼观察成球状况，以及颗粒成球的粘连性，判断颗粒的成球性能。成球性能分级见表8.8。

表 8.8　颗粒的成球性能分级

等级	成球性能描述
差	难于成球，粘连严重
中	成球的形状不规则，部分粘连
良	成球形状规则，部分粘连
优	成球形状规则，无粘连

（4）细菌活性

取一定量的细菌颗粒，置于配制的细菌富集培养基中，并向培养基中加入浓度为 500mg/L 的 SO_4^{2-}，隔一段时间后，通过观察培养基的颜色变化情况、测定 SO_4^{2-} 的浓度变化以及是否产生臭鸡蛋味的气体来判断固定化细菌的活性。细菌活性分级见表8.9。

表 8.9　固定化细菌的活性分级

等级	菌体活性描述
差	溶液颜色无明显变化，SO_4^{2-} 去除率＜20％，产生极少臭鸡蛋气味气体
中	溶液颜色较浅，SO_4^{2-} 去除率为 40％～60％，产生少量臭鸡蛋气味气体
良	溶液变为较黑色，SO_4^{2-} 去除率为 60％～80％，产生较多臭鸡蛋气味气体
优	溶液变为深黑色，SO_4^{2-} 去除率为 80％～95％，产生大量的臭鸡蛋气味气体

通过对固定化的细菌颗粒做一系列的性能分析后，发现小球在成球过程中形状规则且无粘连状况；小球在玻璃注射器中和手中施加一定的压力后不易破损，压力增大，小球的破损程度增大，说明小球具有一定的硬度、弹性较好；将固定化的细菌颗粒加入滴有墨水的蒸馏水中，2h取出后发现小球中心颜色变黑，且颜色较深；将固定化小球放于培养基中一段时间后发现培养基颜色变深，且有黑色沉淀生成，有臭鸡蛋气味的气体产生，测定 SO_4^{2-} 的去除率为 69.9％，说明固定化的细菌活性良好。

8.3.5　纳米 ZrO_2-SRB 颗粒处理污染地下水的静态实验

研究 SRB 投加量、纳米 ZrO_2-聚丙烯酰胺杂化材料投加量、反应温度、反应时间这四个因素对溶液中 SO_4^{2-}、Cr(Ⅵ)、Cr(Ⅲ) 去除效果以及对溶液 pH 值的提升效果，综合评定后，确定出纳米 ZrO_2-SRB 颗粒成分的最佳配比。

8.3.5.1　SRB 投加量对污染地下水修复效果的影响

按前述细菌包埋方法对 SRB 进行包埋处理，分别加入质量分数为 10％、20％、30％、35％、40％、45％的浓缩 SRB 菌液，保持其他物质投加量相同，充分混合均匀后，制备出六种含 SRB 菌液质量分数不同的细菌颗粒，分别记作①、②、③、④、⑤、⑥，按固液比为 1：10 的投加量，在 35℃条件下，分别处理等量的含 Cr(Ⅵ) 10mg/L、Cr(Ⅲ)

10mg/L、SO_4^{2-} 500mg/L 的复合污染水，调节初始 pH＝4.6，每隔 5h 测定各个污染物浓度及 pH 值的提升效果。结果见图 8.27。

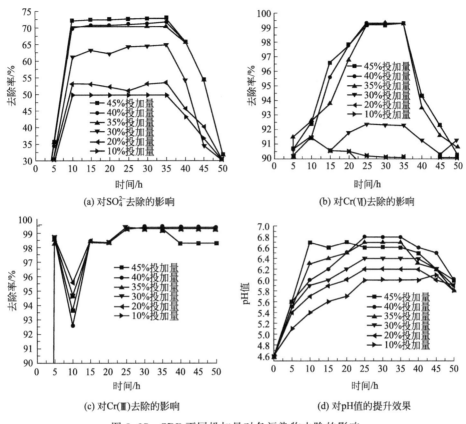

(a) 对 SO_4^{2-} 去除的影响　　(b) 对 Cr(Ⅵ) 去除的影响

(c) 对 Cr(Ⅲ) 去除的影响　　(d) 对 pH 值的提升效果

图 8.27　SRB 不同投加量对各污染物去除的影响

通过图 8.27 可知，在反应 50h 内，对 Cr(Ⅵ)、Cr(Ⅲ)、SO_4^{2-} 的去除率均保持在杂化物的吸附水平以上，SRB 的投加量对 Cr(Ⅵ)、SO_4^{2-} 的去除率影响较大。由图 8.27(a) 可知，在反应 10h 之后，SO_4^{2-} 的去除率达到最大且可维持一段时间。对比六种 SRB 含量不同的颗粒来看，投加量在 10% 时，由于菌种的数量较少，过少的菌株无法适应水环境，使得溶液中 SO_4^{2-} 被还原的量也较少，为 50.4%；当 SRB 投加量增加到 35% 时，SO_4^{2-} 的去除率达到 70.4%，继续增加 SRB，SO_4^{2-} 的去除率相差不是很大，所以选择 SRB 的最佳投加量为 35%。由图 8.27(b) 可看出，当 SRB 投加量为 20% 时，Cr(Ⅵ) 的去除率为 91.8%；当投加量达到 35% 以上时，Cr(Ⅵ) 的去除率可达到 99.8% 以上。这是因为当细菌的投加量少时，由于 Cr(Ⅵ) 对细菌存在较强的毒害作用，使细菌还原 Cr(Ⅵ) 的能力减弱，但此时 Cr(Ⅵ) 可以靠纳米 ZrO_2-聚丙烯酰胺杂化材料的吸附作用去除，所以可以看到投加量少时，Cr(Ⅵ) 的去除率也在 90% 以上。由图 8.27(c) 可看出，Cr(Ⅲ) 的去除率与 SRB 的投加量关系不大。当 SRB 投加量较少时，SRB 将溶液中 Cr(Ⅵ) 和 SO_4^{2-} 还原的量少，对 Cr(Ⅵ) 的还原量少会使得溶液中格外生成的 Cr(Ⅲ) 也少，对 SO_4^{2-} 的还原量少会使得生成的 S^{2-} 量少，且初始溶液 pH＝4.6，溶液中大量存在 H^+，H^+ 与 S^{2-} 可生成大量的 H_2S 气体，导致 Cr(Ⅲ) 与 S^{2-} 发生双水解的量少；而当 SRB 投加量较多时，Cr(Ⅲ) 的去除是由 S^{2-} 的双水解作用和纳米 ZrO_2-聚丙烯酰胺杂化材料吸附去除的。由

图 8.27(d) 可看出，对于六种细菌颗粒，最佳出水 pH 值分别为 5.4、5.8、6.3、6.7、6.8、6.8，由此可见，随着 SRB 投加量的增大，出水 pH 值也逐渐增加，这是由于 SRB 投加量越多，代谢产碱能力越强，35％投加量时即可把 pH 值提升为偏中性。在反应 40h 后由于 SRB 把碳源几乎消耗完了，此时 pH 值处于下降趋势，SRB 的代谢产碱能力减弱，导致其吸附 H$^+$ 能力较低，所以 pH 值呈现下降的趋势。综上所述，考虑 SRB 对四种因素的影响，最终确定 SRB 投加量为 35％较佳。

8.3.5.2　杂化材料投加量对污染地下水修复效果的影响

按前述细菌包埋方法对 SRB 进行包埋处理，每份分别加入 100mL、200mL、300mL、400mL、500mL 纳米 ZrO$_2$-聚丙烯酰胺杂化材料，再加入质量分数为 35％的浓缩 SRB 菌液、等量的其他物质，充分混合均匀后，制备出五种含纳米 ZrO$_2$-聚丙烯酰胺杂化材料质量分数不同的颗粒，按固液比为 1∶10 的投加量，在 35℃ 条件下分别处理等量的含 Cr(Ⅵ) 10mg/L、Cr(Ⅲ) 10mg/L、SO$_4^{2-}$ 500mg/L 的复合污染水，pH＝4.6，每隔 5h 测定各个污染物浓度及 pH 值的提升效果。结果见图 8.28。

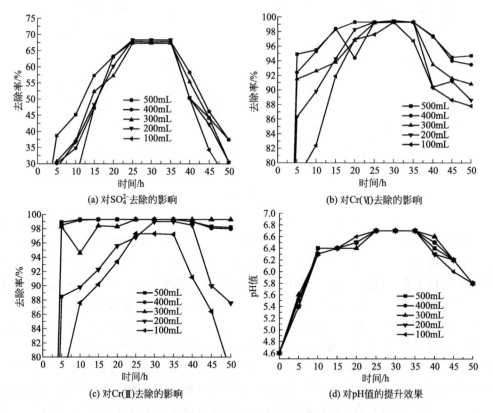

图 8.28　杂化材料不同投加量对污染物去除的影响

由图 8.28 可看出，反应前 10h 时杂化材料不同投加量会影响 SO$_4^{2-}$、Cr(Ⅵ) 的去除效果，这是因为该阶段 SRB 还未能适应水环境，污染物是靠杂化材料的作用去除的，而对 pH 值的提升没有影响。由图 8.28(a) 可见，细菌颗粒对 SO$_4^{2-}$ 的最佳去除效果均可达 65％。说明杂化材料投加量少时，SO$_4^{2-}$ 可以靠 SRB 的还原作用去除。由图 8.28(b) 可见，杂化材料的投加量不会影响 Cr(Ⅵ) 的最终去除率，这是因为包埋的 SRB 可以将

Cr(Ⅵ)还原使其浓度降低，但在反应初期 SRB 未适应水环境之前，纳米 ZrO₂-聚丙烯酰胺杂化材料投入量会影响 Cr(Ⅵ) 的去除效果，说明该阶段 Cr(Ⅵ) 的去除是纳米 ZrO₂-聚丙烯酰胺杂化材料对 Cr(Ⅵ) 的吸附作用。由图 8.28(c) 可见，当纳米 ZrO₂-聚丙烯酰胺杂化材料投加量为 100mL 时，Cr(Ⅲ) 的去除率为 97.1%，当投加量增加到 300mL 时，Cr(Ⅲ) 的去除率即可增加到 99.7%，之后再增加杂化材料投加量也不会增大 Cr(Ⅲ) 的去除率，说明 Cr(Ⅲ) 的去除已达上限。由图 8.28(d) 可见，溶液的 pH 值与纳米 ZrO₂-聚丙烯酰胺杂化材料的投加量关系不大，说明纳米 ZrO₂-聚丙烯酰胺杂化材料的加入并不会改变 pH 值，纳米 ZrO₂-聚丙烯酰胺杂化材料对 H^+ 没有明显的吸附作用，溶液的 pH 值是靠 SRB 的还原作用提升的，杂化材料对溶液 pH 值没有提升效果。综合考虑经济成本问题，确定其最佳投入量为 300mL。

8.3.5.3　反应温度对污染地下水修复效果的影响

按上述确定的最佳实验条件对 SRB 进行固定化后，将固定好的细菌颗粒分别按菌废比为1:10的投加量加入配制好的含 Cr(Ⅵ) 10mg/L、Cr(Ⅲ) 10mg/L、SO_4^{2-} 500mg/L 的复合污染水样中，调节初始 pH=4.6，分别置于 25℃、30℃、35℃、40℃、45℃ 条件下反应，分别记作①、②、③、④、⑤，保持其他反应条件相同，每隔 5h 测定各个污染物浓度及 pH 值的提升效果。结果见图 8.29。

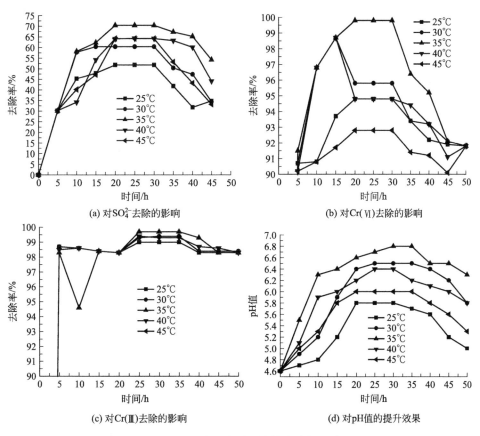

(a) 对 SO_4^{2-} 去除的影响

(b) 对 Cr(Ⅵ) 去除的影响

(c) 对 Cr(Ⅲ) 去除的影响

(d) 对 pH 值的提升效果

图 8.29　反应温度对污染物去除的影响

由图 8.29 可见，温度对 SO_4^{2-}、$Cr(Ⅵ)$、pH 值的影响较大。由图 8.29(a) 可知，五个温度下对应的 SO_4^{2-} 的去除率由大到小的顺序为：③>④>⑤>②>①。可看出，35℃为最佳的反应温度，对应的 SO_4^{2-} 的去除率为 70.4%。温度过高或者过低都不利于 SO_4^{2-} 的去除，温度过高会影响 SRB 的酶的活性，温度过低会使 SRB 的代谢速度减慢，在最适温度为 35℃时，有利于 SRB 对 SO_4^{2-} 的还原作用。由图 8.29(b) 可知，不同温度下 $Cr(Ⅵ)$ 的最终去除率有所不同，但相差并不是很大，由于 $Cr(Ⅵ)$ 的去除通过 SRB 还原作用及纳米 ZrO_2-聚丙烯酰胺杂化材料的吸附作用，所以可看出，温度对 $Cr(Ⅵ)$ 去除的影响作用没有对 SO_4^{2-} 的大，在 35℃时，去除率最大为 99.8%。由图 8.29(c) 可知，$Cr(Ⅲ)$ 的最终去除率与温度高低关系不大，$Cr(Ⅲ)$ 由纳米 ZrO_2-聚丙烯酰胺杂化材料的吸附作用去除，在反应 10h 时，35℃时 $Cr(Ⅲ)$ 的去除率出现降低，这是因为该温度下 SRB 活性最强，可将溶液中较多的 $Cr(Ⅵ)$ 还原为 $Cr(Ⅲ)$，导致该温度该阶段 Cr^{3+} 去除率较低，整个过程 $Cr(Ⅲ)$ 的去除可由 SO_4^{2-} 被还原为 S^{2-} 后，发生双水解反应生成少量的氢氧化铬，以及纳米 ZrO_2-聚丙烯酰胺杂化材料的吸附作用共同去除。由图 8.29(d) 可知，pH 值的提升效果与温度的高低有关，在温度为 35℃时 pH 值的提升效果最好，最大 pH 值为 6.8，说明过高或者过低的温度都不会对原水中的 H^+ 有好的去除效果，产碱量较低，而 35℃时产碱量最高，而且此温度也是细菌的最适生长温度。所以，综合确定最佳的反应温度为 35℃。

8.3.5.4 反应时间对污染地下水修复效果的影响

按上述确定的最佳细菌包埋方法对 SRB 进行包埋固定化处理，并按菌废比为 1:10 的投加量投入配制好的含 $Cr(Ⅵ)$ 10mg/L、$Cr(Ⅲ)$ 10mg/L、SO_4^{2-} 500mg/L 的复合污染水样中，pH=4.6，每隔相同的时间段取样测定溶液中 SO_4^{2-}、$Cr(Ⅵ)$、$Cr(Ⅲ)$ 及 pH 值的变化情况，并分别计算其去除率，测定结果如图 8.30 所示。

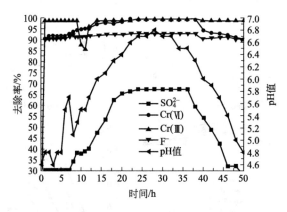

图 8.30　反应时间对污染物去除的影响

由图 8.30 可见，复合污染水中的 SO_4^{2-} 去除率和溶液 pH 值的变化受反应时间的影响较大，而 F^- 的去除率受影响最小，在反应 50h 内 F^- 的去除率均可保持为 92.4%，$Cr(Ⅵ)$ 和 $Cr(Ⅲ)$ 的最大去除率大于 99%，SO_4^{2-} 的去除率最大可为 67.4%。溶液的 pH 值呈现先增大后稳定最后又下降的趋势。各个污染指标稳定不变的反应时间有所不同，pH 值的提升需要的时间最长，在反应 24h 时才能达到最大值 6.8。在反应进行 10h 时，$Cr(Ⅲ)$ 的去除率稍有降低，这是由于 SRB 的还原速率相对于杂化材料的吸附速率快造成的，该阶段 SRB 处于对数生长期，Cr(Ⅵ) 被大量还原为 Cr(Ⅲ)，所以导致溶液中 Cr(Ⅲ) 较多，从而去除率较低，随着反应的进行，Cr(Ⅵ) 被彻底还原后，纳米 ZrO_2-聚丙烯酰胺杂化材料大量吸附 Cr(Ⅲ)，促使其总的去除率上升。

8.3.6 纳米 ZrO_2-SRB 颗粒的微观表征分析

8.3.6.1 SEM 分析

将 SRB 按最佳成分配比进行包埋后得到的细菌颗粒和处理完复合污染水后的颗粒在 60℃ 条件下烘干，采用 SEM 在不同放大倍数下观察材料的表观结构，分析材料在吸附处理前后的差异，结果如图 8.31 所示。

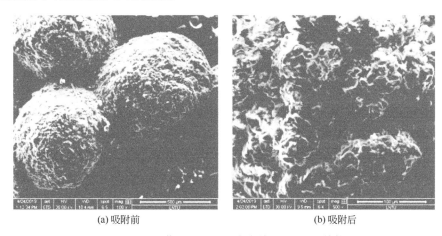

(a) 吸附前　　　　　　(b) 吸附后

图 8.31　细菌颗粒处理污染水前后的 SEM 结构

对比图 8.31(a) 和 (b) 可看出，细菌颗粒在处理污染水前，呈现明显的微球状，孔道通畅，表面较为光滑；吸附处理污染水后的细菌颗粒形状变得不明显，且表面变得粗糙，出现大量的凸形褶皱。

8.3.6.2 XRD 分析

细菌颗粒和处理含 F^-、Cr(Ⅵ)、SO_4^{2-} 的复合污染水样后得到的颗粒经 60℃ 烘干后研磨至 200 目粉末，进行 XRD 分析，分析结果如图 8.32 所示。

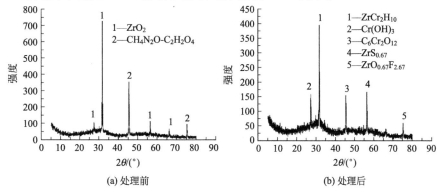

(a) 处理前　　　　　　(b) 处理后

图 8.32　细菌颗粒处理污染水前后的 XRD 分析

由图 8.32(a) 可看出，细菌颗粒在未处理污染水前主要含有的成分是 ZrO_2 和一种有机物 $CH_4N_2O \cdot C_2H_2O_4$。由图 8.32(b) 可看出，细菌颗粒处理复合污染水后，出现新物质 $ZrCr_2H_{10}$、$C_6Cr_2O_{12}$、$ZrS_{0.67}$、$ZrO_{0.67}F_{2.67}$、$Cr(OH)_3$，可看出，铬元素主要以 $Cr(Ⅵ)$、$Cr(Ⅲ)$ 的形式存在，硫元素主要以 S^{2-} 的形式存在，说明 SRB 可将溶液中的 $Cr(Ⅵ)$ 还原为 $Cr(Ⅲ)$，将 SO_4^{2-} 还原为 S^{2-}，$Cr(Ⅲ)$ 和 S^{2-} 再与颗粒中的物质进行结合反应，最终分别以 $ZrCr_2H_{10}$、$Cr(OH)_3$、$ZrS_{0.67}$ 的形式存在，且最终产物中含有 $Cr(Ⅵ)$，产物为 $C_6Cr_2O_{12}$，说明存在杂化材料的吸附过程。

8.3.7　纳米 ZrO_2-SRB 颗粒处理污染地下水动力学及热力学分析

配制 100mL 含 $Cr(Ⅵ)$ 10mg/L、$Cr(Ⅲ)$ 10mg/L、SO_4^{2-} 500mg/L 的溶液若干份，调节原始溶液 pH 值为 4.6，按固液比为 1:10 的投加量投入一定量的细菌颗粒，置于温度为 35℃ 的条件下振荡反应，反应时间分别控制为 5h、10h、15h、20h、25h、30h、35h、40h、45h、50h，取出后过滤，分别测定滤液中 $Cr(Ⅵ)$、$Cr(Ⅲ)$ 及 SO_4^{2-} 浓度。

配制 100mL 含 $Cr(Ⅵ)$ 10mg/L、$Cr(Ⅲ)$ 10mg/L、SO_4^{2-} 500mg/L 的溶液若干份，调节原始溶液 pH 值为 4.6，投入质量为 4.15g 的纳米 ZrO_2-聚丙烯酰胺杂化材料，置于温度为 35℃ 的条件下振荡反应，反应时间分别控制为 5min、7min、10min、13min、15min、17min、20min、22min、25min、27min、30min，取出后过滤，分别测定滤液中 $Cr(Ⅵ)$、$Cr(Ⅲ)$ 及 SO_4^{2-} 浓度。

利用不同时间段下经纳米 ZrO_2-SRB 颗粒处理后得到的 $Cr(Ⅵ)$、$Cr(Ⅲ)$ 及 SO_4^{2-} 浓度与单独的纳米 ZrO_2-聚丙烯酰胺杂化材料处理下得到的 $Cr(Ⅵ)$、$Cr(Ⅲ)$ 及 SO_4^{2-} 浓度进行对比，可计算得出 $Cr(Ⅵ)$ 和 SO_4^{2-} 被还原以及吸附的量。

8.3.7.1　$Cr(Ⅵ)$ 的还原及吸附动力学

（1）$Cr(Ⅵ)$ 的还原动力学

$Cr(Ⅵ)$ 和 SO_4^{2-} 被 SRB 还原的过程是氧化还原反应过程，所以采用化学反应动力模型对相关实验数据进行拟合。本实验中采用零级和一级反应动力学模型，分别用式(8.27)和式(8.28) 表示。

$$C_t = C_0 - k_0 t \tag{8.27}$$
$$\ln C_t = \ln C_0 - k_1 t \tag{8.28}$$

式中　C_0——初始浓度，mg/L；

C_t——某时刻浓度，mg/L；

k_0——零级反应速率常数，$mg/(L \cdot h)$；

k_1——一级反应速率常数，h^{-1}。

采用零级和一级反应动力学模型对 $Cr(Ⅵ)$ 还原过程进行拟合，拟合结果如图 8.33 和表 8.10 所示。

表 8.10　$Cr(Ⅵ)$ 还原动力学拟合结果

拟合类型	浓度/(mg/L)	速率常数	拟合方程	R^2
零级	10	0.09345	$C_t = 7.45694 - 0.09345t$	09032
一级	10	0.05105	$\ln C_t = 2.95577 - 0.05105t$	0.9945

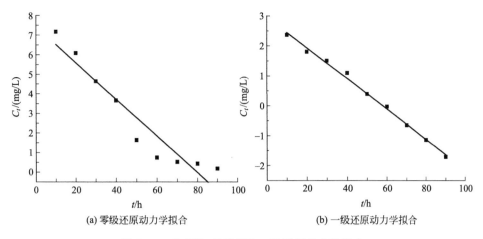

(a) 零级还原动力学拟合　　　(b) 一级还原动力学拟合

图 8.33　Cr(Ⅵ) 的零级和一级还原动力学拟合

由图 8.33 和表 8.10 可看出，相比于零级反应动力学（$R^2 = 0.9032$）来说，Cr(Ⅵ)的还原过程可以更好地用一级反应动力学（$R^2 = 0.9945$）进行拟合。主要原因是当 SRB接触含 Cr(Ⅵ) 溶液时，由于 Cr(Ⅵ) 具有很强的毒害作用，会对细胞内的还原酶产生一定的抑制作用，且会使细菌的生长出现一定程度的延迟，而这点对零级反应动力学影响较大，所以用一级还原动力学模型可以更好地描述 SRB 还原 Cr(Ⅵ) 的过程。

（2）Cr(Ⅵ) 的吸附动力学

用准一级和准二级动力学方程拟合，结果如图 8.34 和表 8.11 所示。

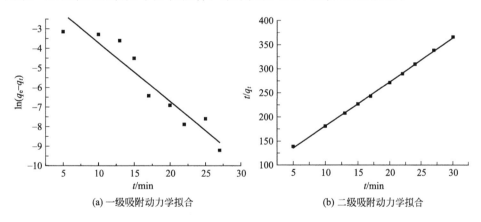

(a) 一级吸附动力学拟合　　　(b) 二级吸附动力学拟合

图 8.34　Cr(Ⅵ) 的一级和二级吸附动力学拟合

表 8.11　Cr(Ⅵ) 吸附动力学拟合结果

拟合类型	浓度/(mg/L)	拟合公式	R^2	k	q_e 计算值/(mg/g)
一级	10	$\ln(q_e - q_t) = -0.2992t - 0.72448$	0.8919	0.2992	0.485
二级	10	$\dfrac{t}{q_t} = 9.13158t + 90.05315$	0.9994	9.13158	0.11

由图 8.34 和表 8.11 可以看出，Cr(Ⅵ) 的吸附过程可以更好地用二级反应动力学模

型来描述（$R^2 = 0.9994$），说明二级吸附动力学与实验结果具有较好的一致性。

8.3.7.2 Cr(Ⅲ) 的吸附动力学

用准一级和准二级动力学方程拟合，结果如图 8.35 和表 8.12 所示。

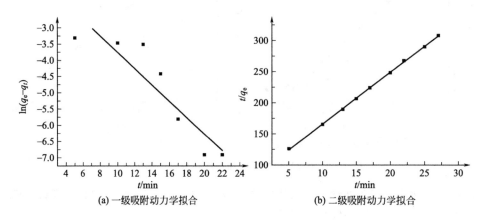

(a) 一级吸附动力学拟合　　　　(b) 二级吸附动力学拟合

图 8.35　Cr(Ⅲ) 的一级和二级吸附动力学拟合

表 8.12　Cr(Ⅲ) 吸附动力学拟合结果

拟合类型	浓度/(mg/L)	拟合公式	R^2	k	q_e 计算值/(mg/g)
一级	10	$\ln(q_e - q_t) = -0.2517t + 1.23746$	0.8001	0.2517	3.45
二级	10	$\dfrac{t}{q_t} = 8.327t + 82.55238$	0.9995	8.333	0.120

由图 8.35 和表 8.12 可知，与一级动力学模型相比（$R^2 = 0.8001$），对 Cr(Ⅲ) 的吸附过程更符合二级吸附模型（$R^2 = 0.9995$），吸附速率常数为 8.333g/(mg·min)，这表明二级吸附模型可以更好地拟合 Cr(Ⅲ) 的吸附过程。

8.3.7.3　SO_4^{2-} 的还原及吸附动力学

(1) SO_4^{2-} 的还原动力学

采用零级和一级反应动力学模型对 SO_4^{2-} 还原过程进行拟合，所得到的拟合结果如图 8.36 和表 8.13 所示。

表 8.13　SO_4^{2-} 还原动力学拟合结果

拟合类型	浓度/(mg/L)	速率常数/h^{-1}	拟合方程	R^2
零级	500	1.32417	$C_t = 385.986 - 1.32417t$	0.9397
一级	500	0.00407	$\ln C_t = 5.97106 - 0.00407t$	0.9943

由图 8.36 和表 8.13 可看出，一级还原动力学（$R^2 = 0.9943$）比零级还原动力学（$R^2 = 0.9397$）可以更好地拟合 SO_4^{2-} 的还原过程，且处理初始浓度为 500mg/L 的 SO_4^{2-} 溶液时，通过一级还原动力学可得到速率常数为 0.00407h^{-1}，所以一级还原动力学模型可以更好地拟合 SO_4^{2-} 被 SRB 还原的过程。

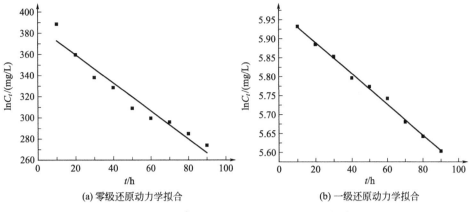

(a) 零级还原动力学拟合　　(b) 一级还原动力学拟合

图 8.36　SO_4^{2-} 的零级和一级还原动力学拟合

（2）SO_4^{2-} 的吸附动力学

用准一级和准二级动力学方程拟合，结果如图 8.37 和表 8.14 所示。

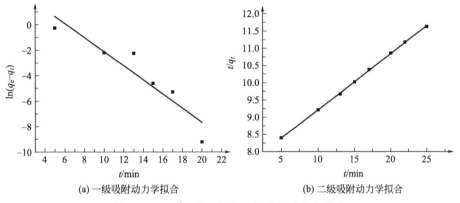

(a) 一级吸附动力学拟合　　(b) 二级吸附动力学拟合

图 8.37　SO_4^{2-} 的一级和二级吸附动力学拟合

表 8.14　SO_4^{2-} 吸附动力学拟合结果

拟合类型	浓度 /(mg/L)	q_e 实测值 /(mg/g)	拟合公式	R^2	k	q_e 计算值 /(mg/g)
一级	500	2.6	$\ln(q_e - q_t) = -0.5535t - 3.40717$	0.8445	0.5535	0.033
二级	500	2.6	$\frac{t}{q_t} = 0.36302t + 7.5808$	0.9996	0.163	2.75

由图 8.37 和表 8.14 可知，SO_4^{2-} 的吸附过程更符合二级反应动力学模型（$R^2 =$ 0.9996），可见，二级吸附动力学模型可以更好地拟合 SO_4^{2-} 的吸附过程。且通过实测初始浓度为 500mg/L 的 SO_4^{2-} 的吸附容量仅为 2.6mg/g 可看出，有机-无机杂化材料对 SO_4^{2-} 的吸附容量较小，溶液中大部分的 SO_4^{2-} 的去除是靠 SRB 的还原作用，这与实验结果相符。

8.3.7.4　吸附等温线模型

取 100mL 含 Cr(Ⅵ) 10mg/L、Cr(Ⅲ) 10mg/L、SO_4^{2-} 500mg/L 的溶液 9 份，每份

分别加入 0.83g、1.66g、2.49g、3.32g、4.15g、4.98g、5.81g、6.64g、7.47g 无机-有机杂化材料，调节原始溶液 pH 值为 7，置于温度为 25℃ 的条件下振荡反应 30min 后取出，经过滤后分别测定溶液中 Cr(Ⅵ)、Cr(Ⅲ) 及 SO_4^{2-} 浓度。

　　Cr(Ⅵ)、Cr(Ⅲ)、SO_4^{2-} 三种离子的 Langmuir 模型和 Freundlich 模型拟合分别如图 8.38 和图 8.39 所示，拟合结果分别见表 8.15 和表 8.16。

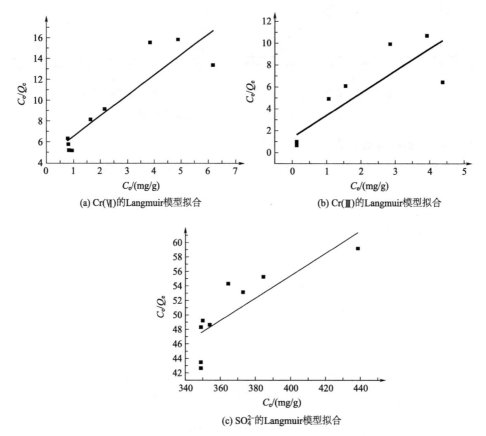

(a) Cr(Ⅵ)的Langmuir模型拟合　　(b) Cr(Ⅲ)的Langmuir模型拟合

(c) SO_4^{2-}的Langmuir模型拟合

图 8.38　三种离子的 Langmuir 等温吸附模型拟合

　　由图 8.38、图 8.39、表 8.15 和表 8.16 可看出，Freundlich 模型（$R^2=0.9916$、0.9981、0.9911）相比于 Langmuir 模型（$R^2=0.7900$、0.7232、0.6396）可以更好地拟合杂化材料对 Cr(Ⅵ)、Cr(Ⅲ)、SO_4^{2-} 的吸附过程。

表 8.15　Langmuir 拟合方程及相关系数

离子类型	浓度/(mg/L)	拟合方程	R^2
Cr(Ⅵ)	10	$\frac{C_e}{Q_e}=1.95843C_e+4.58987$	0.7900
Cr(Ⅲ)	10	$\frac{C_e}{Q_e}=2.03353C_e+1.37133$	0.7232
SO_4^{2-}	500	$\frac{C_e}{Q_e}=0.15471C_e+46.46732$	0.6396

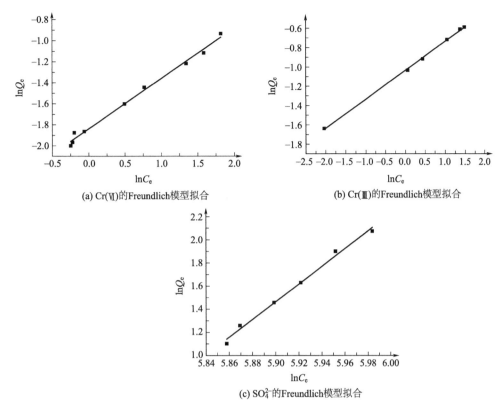

(a) Cr(VI)的Freundlich模型拟合

(b) Cr(III)的Freundlich模型拟合

(c) SO_4^{2-}的Freundlich模型拟合

图 8.39 三种离子的 Freundlich 等温吸附模型拟合

表 8.16 Freundlich 拟合方程及相关系数

离子类型	浓度/(mg/L)	拟合方程	R^2
Cr(VI)	10	$\ln Q_e = 0.4783 C_e - 1.83831$	0.9916
Cr(III)	10	$\ln Q_e = 0.30065 C_e - 1.03529$	0.9981
SO_4^{2-}	500	$\ln Q_e = 7.65708 C_e - 43.71296$	0.9911

研究表明，Freundlich 模型中，当 $1/n = 0.1 \sim 0.5$ 时，表明材料容易吸附水中离子；而当 $1/n$ 大于 2 时，表明材料较难吸附水中的离子。通过拟合方程可看出，Cr(VI)、Cr(III)、SO_4^{2-} 的 $1/n$ 值分别为 0.4783、0.30065、7.65708。由此看见，杂化材料较容易吸附水中的 Cr(VI)、Cr(III)，而对于水中的 SO_4^{2-} 较难吸附，这与前面的实验结果基本吻合。

8.4 纳米 ZrO₂-SRB 颗粒处理污染水的动态试验

通过静态试验对细菌颗粒处理复合污染模拟地下水进行了研究，并确定了最佳的处理工艺条件，对处理这类污染的地下水具有一定的理论指导意义。但由于试验条件限制，单因素试验仅在密闭的锥形瓶中进行，试验中厌氧反应空间小，菌体的生长受到一定的限制，且 SRB 保持高活性的时间较短，所以动态试验中参考课题组以乙醇为碳源的试验研究，在杂化材料的制备中多加入 3g/L 的乙醇溶液为 SRB 提供碳源，在此基础上对其设计实验室动态装置。动态试验技术在实际处理受污染的地下水方面具有广阔的应用前景，可为以后的研究提供一定的参考。

8.4.1　动态试验装置设计

根据回归旋转试验优化结果，将填充介质按设计要求装入实验室动态装置中，整个试验在室内平均温度为 35℃ 条件下进行，实验装置系统及实物如图 8.40 所示。反应器选用圆形有机玻璃柱，直径为 50mm，高为 50cm，总容积为 0.98L，有机玻璃柱中距底部 0～3cm 为进水炉渣含水层，含水层以上 20cm 填充固定化 SRB 颗粒，填充层以上设有炉渣过滤层，高 3cm。

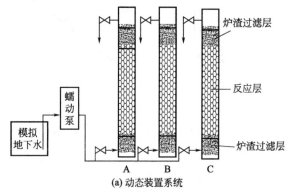

(a) 动态装置系统

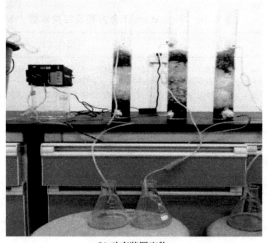

(b) 动态装置实物

图 8.40　动态装置

模拟复合污染地下水成分含有 Cr(Ⅵ)、Cr(Ⅲ)、SO_4^{2-}，pH＝4.6。进水由蠕动泵抽取，经蠕动泵提取后，设置三通将污染水分别送入 A、B、C 三个动态柱，进水选择下进上出的方式。待管路连接好后，检查装置是否漏水以及管路是否畅通，一切正常后开始运行。定时取样，通过比较不同处理时间下，出水的 pH 值变化以及出水中污染物的含量变化来评定以乙醇为碳源的纳米 ZrO_2-SRB 颗粒对污染地下水的处理效果。

① A、B 两个动态柱分别为挂膜的 SRB 反应层和纳米 ZrO_2-SRB 反应层，在相同进水流速、相同进水浓度下，讨论分析不同反应层种类对污染地下水的修复效果。

② A、B、C 三个动态柱中均加入相同高度的纳米 ZrO_2-SRB 反应层，分别控制不同的进水流速，讨论分析不同进水流速对污染物去除的影响。

③ A、B、C 三个动态柱中均加入相同高度的纳米 ZrO_2-SRB 反应层，配制不同的进水浓度，在相同进水流速下，分析讨论进水浓度对污染物去除的影响。

8.4.2　动态试验结果与分析

8.4.2.1　反应层种类对污染地下水处理效果的影响

配制好含 Cr(Ⅵ) 10mg/L、Cr(Ⅲ) 10mg/L、SO_4^{2-} 500mg/L 的复合水样，调节初始 pH＝4.6，原水经蠕动泵提升后进入动态柱中，调节蠕动泵进水流速为 4mL/min。向 A 动态柱进水中加入与 B 动态柱等量的乙醇，A 动态柱中填充高度为 20cm 的以弹性纤维丝为滤料的 SRB 挂膜反应层，B 动态柱中填充高度为 20cm 的内聚乙醇的纳米 ZrO_2-SRB 颗粒反应层。每隔 12h 取样一次，测定出水溶液中各污染物的浓度及出水 pH 值，处理结果分别如图 8.41 和图 8.42 所示。

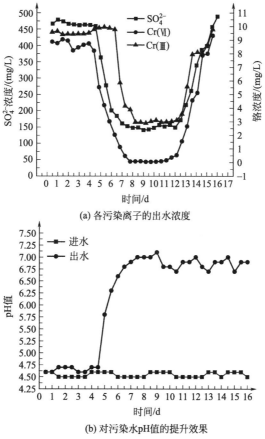

(a) 各污染离子的出水浓度

(b) 对污染水pH值的提升效果

图 8.41　挂膜的 SRB 对污染水的修复效果

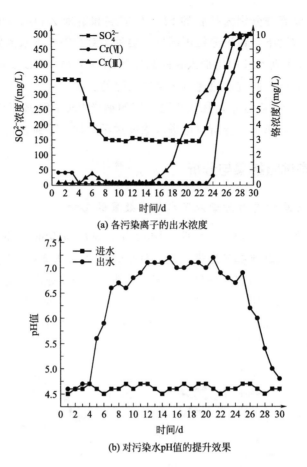

(a) 各污染离子的出水浓度

(b) 对污染水pH值的提升效果

图 8.42 纳米 ZrO_2-SRB 颗粒对污染水的处理效果

（1）A 动态柱内污染水的处理效果

由图 8.41 可看出，单独的 SRB 对 Cr(Ⅵ)、Cr(Ⅲ)、SO_4^{2-} 存在不同程度的处理效果。在反应初期 1～4.5d 时去除率较低，分别为 6.7%、11.2%、4.2%，这是因为初始阶段 SRB 还未能适应新碳源乙醇，且水环境中的 pH 值较低，对 SRB 存在一定的抑制作用，使得 SRB 的活性较低，所以对污染物的去除效果较差；在反应 5～7d 时随着 SRB 对碳源以及污染水环境的适应性的提高，对 Cr(Ⅵ) 和 SO_4^{2-} 的去除率逐渐增大，8d 时达到最大去除率，分别为 99.3%、71.2%，pH 值也逐渐增大直至被提升为最大值 7。而 Cr(Ⅲ) 的去除率在 4.5～6.5d 时出现下降趋势，这是因为该阶段溶液中大量的 Cr(Ⅵ) 被还原为 Cr(Ⅲ)，且由于溶液显酸性，S^{2-} 先选择和溶液中的 H^+ 反应生成 H_2S；在 6.5～8d 时 Cr(Ⅲ) 的去除率逐渐增大，直到最大去除率，达 72.4%，说明此时 Cr(Ⅲ) 与 S^{2-} 发生了双水解反应，生成了 $Cr(OH)_3$ 沉淀。停止运行可发现挂膜填料整体变黑，这是因为填料表面挂有 SRB 生物膜，且 SO_4^{2-} 被还原成 S^{2-} 后与 Cr(Ⅲ) 会形成 $Cr(OH)_3$ 沉淀附着在填料表面，使整体呈现黑色。

（2）B 动态柱内污染水的处理效果

由图 8.42 可看出，纳米 ZrO_2-SRB 颗粒对 Cr(Ⅵ)、Cr(Ⅲ)、SO_4^{2-} 均存在不同程度的去除效果，反应过程分为 4 个阶段：在 1～3d 时，去除效果较为稳定，对 Cr(Ⅵ)、Cr(Ⅲ)、

SO_4^{2-} 的去除率分别为 91.8%、98.8%、30.2%，溶液出水 pH 值未见提升。该阶段 SRB 活性较差，说明该阶段的去除效果主要是通过纳米 ZrO_2 的吸附作用实现的。在 3～7d 时，随着 SRB 对新碳源的逐渐适应，$Cr(Ⅵ)$、SO_4^{2-} 的去除率逐渐增大，直至 7d 时达到最大，为 99.7%、70.4%，pH 值处于逐渐上升趋势。$Cr(Ⅲ)$ 在反应 4.5d 时出水浓度有所增大，说明该阶段 SRB 还原 $Cr(Ⅵ)$ 的速度要快于纳米 ZrO_2 对 $Cr(Ⅲ)$ 的吸附作用，导致该阶段 $Cr(Ⅲ)$ 浓度有所增大；反应进行 14d 时，$Cr(Ⅲ)$ 的出水浓度开始逐渐增大，说明该阶段纳米 ZrO_2 已被穿透，对溶液中的污染离子的吸附量逐渐减少。而 $Cr(Ⅵ)$ 和 SO_4^{2-} 的浓度在反应进行 23d 时才开始逐渐增大，说明 10～23d 对 $Cr(Ⅵ)$ 和 SO_4^{2-} 的去除主要是 SRB 的还原作用。而在 23d 之后由于碳源乙醇已经几乎被消耗完，SRB 的活性受影响，导致对 $Cr(Ⅵ)$ 和 SO_4^{2-} 的去除效果也逐渐变差。

对比两种不同反应层可看出，纳米 ZrO_2-SRB 颗粒反应层对 $Cr(Ⅵ)$、$Cr(Ⅲ)$、SO_4^{2-} 的去除效果要好于挂膜的 SRB，纳米 ZrO_2-SRB 颗粒反应层对溶液中 $Cr(Ⅵ)$、$Cr(Ⅲ)$、SO_4^{2-} 的去除作用包括 SRB 和纳米 ZrO_2 的双重作用。比较 pH 值来看，pH 值最大提升效果区别并不大，说明溶液的 pH 值提升主要靠 SRB 的作用，纳米 ZrO_2 对溶液 pH 值没有提升作用。

8.4.2.2　进水流速对污染地下水处理效果的影响

配制好含 $Cr(Ⅵ)$ 10mg/L、$Cr(Ⅲ)$ 10mg/L、SO_4^{2-} 500mg/L 的复合水样，调节初始 pH=4.6，原水经蠕动泵提升后进入动态柱中，A、B、C 三个动态柱中均装有 20cm 高的内聚乙醇的纳米 ZrO_2-SRB 颗粒反应层，调节蠕动泵进水流速分别为 2mL/min、4mL/min、6mL/min。每隔 24h 取样一次，测定出水溶液中各污染物的浓度及出水 pH 值，处理结果如图 8.43～图 8.45 所示。

（1）A 动态柱对污染水的处理效果
（2）B 动态柱对污染水的处理效果
（3）C 动态柱对污染水的处理效果

由图 8.43～图 8.45 可看出，不同进水流速均不会影响对 $Cr(Ⅵ)$、$Cr(Ⅲ)$、SO_4^{2-} 的最大去除率，对 $Cr(Ⅵ)$、$Cr(Ⅲ)$、SO_4^{2-} 的最大去除率分别为 99.7%、98.7%、71.2%，

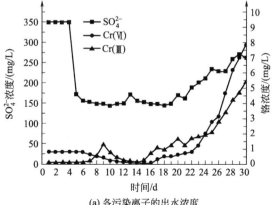

(a) 各污染离子的出水浓度

图 8.43

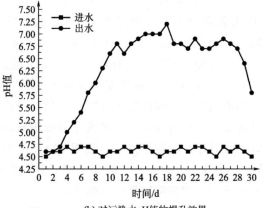

(b) 对污染水pH值的提升效果

图 8.43　2mL/min 进水流速时纳米 ZrO_2-SRB
颗粒对污染水的处理效果

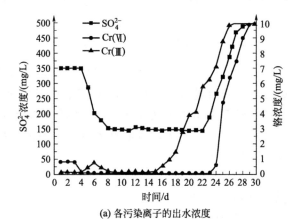

(a) 各污染离子的出水浓度

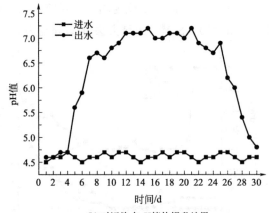

(b) 对污染水pH值的提升效果

图 8.44　4mL/min 进水流速时纳米 ZrO_2-SRB
颗粒对污染水的处理效果

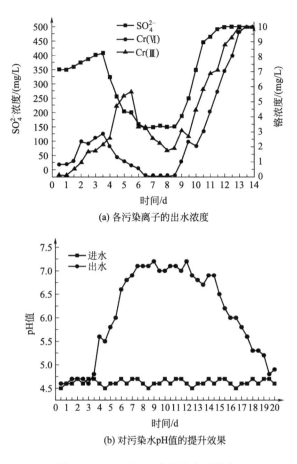

(a) 各污染离子的出水浓度

(b) 对污染水pH值的提升效果

图 8.45　6mL/min 进水流速时纳米
ZrO_2-SRB 颗粒对污染水的处理效果

但随着进水流速的增大，反应层对污染物去除率最大的维持时间较短，pH 值的最大提升水平维持的时间也有所缩短。在进水流速为 4mL/min、反应进行 1～14d 时，对 F^- 的去除率都可以维持在最大水平，7～23d 期间对 $Cr(Ⅵ)$ 和 SO_4^{2-} 的去除率可以保持最大水平。而当流速增加到 6mL/min 时，对 $Cr(Ⅵ)$ 和 SO_4^{2-} 的去除率仅在 4.5～8.5d 时保持最大，可看出，能够保证各个污染物有效去除的时间明显缩短了。这是因为在反应层高度相同时，进水流速越大，对反应层的传质推动力越大，导致污染物与反应层的接触时间缩短，污染物未来得及和反应层充分接触便流出动态柱。但进水流速也不宜太小，太小的进水流速会延长接触时间，在相同的处理时间内处理的水量小，所以选择最佳进水流速为 4mL/mim 较为适宜。

8.4.2.3　进水浓度对复合污染地下水处理效果的影响

配制好含 $Cr(Ⅵ)$、$Cr(Ⅲ)$、SO_4^{2-} 浓度不同的混合水样 3 份，调节初始 pH＝4.6，设置蠕动泵进水流速为 4mL/min，原水水样经蠕动泵提升后分别进入 A、B、C 三个动态柱，A、B、C 三个动态柱进水污染物成分见表 8.17。

表 8.17　三个动态柱的进水成分

动态柱	A	B	C
$c_{硫酸根}$/(mg/L)	500	500	500
$c_{六价铬}$/(mg/L)	50	10	10
$c_{三价铬}$/(mg/L)	10	10	10
pH 值	4.6	4.6	4.6

每个动态柱中均装有 20cm 高的纳米 ZrO_2-SRB 颗粒反应层，每隔 24h 取样一次，测定出水溶液中各污染物的浓度及出水 pH 值，处理结果如图 8.46～图 8.48 所示。

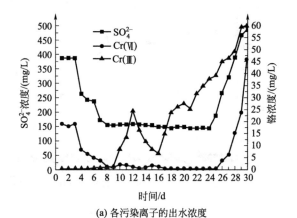

(a) 各污染离子的出水浓度

(b) 对污染水 pH 值的提升效果

图 8.46　动态柱 A 内纳米 ZrO_2-SRB 颗粒对污染水的处理效果

（1）A 动态柱对污染水的处理效果

（2）B 动态柱对污染水的处理效果

（3）C 动态柱对污染水的处理效果

对比 A、B、C 三个动态柱内的出水情况来看，当 Cr(Ⅵ) 的浓度增加到 50mg/L 时，

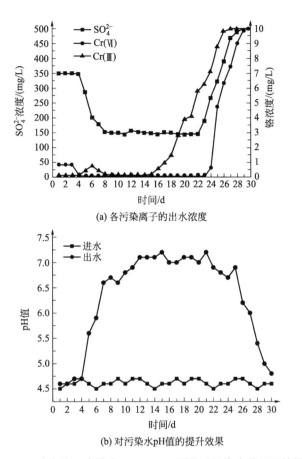

(a) 各污染离子的出水浓度

(b) 对污染水pH值的提升效果

图 8.47 动态柱 B 内纳米 ZrO_2-SRB 颗粒对污染水的处理效果

纳米 ZrO_2-SRB 颗粒对 Cr(Ⅵ) 的最大去除率仍然可维持在 99.7%。但是在初始 1~3d 时由于 SRB 的活性较低，A 动态柱的出水中 Cr(Ⅵ) 的去除率仅为 62.3%，相比于 B 动态柱中的 91.8% 来看去除率明显下降，说明纳米 ZrO_2 对高浓度的 Cr(Ⅵ) 的选择吸附性较低，但是靠 SRB 对 Cr(Ⅵ) 的还原作用仍然可使其出水浓度维持在较佳的水平，且 Cr(Ⅵ) 浓度增大后，不会影响纳米 ZrO_2 对 Cr(Ⅲ) 的吸附效果，但 SO_4^{2-} 的去除效果会

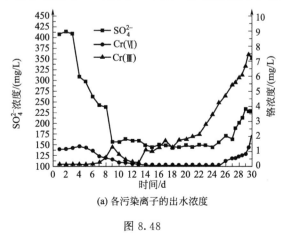

(a) 各污染离子的出水浓度

图 8.48

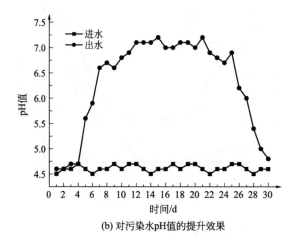

(b) 对污染水pH值的提升效果

图 8.48　动态柱 C 内纳米 ZrO_2-SRB 颗粒对污染水的处理效果

受一定的影响，由此可看出，纳米 ZrO_2 对 $Cr(III)$ 的吸附选择性优于 $Cr(VI)$，优于 SO_4^{2-}。

参考文献

［1］Debabrata P，Lala B，Matthew S，et al. Recent Bioreduction of Hexavalent Chromium in Wastewater Treatment：A Review［J］. Journal of Industrial and Engineering Chemistry，2017，55：1-20.

［2］Romanenko V I，Korenkov V N. Pure Culture of Bacteria Utilizing Chromates and Bichromates as Hydrogen Acceptors in Growth under Anaerobic Conditions［J］. Mikrobiologiia，1977，46：414-417.

［3］柴立元，龙腾发，唐宁，等. 微生物治理碱性含铬废水的试验研究［J］. 中南大学学报（自然科学版），2005（5）：102-106.

［4］Kabir M M，Fakhruddin A N M，Chowdhury M A Z，et al. Isolation and Characterization of Chromium（VI）-reducing Bacteria from Tannery Effluents and Solid Wastes［J］. World Journal of Microbiology and Biotechnology，2018，34（126）：1-17.

［5］Mary Mangaiyarkarasi M S，Vincent S，Janarthanan S，et al. Bioreduction of Cr(VI) by Alkaliphilic *Bacillus subtilis* and Interaction of the Membrane Groups［J］. Saudi Journal of Biological Sciences，2010，18（2）：157-167.

［6］Banerjee S，Kamila B，Barman S，et al. Interlining Cr(VI) Remediation Mechanism by a Novel Bacterium *Pseudomonas brenneri* Isolated from Coalmine Wastewater［J］. Journal of Environmental Management，2019，233：271-282.

［7］Bala R，Thukral A K. Phytoremediation of Cr(VI) by Spirodelapolyrrhiza(L) Schleiden Employing Reducing and Chelating Agents［J］. International Journal of Phytoremediation，2011，13（5）：465-491.

［8］赵宇华，叶央芳，刘学东. 硫酸盐还原菌及其影响因子［J］. 环境污染与防治，1997（5）：41-43.

［9］李想，张雪英，王婷，等. *Desulfovibrio desulfuricans* G20 生理特性及处理含铬（VI）硫酸盐废水的研究［J］. 生物加工过程，2018，16（03）：71-77.

［10］宋霄敏，贡俊，白红娟，等. 硫酸盐还原菌去除铅的实验研究［J］. 工业安全与环保，2016，42（1）：4-7.

［11］Kiran M G，Pakshirajan K，Gopal Das. Heavy Metal Removal from Multicomponent System by Sulfate Reducing Bacteria：Mechanism and Cell Surface Characterization［J］. Journal of Hazardous Materials，2017，324：62-70.

［12］Hao O J，Huang J，Chen J M. Effects of Metal Additions on Sulfate Reduction Activity in Wastewaters［J］. Toxicological & Environmental Chemistry，1994，46：197-212.

［13］ 李喜林，范明，曹娟，等．二次回归正交旋转组合优化硫酸盐还原菌处理高浓度含铬废水研究［J］．安全与环境学报，2020，20（04）：1526-1533.

［14］ 潘响亮．硫酸盐还原菌混合菌群胞外聚合物对 Cu^{2+} 的吸附和机理［D］．上海：中国科学院上海冶金研究所，2000.

［15］ Wang Y T，Shen H. Modelling Cr(Ⅵ) Reduction by Pure Bacterial Cultures［J］. Water Research，1997，31（4）：727-732.

［16］ Li Xilin，Fan Ming，Liu Ling，et al. Treatment of High-Concentration Chromium-Containing Wastewater by Sulfate-Reducing Bacteria Acclimated with Ethanol［J］. Water Science and Technology，2019，80（12）：2362-2372.

［17］ 谢娇娇．溶胶-凝胶法 ZrO_2/聚苯酯复合材料的性能研究［J］．陶瓷，2017，31（4）：33-36.

［18］ 王国祥．聚丙烯酰胺/二氧化钛杂化材料的合成与表征［J］．化学工业与工程技术，2008，8（10）：30-37.

［19］ 徐瑞芬，佘广为．原位聚合法制备纳米 TiO_2/有机改性丙烯酸酯复合乳液［J］．有机硅材料，2003，46（4）：32-37.

［20］ 张颖，张磊，李喜林．纳米 ZrO_2-SRB 颗粒对酸性铬和氟污染地下水的修复［J］．环境工程学报，2020，14（5）：1170-1179.

［21］ Bala R，Thukral A K. Phytoremediation of Cr(Ⅵ) by Spirodelapolyrrhiza(L) Schleiden Employing Reducing and Chelating Agents［J］. International Journal of Phytoremediation，2011，13（5）：465-491.

［22］ 安文博，王来贵，狄军贞．生铁屑固定化硫酸盐还原菌颗粒特性实验分析［J］．非金属矿，2017，16（4）：8-11.

铬渣污染场地污染预测及修复污染土应用

9.1 铬渣污染场地污染控制及污染预测

9.1.1 沈阳铬渣堆场地下水污染模拟

9.1.1.1 研究区域概况

（1）自然环境概况

沈阳铬渣堆场位于沈阳沈北新区（原新城子区），地处沈阳市区北郊。沈北新区总面积 1098km²，总人口 31.94 万。沈北新区地势平坦、开阔，东部属丘陵地貌，中部属黄土堆积平原，西部属辽河冲积平原。本区属于北温带大陆性季风气候，四季分明，年平均气温 7.5℃，日照率 59%，无霜期 150d，年降水量 672.9mm。沈北新区内有辽河、蒲河等 7 条河流绵延流过。

（2）地下水污染调查

见第 2 章 2.3.1 小节。

（3）地质条件

铬渣堆存场地地形较平坦，地面标高介于 70.42～75.68m 之间，地形呈由西南向东北倾斜态势，为黄土型沉积地貌。地质勘探资料表明，研究区地质结构比较简单，场地地层为第四系冲洪积地层，主要由杂填土、粉质黏土和砾石层组成。其中，杂填土由碎石、砖块、砂质土、黏性土、生活垃圾等组成，结构松散，杂填土层在场地内广泛分布，层厚 0.20～2.00m，以下为粉质黏土，局部为黏土，黄褐色，含铁锰质结核，摇振反应无，稍有光泽，干强度中等，韧性中等，可塑。粉质黏土层在场地内广泛分布，层厚 7.60～12.80m；下面有 3.0～4.0m 的砾石层，土壤渗透性较好。勘察期间所有钻孔均遇到地下水，其类型为潜水，初见水位在地表下 1.0～7.0m 之间，稳定水位介于 0.70～3.80m，相当于绝对标高 71.07～73.81m[1]。

含水层主要接受山区地下水的侧向径流补给及区域降水补给，地下水流从西向东北，以向下游径流排泄为主，为渗入、径流循环。渗透系数较小，为 10^{-7} m/d，水力坡度为

0.1%～0.3%，径流速度较慢。资料显示研究区东部和西部均有地下水通量存在，南部和北部地下水等水位线基本上与边界垂直，为零通量边界。

　　9.1.1.2　地下水模拟区域和模拟参数的确定

　　（1）模拟区域

　　以沈北新区铬渣堆存场及周围地区地下水为模拟研究对象，以是否对附近区域造成地下水污染作为标准，数值模型长度取为 2000m，模型宽度取为 1000m，模型最大高度取为 70m，所建模型如图 9.1 所示（彩色版见书后）。

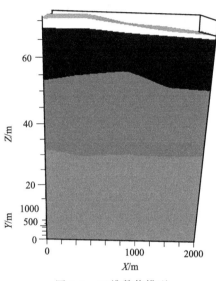

图 9.1　三维数值模型

　　（2）网格剖分

　　模型差分网格剖分如图 9.2 所示，为节约计算时间，对铬渣堆存场区域做较密剖分，

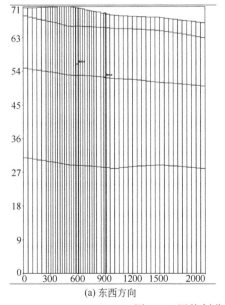

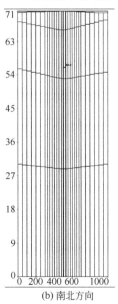

(a) 东西方向　　　　　　　　　　(b) 南北方向

图 9.2　网格剖分

共 1066 个网格单元。

（3）水文地质参数

水文地质参数是渗流模型中的一个重要组成部分，直接决定数值计算是否科学合理，因此应该谨慎选取。根据该地区水文地质情况并且参考同类型相关地质数据，确定了渗透系数（K）、给水度（S）、孔隙度（n）、吸附分配系数、迟滞因子等水文地质参数。在建立数值模型过程中，对不同岩性含水层的数值模型分层赋值，第四层赋值同第 2 层，模型参数赋值结果如表 9.1 所列。

表 9.1　模型参数

参数	取值	参数	取值	参数	取值
K_1/(m/s)	8.31×10^{-7}	n_1	0.28	$K_d^{砂}$/(cm³/g)	0.0149
K_2/(m/s)	9.26×10^{-9}	n_2	0.32	$K_d^{黏}$/(cm³/g)	0.0439
K_3/(m/s)	2.43×10^{-3}	n_3	0.26	$K_d^{砾}$/(cm³/g)	0.0002
S_1	0.11	a_{L1}/m	0.0134	$R_d^{砂}$	1.069
S_2	0.045	a_{L2}/m	0.00173	$R_d^{黏}$	1.158
S_3	0.25	a_{L3}/m	2.36	$R_d^{砾}$	1.001

（4）边界条件

边界条件即模拟研究区空间的补排条件。根据调查资料，地下水流方向从西至东北，潜水含水层水位埋深为 0.7～17.0m，稳定水位介于 0.70～3.80m，相当于绝对标高 71.07～73.81m。接受本地降雨补给和西部方向的地下径流补给，南部和北部的地下水等水位线基本上与边界垂直，为零通量边界。西部方向潜水边界水头 70m，东部方向潜水边界水头 66.5m，西部承压水边界水头 68m，东部承压水边界水头 63m。模型边界条件如图 9.3 所示。

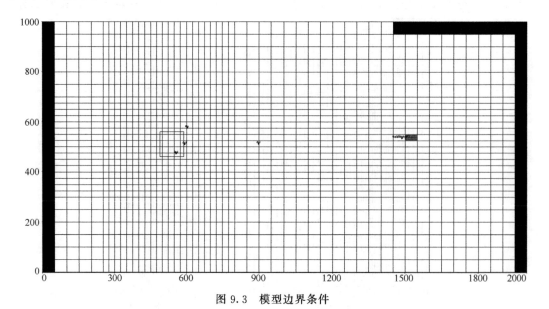

图 9.3　模型边界条件

根据沈阳市多年来的降雨资料，按年均降雨量 672.9mm/a 和降雨入渗补给系数 0.2，计算得降雨入渗量 134.6mm/a，根据降雨量、铬渣含水量、铬渣堆场面积，参考相关文献，计算得渗滤液入渗量 102.8mm/a。将降雨入渗量和渗滤液入渗量的计算值一并赋予数值模型中。

9.1.1.3　模拟预测及分析

沈阳铬渣堆存场 1956 年企业开始生产铬盐，1998 年采取防渗措施，40 年产生 30 万吨铬渣。本次模拟分两阶段进行：第一阶段为未防渗前 40 年地下水污染情况；第二阶段为采取防渗措施后 60 年，地下水污染情况及未来污染情况预测，模拟时间跨度 100 年。另外，将模拟不采取防渗措施条件下污染情况，以和采取防渗措施对比分析。

（1）沈阳未防渗前 40 年地下水污染模拟

模拟时间跨度为 1958～1998 年的 40 年里，铬渣堆场渗滤液 Cr(Ⅵ) 在土壤-地下水系统中运移情况。Cr(Ⅵ) 看作恒定面源，根据现有国内外资料[2,3]，参考厂区实际情况，浓度值采用 235mg/L，将该值作为渗滤液污染源初始浓度值，连续 40 年渗入含水层。等水位线如图 9.4 所示，符合该地区地下水流动状态。

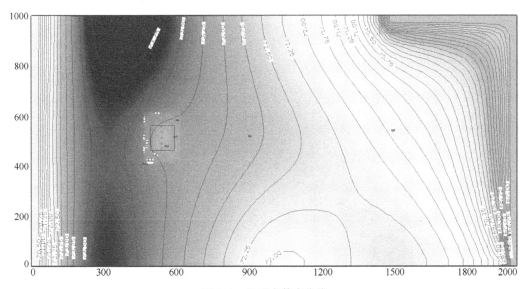

图 9.4　地下水等水位线

在污染源区选定 5 个溶质质点，观察其迁移路径。溶质迁移路径如图 9.5 所示。图中清楚显示，溶质从污染源区始发，沿水流方向向下游（排泄区）移动。

图 9.6～图 9.9 是 Cr(Ⅵ) 污染晕二维浓度场分布图。

对二维污染晕浓度分布图 9.6～图 9.9 进行分析可知：

① 污染面积随着时间的推移向 x 轴正方向扩大，即地下水流的下游方向污染范围较大，地下水流的上游方向污染范围很小，y 轴方向即地下水流的两侧方向，污染范围也比较小，而且基本呈对称分布。这主要是由于溶质随地下水流运移过程中对流-弥散作用的结果，从而进一步说明在污染物运移的过程中，对流和弥散对污染物的运移起主要作用。

② 随着时间的推移，污染晕的范围越来越大，逐渐呈羽状，浓度值向两轴方向逐次递减，渗滤液污染程度与距污染源的距离有关，距离污染源越远，污染物的浓度越低。

③ 在污染物浓度平面分布图中，同一位置污染物的浓度值随时间呈逐渐增大的趋势。

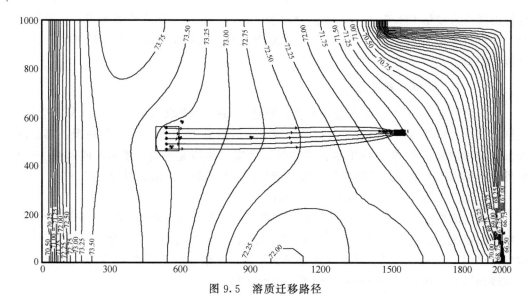

图 9.5　溶质迁移路径

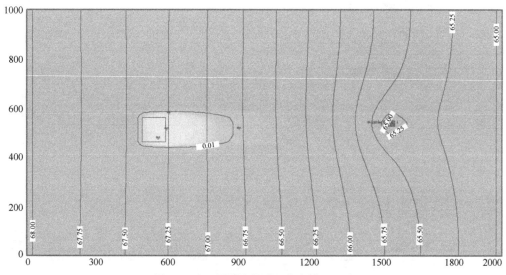

图 9.6　Cr(Ⅵ) 浓度平面分布图（10 年）

图 9.10 是 Cr(Ⅵ) 污染晕三维浓度场分布图（彩色版见书后）。

对三维污染晕浓度分布图 9.10 进行分析可知：

① 在潜水含水层上部（即渗透性较差的黏土层），Cr(Ⅵ) 水平运移较慢，主要向下方砾石层渗漏，侧向运移也较少，污染物浓度较大，但污染晕范围较小，说明污染物以弥散为主要迁移方式，同时吸附作用明显。在下部渗透性较好的砾石层，Cr(Ⅵ) 一方面随水流向前运动，一方面横向迁移扩大污染范围，污染晕范围明显增大，说明 Cr(Ⅵ) 以对流为主要迁移方式。进一步说明了土壤渗透性对污染物运移的影响作用，同时侧面反映了防渗层中污染物迁移的机理及防渗层重要性。

② Cr(Ⅵ) 随水流运移的同时逐渐向下方渗漏，空间上的污染范围不断扩大，污染浓度逐次递减，在污染源下部砾石层（17～40m）范围内污染较严重。

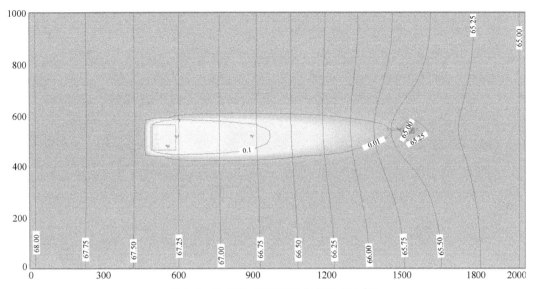

图 9.7　Cr(Ⅵ) 浓度平面分布图（20 年）

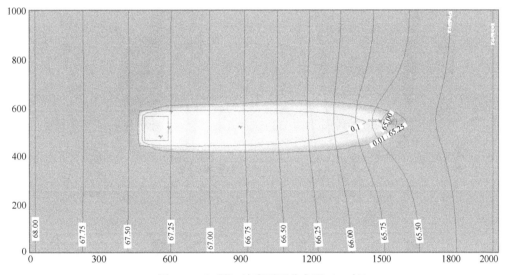

图 9.8　Cr(Ⅵ) 浓度平面分布图（30 年）

③ 在污染物浓度立面分布图中，深度方向上的同一位置污染物的浓度值随时间呈逐渐增大的趋势，40 年里污染物运移到砾石层，还未对深处黏土层造成污染。

④ 对比非均质层砂箱模型试验与数值模拟中的污染物运移情况，发现在两种模型中污染物的迁移方式基本相同。

从二维、三维污染晕浓度分布图都可以看出，沈阳铬渣堆存场由于上层为 2.5～15m 的粉质黏土层，吸附作用较强，污染物迁移速度较慢，40 年里污染物迁移速度和污染范围都较小，但其下渗对地下水的隐蔽性污染需特别重视。

（2）沈阳采取防渗措施后 60 年地下水污染预测

1998 年，铬渣山用凌镁板和沥青玻璃布作为防水材料，建设水泥地面防渗设施，进行了封闭处理。图 9.11 是铬渣堆场采取的防渗措施模拟方案。

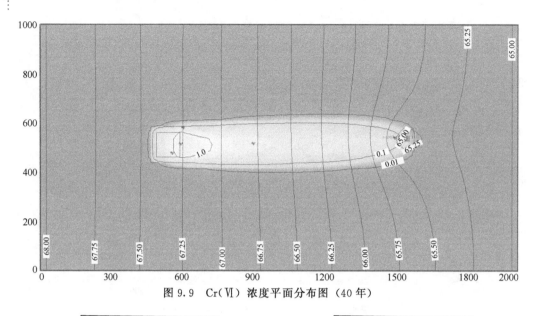

图 9.9 Cr(Ⅵ) 浓度平面分布图 (40 年)

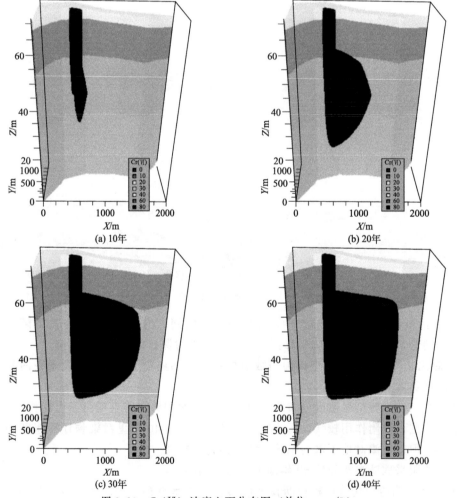

图 9.10 Cr(Ⅵ) 浓度立面分布图 (单位：mg/L)

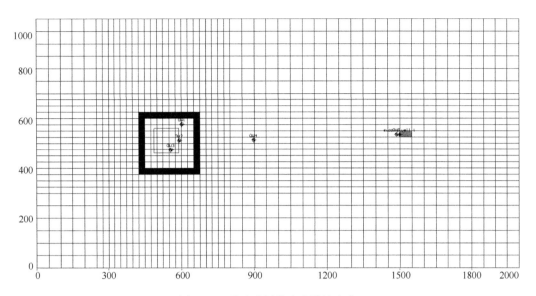

图 9.11　渗滤液污染防范措施方案

图 9.12～图 9.16 分别是采取防渗措施后 Cr(Ⅵ) 污染晕二维浓度场分布图和三维浓度场分布图（图 9.16 彩色版见书后）。

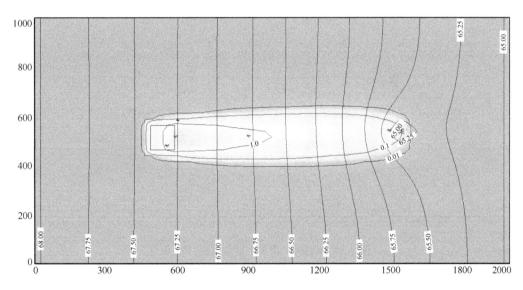

图 9.12　Cr(Ⅵ) 浓度平面分布图（50 年）

从图 9.12～图 9.16 可以看出：

① 采取防渗措施后，污染物浓度在 60 年里继续缓慢增长，之后出现下降，这是由于黏土中吸附的 Cr(Ⅵ) 的延迟释放，说明污染物的稀释是一个缓慢的过程，具有长期性，一旦污染自然的修复需要相当长时间。

② 采取防渗措施后，污染晕扩散范围在 80 年内仍缓慢增大，同一位置污染物的浓度值随时间呈先增大后减小（60～80 年开始增大，80 年后开始减小）趋势。

③ 随着时间推移，污染物在纵向上仍旧发生运移，由点向面扩散，80～100 年已经

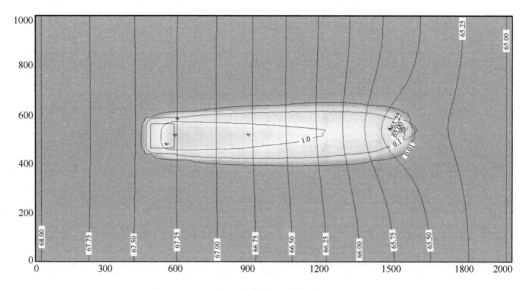

图 9.13　Cr(Ⅵ) 浓度平面分布图（60 年）

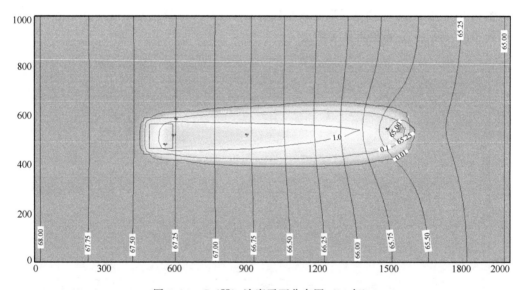

图 9.14　Cr(Ⅵ) 浓度平面分布图（80 年）

污染到深 70m 的黏土层，进一步说明 Cr(Ⅵ) 污染的危害性和隐蔽性之大，使其恢复原有状态是非常复杂和艰难的工作。

9.1.1.4　数值模拟结果验证

图 9.17 是数值模拟值与现场实际水质监测值对比图，由于各井浓度值相差较大，为了能在同一图中显示，取纵坐标为 Cr(Ⅵ) 浓度的对数，横坐标为时间，现场监测中 1# 井、2# 井、3# 井依次为铬渣堆场内 40m 深、15m 深和 70m 深监测井，4# 井为铬渣堆场外监测井，5# 井为 1km 处民用井。

由图 9.17 可以看出，除了铬渣堆场内 15m 深处和铬渣堆场外附近 Cr(Ⅵ) 污染严重外，铬渣堆场内 70m 深处监测井和厂区外 1km 处民用井也出现了污染，这体现了Cr(Ⅵ)

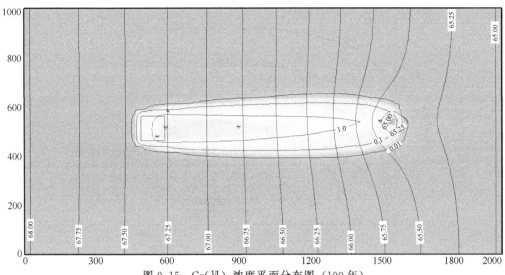

图 9.15　Cr(Ⅵ) 浓度平面分布图 (100 年)

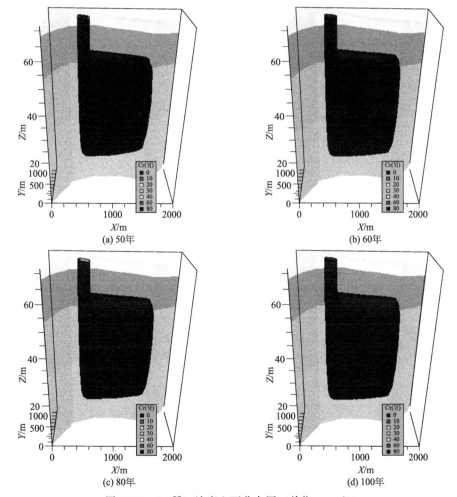

图 9.16　Cr(Ⅵ) 浓度立面分布图 (单位：mg/L)

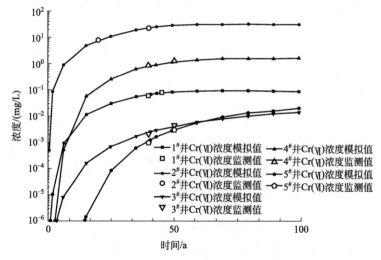

图 9.17 数值模拟值与实测值对比

污染向地下深处和远处同时运移的特点，给污染的治理带来相当大的困难，对附近居民的危害较大，因此需特别重视，及时对污染土壤和地下水进行修复，以防污染进一步扩散。

为了能清晰显示在采取防渗措施后，地下水中 Cr(Ⅵ) 浓度的变化，以 $1^\#$ 井为例，对比数值模拟值与现场实际水质监测值，如图 9.18 所示。从图 9.18 可以看出，$1^\#$ 井 Cr(Ⅵ) 浓度在 60 年前增长较快，60 年后开始出现下降，这一方面体现了采取措施的有效性；另一方面也可以看出，污染物浓度的降低具有时间滞后性，采取防渗措施后，黏土层吸附的 Cr(Ⅵ) 要发生解吸，因此出现延迟。

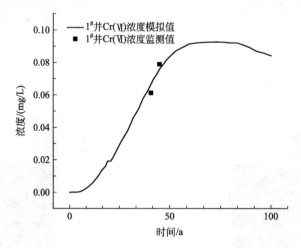

图 9.18 $1^\#$ 井数值模拟值与实测值对比

将数值模拟结果与研究区域水质监测井的地下水监测数据进行对比分析，进一步验证数学模型的可靠性。数据对比分析如表 9.2 所列。

由表 9.2 可以看出，监测值与模拟值的最小相对误差是 2005 年的 $4^\#$ 井，相对误差为 0.43%，最大相对误差是 1996 年的 $5^\#$ 井，相对误差为 20%，通常认为在小于 20% 的范围内数值模拟可靠，因此，认为该数学模型和数值模拟方法是可靠的，可以应用于其他地区地下水污染问题。

表 9.2 数值模拟值与监测值对比

项目	1976年	1996年					2001年	2005年		
监测井号	2#	1#	2#	3#	4#	5#	1#	3#	4#	5#
模拟值/(mg/L)	7.58	0.065	22.07	0.0025	0.78	0.0012	0.076	0.0042	1.155	0.0031
监测值/(mg/L)	7.46	0.061	22.21	0.0022	0.75	0.001	0.08	0.005	1.16	0.003
误差/%	1.61	6.56	0.63	13.64	4.0	20.0	5.0	16.0	0.43	3.33

不采取防渗措施地下水污染情况：假设不采取防渗措施，测定地下水的污染情况，以和采取防渗措施进行对比分析。图9.19～图9.21是不采取防渗措施情况下，80年和100年时 Cr(Ⅵ) 污染晕二维浓度场分布图和三维浓度场分布图（图9.21彩色版见书后）。

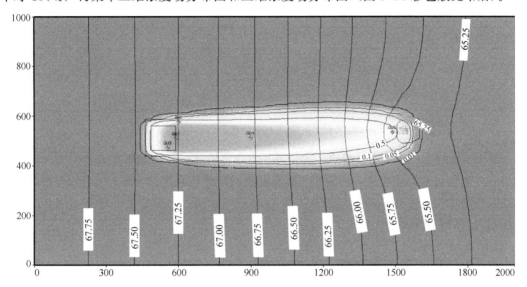

图 9.19 Cr(Ⅵ) 浓度平面分布图（80年）

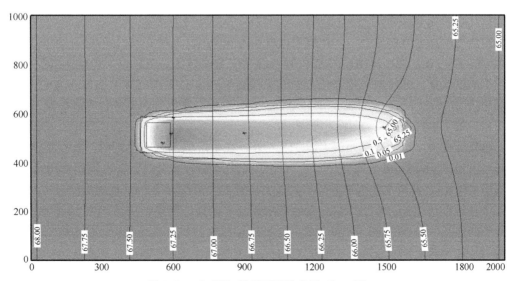

图 9.20 Cr(Ⅵ) 浓度平面分布图（100年）

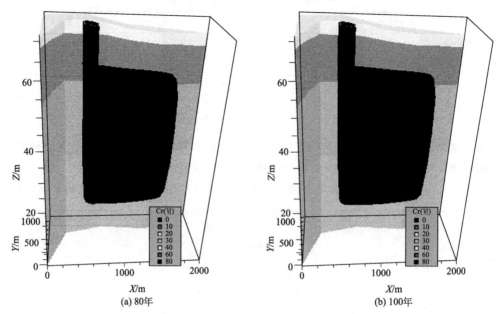

图 9.21　Cr（Ⅵ）浓度立面分布图（单位：mg/L）

从图 9.19～图 9.21 可以看出：如果不采取防渗措施，污染物浓度在水平方向的运移和垂直方向的运移都比较快，污染面积随着时间的推移显著扩大，同一位置污染物的浓度值随时间呈增大趋势明显，70m 的深井和 1km 外的农用井污染都非常严重，进一步验证了防治措施的有效性。

9.1.2　锦州铬渣堆场地下水污染模拟

9.1.2.1　研究区域概况

（1）自然环境概况

锦州地处辽宁省西南部，北依松岭山脉，南临渤海辽东湾。地势西北高，东南低，从海拔 65m 的山区，向南逐渐降到海拔 30m 以下的平原村庄。本区位于中纬度地带，属于温带季风性气候，常年温差较大，全年平均气温 8～9℃，年降水量平均为 540～640mm，无霜期达 180d。气候主要特征：四季分明，各有特色，季风气候显著，大陆性较强。

（2）地下水污染调查

研究区在锦州市西郊女儿河上游 15km 处，在生产铬系列产品同时，积存铬渣 50 余万吨，占地 50 多亩，并且每年仍有 2 万吨的铬渣排放到堆场中。区内堆放铬渣含 0.8% 左右的 Cr（Ⅵ），经雨水淋溶渗入地下，造成地下水大面积污染。20 世纪 70 年代，堆场下游 7 个自然屯约 10km 长、2.5km 宽地下水受到 Cr（Ⅵ）污染，厂区下游 1800 多眼民用水井不能使用。20 世纪 80 年代，对附近 125 眼灌溉水井进行重复检验，检出含 Cr（Ⅵ）的 20 眼井中超国家规定灌溉水允许标准（0.1mg/L）的有 8 眼，严重超标的竟高达0.77mg/L，超过 7 倍之多。铬渣山的污染使周围女儿河乡及新民乡 13 个村受害，含 Cr（Ⅵ）井水灌溉菜田面积达 1800 亩，占总菜田面积的 23%，特别是铬渣山附近的杨兴、十里台、温家等地农田土壤中含铬量平均竟高达 66.0mg/kg。2000 年监测数据表明，堆存场下游 5 个自然屯中仍有 2 个自然屯地下水中 Cr(Ⅵ) 浓度超标 3～10 倍，与 10 年前相比有所下降，下降的幅度从 14.7%～74.8% 不等，说明在自然条件下，Cr(Ⅵ) 污染状态会长期持续存在[4,5]。

（3）地质条件

研究区地层覆盖第四系，位于女儿河一级阶地和山前坡洪积扇裙的前缘，主要为中元古界雾迷山组白云质灰岩和义县组火山岩，场地地形较平坦，地面标高为 37.46～38.91m，地貌为河流冲积阶地。地质勘探资料表明，研究区地质结构比较简单。场地地层构成自上而下依次为杂填土、粉质黏土、粉质砂土和砾石层。杂填土主要由黏性土、砂土、砖块组成，稍密，厚度为 0.2～3.0m；粉质黏土连续分布，厚度为 0.2～6.0m；粉质砂土呈稍密状态，厚度约 2.5～8.2m；砾石层中密，0.8～2.4m。勘察期间，各钻孔在勘察深度内均遇到了地下潜水，水位埋深为 0.5～7.3m，该地下水以大气降水为补给来源，受季节影响，水位年变化幅度约 1.0～2.0m。单位涌水量 100～200m³/d，属于碳酸盐类孔隙裂隙水和碎屑岩类孔隙裂隙水。含水层主要接受山区地下水的侧向径流补给及区域降水补给，地下水流方向西至东北，以向下游径流排泄为主，为渗入、径流循环。渗透系数为 10～36m/d，水力坡度为 0.2%～0.5%，径流速度较快，条件较好。资料显示研究区东部和西部均有地下水通量存在，南部和北部地下水等水位线基本上与边界垂直，为零通量边界。

（4）防渗墙布设

1982 年 11 月，堆场周围建成一座地下帷幕混凝土防渗墙。墙体为闭合的五边形，周长 800m，墙体宽 0.7m，平均深度 14.45m，墙体嵌入弱风化至新鲜基岩平均 1.1m，截水面积 10720m²，投入使用 30 多年，对防治 Cr(Ⅵ) 对地下水污染扩散起到了显著效果[6]。

9.1.2.2　地下水模拟区域和模拟参数的确定

（1）模拟区域

以锦州市太和区某铬渣堆存场及周围地区地下水为模拟研究对象，以是否对下游村庄造成污染作为标准，数值模型长度取为 4000m，模型宽度取为 2000m，模型最大高度取为 26m，所建模型如图 9.22 所示（彩色版见书后）。

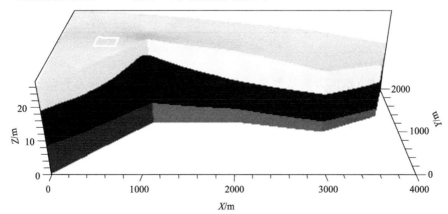

图 9.22　三维数值模型

（2）网格剖分

模型差分网格剖分如图 9.23 所示，为节约计算时间，对铬渣堆存场区域做较密剖分，共 4400 个网格单元。

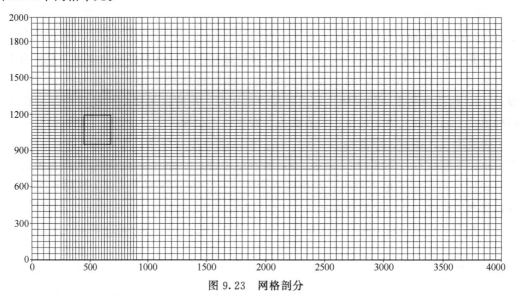

图 9.23　网格剖分

（3）水文地质参数[7]

根据锦州地区水文地质情况并且参考同类型相关地质数据，确定了渗透系数（K）、给水度（S）、孔隙度（n）、吸附分配系数、迟滞因子等水文地质参数。在建立数值模型过程中，对不同岩性含水层数值模型分层赋值。模型参数赋值结果如表 9.3 所列。

表 9.3　模型参数

参数	取值	参数	取值	参数	取值
K_1/(m/s)	9.26×10^{-8}	n_1	0.32	$K_d^{砂}$/(cm³/g)	0.0149
K_2/(m/s)	8.31×10^{-6}	n_2	0.28	$K_d^{黏}$/(cm³/g)	0.0439
K_3/(m/s)	2.43×10^{-3}	n_3	0.26	$K_d^{砾}$/(cm³/g)	0.0002
S_1	0.045	a_{L1}/m	0.00173	$R_d^{砂}$	1.069
S_2	0.11	a_{L2}/m	0.0378	$R_d^{黏}$	1.158
S_3	0.25	a_{L3}/m	2.36	$R_d^{砾}$	1.001

（4）边界条件

根据调查资料地下水流方向从西至东北，潜水含水层水位埋深为 0.5～7.3m，接受本地降雨补给和西北方向的地下径流补给，是侧向补给与排泄，南部和北部的地下水等水位线基本上与边界垂直，为零通量边界。该地下水以大气降水为补给来源，受季节影响，水位年变化幅度约 1.0～2.0m。西部方向边界水头 25.5m，东北方向边界水头 15.5m。模型边界条件如图 9.24 所示。

根据锦州市多年来的降雨资料，按年均降雨量 563mm 和降雨入渗补给系数 0.2，计算得降雨入渗量 112.6mm/a，根据降雨量、铬渣含水量、铬渣堆场面积，参考相关文献，计算得渗滤液入渗量 92mm/a。将降雨入渗量和渗滤液入渗量的计算值一并赋予数值模型中。

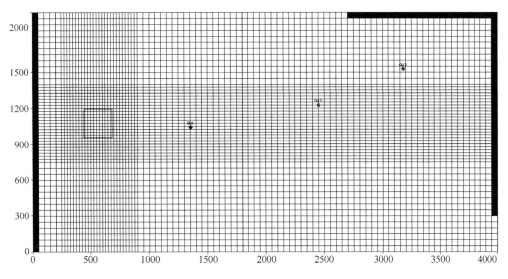

图 9.24 模型边界条件

9.1.2.3 模拟预测及分析

锦州铬渣堆存场 1962 年企业开始生产铬盐，堆存铬渣 50 万吨，1982 年采取防渗措施，本次模拟分两阶段进行。第一阶段为未防渗前 20 年地下水污染情况，第二阶段为采取防渗措施后 30 年，地下水污染情况及未来污染情况预测，模拟时间跨度 50 年。

（1）锦州未防渗前 20 年地下水污染模拟

模拟时间跨度为 1962～1982 年的 20 年里，铬渣堆场渗滤液 Cr(Ⅵ) 在土壤-地下水系统中运移情况。Cr(Ⅵ) 看作恒定面源，赋予浓度值 235mg/L，将该值作为渗滤液污染源的初始浓度值，连续 30 年渗入含水层。

等水位线如图 9.25 所示，符合该地区地下水流动状态。

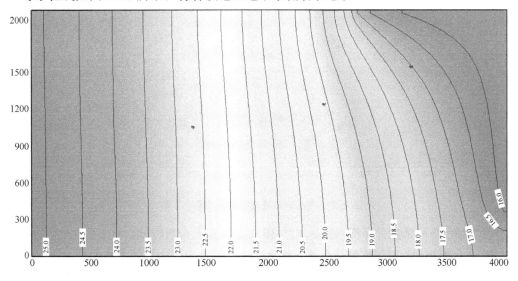

图 9.25 地下水等水位线

在污染源区选定 5 个溶质质点,观察其迁移路径。溶质迁移路径如图 9.26 所示。图中清楚显示,溶质从污染源区始发,沿水流方向向下游(排泄区)移动。

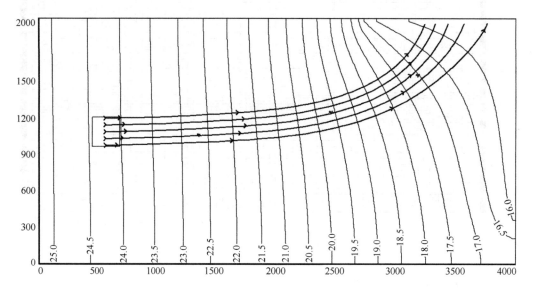

图 9.26 溶质迁移路径

图 9.27～图 9.30 分别是 Cr(Ⅵ) 污染晕二维浓度场分布图和三维浓度场分布图(图 9.30 彩色版见书后)。

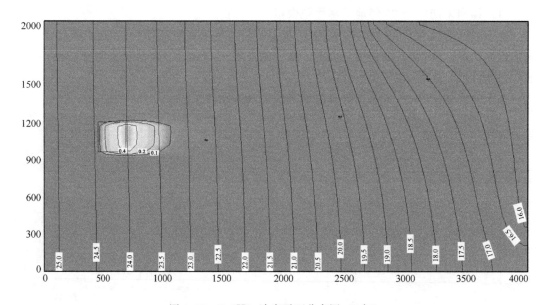

图 9.27 Cr(Ⅵ) 浓度平面分布图 (5 年)

对二维污染晕浓度分布图 (图 9.27～图 9.29) 进行分析可知:

① 污染面积随着时间的推移显著向地下水流下游方向扩大,地下水流的上游方向和两侧方向污染范围比水流方向小,但与沈阳堆存场相比,污染物弥散要快得多,体现在污染物运移过程中,表明对流和弥散对污染物的运移起主要作用,且与含水层岩层结果关系密切。

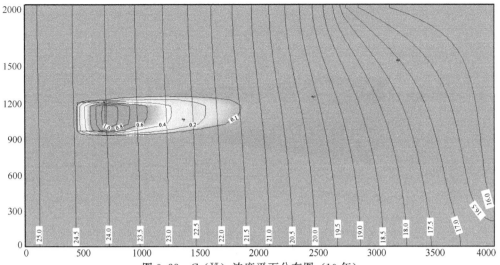

图 9.28　Cr(Ⅵ) 浓度平面分布图（10 年）

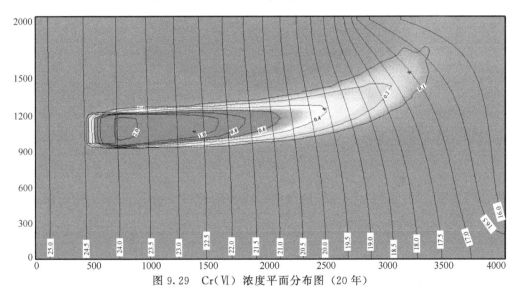

图 9.29　Cr(Ⅵ) 浓度平面分布图（20 年）

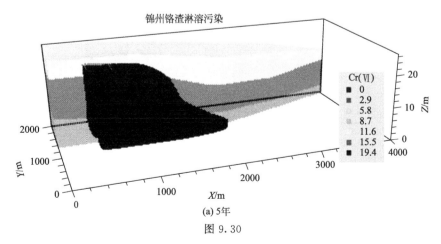

(a) 5年

图 9.30

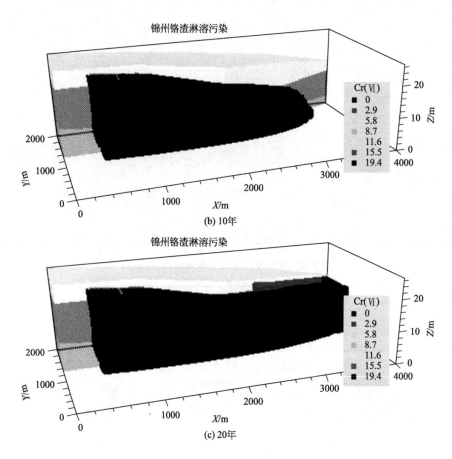

图 9.30　Cr(Ⅵ) 浓度立面分布图 (单位：mg/L)

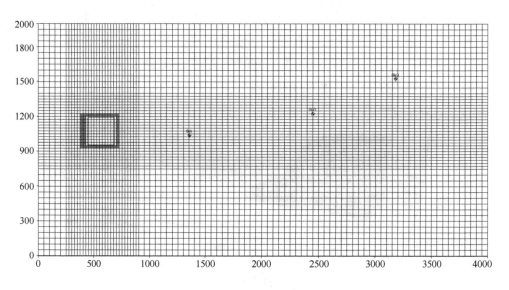

图 9.31　渗滤液污染防范措施方案

② 随着时间的推移，污染晕范围越来越大，逐渐呈羽状，浓度值向两轴方向逐次递减，渗滤液污染程度与距污染源的距离有关，距离污染源越远，污染物的浓度越低。

③ 在污染物浓度平面分布图中，同一位置污染物的浓度值随时间呈逐渐增大的趋势。

④ 对比沈阳铬渣堆存污染发现，锦州由于地层渗透性好，污染扩散范围和污染程度较沈阳都快得多，20 年附近 2km 的村庄都受到污染。

对三维污染晕浓度分布图（图 9.30）进行分析可知：

① Cr(Ⅵ) 除水平运移较快外，向下方渗漏速度也非常快，空间上污染范围也不断扩大，污染浓度逐次递减，在 5 年时 Cr(Ⅵ) 就已运移到最下面砾石层。

② 在污染物浓度立面分布图中，深度方向上的同一位置污染物的浓度值随时间呈逐渐增大的趋势，已经对 25m 深处地下水造成污染。

从二维、三维污染晕浓度分布图都可以看出，锦州铬渣堆场地层渗透系数大，因此比沈阳铬渣堆场污染速度和污染物浓度值都明显偏高，对地下水污染也更严重，因此更加亟须治理。

（2）锦州采取防渗措施后 30 年地下水污染预测

1982 年，铬渣周围设防渗挡墙，图 9.31 是铬渣堆场采取防渗措施模拟方案。

图 9.32～图 9.35 分别是采取防渗措施后 Cr(Ⅵ) 污染晕二维浓度场分布图和三维浓度场分布图（图 9.35 彩色版见书后）。

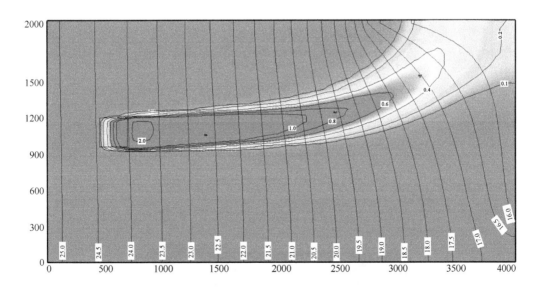

图 9.32　Cr(Ⅵ) 浓度平面分布图（30 年）

从图 9.32～图 9.35 可以看出：

① 采取防渗措施后，污染物浓度衰减依然具有延迟性，尽管 20 年时采取防渗措施，但由于黏土中吸附 Cr(Ⅵ) 延迟释放，28 年后污染物浓度才开始下降。

② 采取防渗措施后，污染晕扩散范围未见减小，但同一位置污染物的浓度值随时间呈先增大后减小趋势。

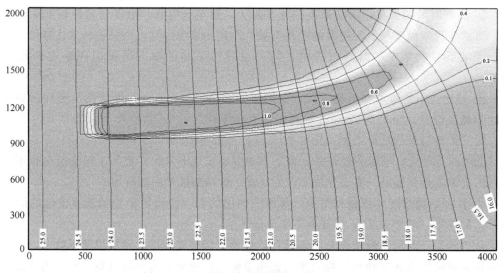

图 9.33　Cr(Ⅵ) 浓度平面分布图 (40 年)

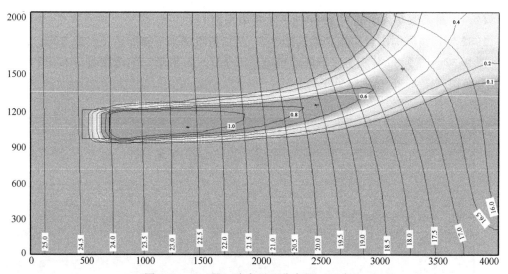

图 9.34　Cr(Ⅵ) 浓度平面分布图 (50 年)

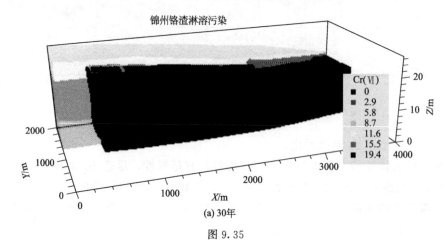

(a) 30年

图 9.35

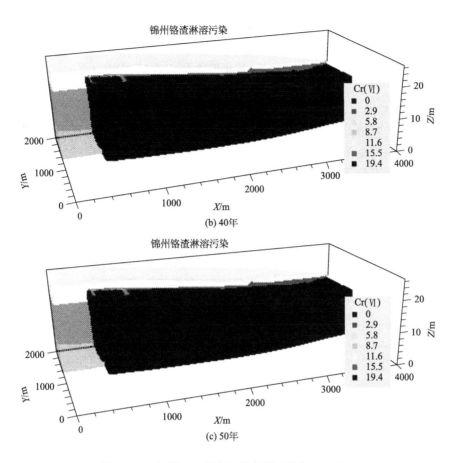

图 9.35　Cr(Ⅵ) 浓度立面分布图（单位：mg/L）

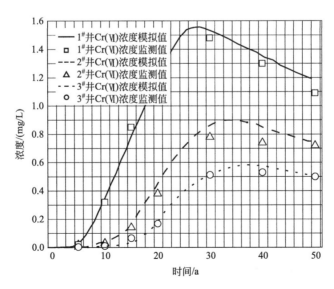

图 9.36　数值模拟值与实测值对比

9.1.2.4 数值模拟结果验证

图 9.36 是数值模拟值与现场实际水质监测值对比，取纵坐标为 Cr(Ⅵ) 浓度，横坐标为时间，现场监测中 1#井、2#井、3#井依次位于金厂堡村、女儿河村和杨兴村民用井。

由图 9.36 可以看出，距离污染源越远的监测井，污染物浓度越低，各监测井污染物浓度变化规律均为先增大，在采取防渗措施后继续增大一定时间后开始降低，体现了防渗措施的有效性，同时也体现了污染物浓度降低具有时间的滞后性。

将数值模拟结果与研究区域水质监测井的地下水监测数据进行对比分析，进一步验证数学模型的可靠性。数据对比分析如表 9.4 所列。

表 9.4 数值模拟值与监测值的对比

监测时间	监测井号	模拟值/(mg/L)	监测值/(mg/L)	误差/%
1972 年	1	0.316	0.320	1.25
	2	0.034	0.03	13.33
	3	0.0088	0.01	12.00
1977 年	1	0.710	0.850	16.47
	2	0.130	0.141	7.80
	3	0.053	0.065	18.46
1982 年	1	1.134	1.250	9.28
	2	0.398	0.38	4.74
	3	0.148	0.168	11.90
1992 年	1	1.546	1.480	4.46
	2	0.842	0.780	7.95
	3	0.495	0.512	3.32
2002 年	1	1.366	1.260	8.41
	2	0.860	0.740	16.22
	3	0.576	0.522	10.34

由表 9.4 可以看出，监测值与模拟值的最小相对误差是 1972 年的 1#井，相对误差为 1.25%，最大相对误差是 1977 年的 3#井，相对误差为 18.46%，通常认为在小于 20% 的范围内数值模拟可靠，因此，认为该数学模型和数值模拟方法是可靠的，可以应用于其他地区地下水污染问题。

9.2 联合修复铬污染土用于路基填料数值模拟

由第 6 章的研究可知，通过无侧限抗压强度特性评价、毒性淋滤特性评价和耐久性评价，由固化剂水泥、还原剂 CaSₓ、吸附剂粉煤灰合成沸石共同组成的复合制剂，对 Cr(Ⅵ)

和 Cr(Ⅲ) 污染土具有良好的联合修复效果。铬污染土联合修复后无侧限抗压强度高，毒性浸出浓度低，耐久性能较稳定，有利于稳定建设工程质量，可作为路基填料、建筑材料等得到资源化再利用。

将固化/稳定化后的铬污染土用于路基填料，既能解决重金属造成的土壤污染问题，又能节省公路建设材料，实现再利用，成为一种资源化修复模式，具有较高的经济效益、环境效益和社会效益。

本章通过 FLAC 软件数值模拟，对原状土和固化后污染土体垫层路基的稳定性、沉降量进行了计算对比分析，以评价联合修复铬污染土填筑路基垫层的路用性能，特别考虑固化土作为桥头过渡段路基填料的可行性。

9.2.1　工程概况

沈康高速（沈阳至康平高速公路）作为国家高速公路网的重要连接线之一和辽宁省高速公路网的重要组成部分，高速公路的建成，不仅对法库经济的快速发展提供了快捷、便利、舒适的交通运输条件，还极大地拉近了法库县与沈阳市区的时空距离，彻底终结了沈阳至康平、法库两县无高速公路相通的历史，沈阳实现了县县通高速的目标。2016 年开始扩建鸭绿江街至新城子段，全长 24.4km，计划投资 24.8 亿元，建设标准为设计时速 100km/h。

该地地势平坦、开阔，平均海拔为 58m；全区地势自东向西倾斜，东高西低，东部属丘陵地貌，中部属黄土堆积平原，西部属辽河冲积平原。本区属于北温带大陆性季风气候，四季分明，年平均气温 7.5℃，日照率 59%，无霜期 150d，年降水量 672.9mm。地质勘探资料表明，施工区地质结构比较简单，场地地层为第四系冲洪积地层，主要由杂填土、粉质黏土和砾石层组成。其中，杂填土由碎石、砖块、砂质土、黏性土、生活垃圾等组成，结构松散。杂填土层在场地内广泛分布，层厚 0.20～2.00m，以下为粉质黏土，局部为黏土，黄褐色，含铁锰质结核，摇振反应无，稍有光泽，干强度中等，韧性中等，可塑。粉质黏土层在场地内广泛分布，层厚 7.60～12.80m；下面有 3.0～4.0m 的砾石层，土壤渗透性较好。勘察期间所有钻孔均遇到地下水，其类型为潜水，初见水位在地表下 1.0～7.0m 之间，稳定水位介于 0.70～3.80m，相当于绝对标高 71.07～73.81m。

沈康高速鸭绿江街至新城子段需要大量的路基填料，同时，新城子区（现沈北新区）原铬渣堆场有大量铬污染土，将固化/稳定化后的铬污染土用于该路段路基填料，可解决公路建设所需材料问题，实现废物有效利用，也将为固化重金属污染土的工程应用提供有效利用途径。

基于此，本章以沈康高速鸭绿江街至新城子段高速公路为工程背景，用 FLAC 数值分析软件模拟固化后污染土用于路基填料，为工程应用提供前期理论基础。

9.2.2　基本理论

联合修复后污染土用于路基填料拟采用 FLAC 软件进行模拟。FLAC 分析的模型经过网格划分，物理网格映射成数学网格，数学网格上的某个结点就与物理网格上相应的结点坐标相对应。对于某一个结点而言，在每一时刻它受到来自其周围区域的合力的影响。如果合力不等于零，结点就具有了失稳力，就要产生运动。假定结点上集中有临接该结点的质量，于是在失稳力的作用下，根据牛顿定律，结点就要产生加速度，进而可以在一个时步中求得速度和位移的增量。对于每一个区域而言，可以根据其周围结点的运动速度求得它的应变率，然后根据材料的本构关系求得应力的增量。由应力增量求出 t 和 $t+\Delta t$ 时刻各个结点的不平衡力和各个结点在 $t+\Delta t$ 时的加速度。对加速度进行积分，即可得结点的新的位移值，由此可以求得各结点新的坐标值。FLAC 通过最大不平衡力及其比率来反映计算的收敛过程。如果单元的最大不平衡力或比率随着时步增加而逐渐趋于极小值，则计算是稳定的；否则计算就是不稳定的。

FLAC 作为一种基于显式有限差分法的快速拉格朗日数值分析方法，模型规定，连续体中描述一点的状态可由矢量 x_i、u_i、v_i 和 $\mathrm{d}v_i/\mathrm{d}t$ 表示，并定义拉应力的正方向为正。FLAC 在每个时步内所包含的计算过程如下[8]。

（1）应力

由柯西公式，对任一平面上单位法向量 $[n_{ij}]$ 和力矢量 $[t_{ij}]$ 有如下关系：

$$[t_{ij}]=[\sigma_{ij}][n_{ij}] \tag{9.1}$$

式中　σ_{ij}——质点的应力张量。

（2）应变和转动速率

当连续体中某个质点以速度矢量 $[v]$ 在空间内运动，在时间 $\mathrm{d}t$ 内连续体产生无限小应变 $\dfrac{v_i}{\mathrm{d}t}$，那么应变速率张量为：

$$\xi_{ij}=\frac{1}{2}(v_{i,j}+v_{j,i}) \tag{9.2}$$

除产生应变速率外，单元体还产生了刚体转动，转动速率张量 ω_{jk} 为：

$$\omega_{jj}=\frac{1}{2}(v_{i,j}-v_{j,i}) \tag{9.3}$$

其转动角速度为：

$$\Omega_i=-\frac{1}{2}e_{ijk}\omega_{jk} \tag{9.4}$$

式中　e_{ijk}——置换符号。

（3）运动及平衡方程

根据动量原理得到柯西运动方程：

$$\sigma_{ij,j}+\rho b_i=\rho\frac{\mathrm{d}v_i}{\mathrm{d}t} \tag{9.5}$$

式中　ρ——单元密度；

　　　b_i——单位质量的体积力；

　$\mathrm{d}v_i/\mathrm{d}t$——加速度。

在静力平衡分析中上式右端为零，则式（9.5）可用偏微分方程表示为：

$$\sigma_{ij,j}+\rho b_i=0 \tag{9.6}$$

（4）边界和初始条件

边界条件为施加在边界面上的应力［式(9.1)］、给定的位移、体积力。初始条件为单元体的初始应力状态。

（5）本构关系

本构关系的形式如下：

$$[\hat{\sigma}]_{ij} = H_{ij}(\sigma_{ij}, \xi_{ij}, \kappa) \tag{9.7}$$

式中　　$[\hat{\sigma}]_{ij}$——应力变化率张量；

　　　　H_{ij}——给定函数；

　　　　κ——考虑加载历史的参数。

采用 FLAC 软件进行数值模拟时，有 3 个基本部分必须指定，即有限差分网格、本构关系和材料特性、边界和初始条件。网格用来定义分析模型的几何形状，本构关系和与之对应的材料特性用来表征模型在外力作用下的力学响应特性，边界和初始条件则用来定义模型的初始状态（即边界条件发生变化或者受到扰动之前，模型所处的状态）。

在定义完这些条件之后，即可进行求解获得模型的初始平衡状态，然后变更模拟条件，进而求解获得模型对模拟条件变更后作出的响应。FLAC 软件一般求解流程见图 9.37。

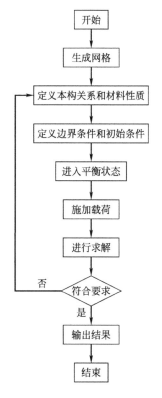

图 9.37　拉格朗日法求解流程

9.2.3　路基模拟方案

为研究联合修复铬污染土（此处称为固化土）用于路基垫层填料时的路用性能，对路基填料采用原土及固化土进行位移分析、塑性区分析及剪应变增量等模拟计算分析。原土为污染土，从污染角度考虑本不能作为路基填料，本部分不考虑毒性浸出，只作为固化土填料的对比土样。

9.2.3.1　计算模型与边界条件

（1）计算模型

依据《公路路基设计规范》（JTG D30—2015）对高速公路及一级路路基的规定进行模拟设计。路基包括路床、上路堤和下路堤，路基高度5.5m，路面宽度17m，路堤坡率为1∶1.5，地基深度为30m，地基横向宽度为80m，各层几何尺寸如表9.5所列。数值模拟中，在路基顶部中心处、路基与地基接触中心处、地基以下5m中心处、地基以下10m中心处及坡脚处布设5个监测点，计算模型及监测点布置如图9.38所示（彩色版见书后）。

表9.5　路基各层几何尺寸表

组号	路床	上路堤	下路堤	地基
厚度/cm	80	70	400	3000

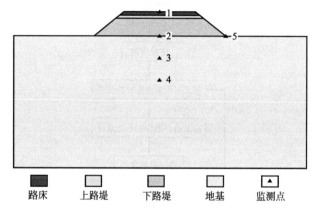

图9.38　计算模型及监测点布置

（2）边界条件

工程模拟联合修复铬污染土用于路基垫层填料，考虑高速公路路基沉降属于平面应变问题，固定模型两端及底部的位移，初始位移设置为零，模拟考虑路基自重影响，车辆荷载按150kPa考虑。

9.2.3.2　计算参数

FLAC中内置12种岩土本构模型以适应各种工程分析的需要，考虑莫尔-库仑模型适用于剪切破坏强度较低的黏结材料，如土体、低强度岩石、煤体及混凝土等弹塑性材料，具有广泛的适用性，因此，路基模拟采用莫尔-库仑模型。

（1）原土及联合修复的固化土 C、φ 值

考虑路基填土规范要求，路床压实度≥96%，上路堤≥94%，下路堤≥93%，原土及联合修复的固化土 C、φ 值通过直剪试验获得。试验分成原土、固化土2组进行，含水率均为22%，原土分别进行96%、94%和93%压实度的3次试验，固化土仅进行96%压实度试验，计算出每组试验4个试样在不同轴向压力下的抗剪强度，绘制在 σ-τ 坐标上，拟合成一条直线，直线方程为莫尔-库仑准则：$\tau = C + \sigma \tan\varphi$，直线交 τ 轴的截距即为土的

内聚力 C，直线倾斜角即为土的内摩擦角 φ，试验结果如图 9.39 所示。

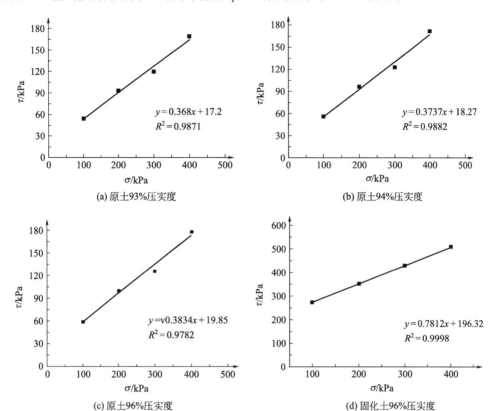

(a) 原土93%压实度　　　　(b) 原土94%压实度

(c) 原土96%压实度　　　　(d) 固化土96%压实度

图 9.39　原土及固化土抗剪强度试验结果

根据试验结果，获得原土和固化土不同压实度的 C、φ 值，填入表 9.6 中。

（2）其他模型参数

模型中用于路床、路基填料的原土及固化土体积模量、剪切模量来源于无侧限抗压强度试验结果，地基土参数来源于岩土工程勘察报告，具体计算参数如表 9.6 所列。

表 9.6　路基模型各层材料参数

项目	路床		上路堤		下路堤		地基
	原土	固化土	原土	固化土	原土	固化土	
体积模量/MPa	31.4	900	30.8	900	28.33	900	55.55
剪切模量/MPa	14.8	337.5	14.4	337.5	13.2	337.5	18.5
密度/(kg/m³)	1680	2080	1660	2080	1620	2080	1800
C/kPa	19.9	196.32	18.3	196.32	17.2	196.32	60
φ/(°)	21	38	20.5	38	20.2	38	25

9.2.4　计算结果及分析

FLAC 软件对路基模型进行沉降计算时，需要先将路基部分的网格定义为空模型，而将地基部分的网格定义为莫尔-库仑模型，进行初始应力计算，并将初始应力计算过程中产生的节点位移与速度进行清零处理。然后进行路基填筑的施工过程模拟，采用分层填筑方式，每层层高 30cm，逐层激活路基单元以施加路基荷载，同时进行求解。考虑地基为饱和黏性土，渗透性极差，将总沉降视作工后沉降。

地基初始应力云图如图 9.40 所示（彩色版见书后）。

图 9.40　地基初始竖向应力云图

9.2.4.1　位移分析

原土与固化土路基沉降量云图如图 9.41 所示（彩色版见书后），各监测点处竖向位移曲线如图 9.42 所示。

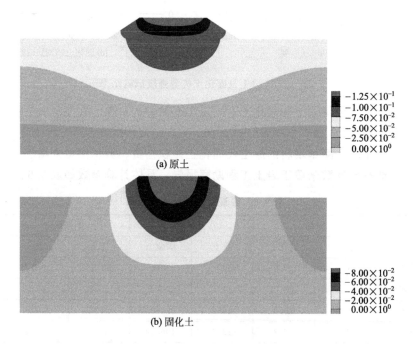

(a) 原土

(b) 固化土

图 9.41　原土与固化土路基沉降量云图

图 9.41(a) 为原土沉降量云图，彩色版图中红色区域为位移最大区域，路堤中心处的最大，沉降量最大值达到了 13.9cm，路基最大沉降量的大小与距离路基中心的距离成反比关系，越靠近路基中心线附近沉降量越大，越偏离路基中心线，沉降量越小。图中紫色区域为路基与地基接触部位，沿接触部位中心线处云图向外凸起，是由于路基中心沉降

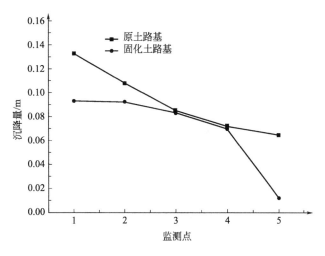

图 9.42　路基与地基中心监测点处竖向位移曲线

量较大引起的。图 9.41(b) 为固化土沉降量云图，路堤中心处位移最大，沉降量最大值达到了 9.1cm，沉降量减小了 4.8cm，主要是由于改性土用于路基填料后路基模量提高，路基的沉降量大大减小，提升了路基的稳定性。桥头过渡段路基是路基与结构物等衔接时需特殊处理的地段，是路基不均匀沉降控制的关键，要求沉降量控制在 10cm 以内，一般土体无法满足要求，而联合修复后的固化土则满足包括桥头过渡段路基填料在内的各类路基沉降要求，具有较强的适用性。

从图 9.42 可以看出，地基顶部中心处的位移最大，随着深度的增加竖向位移逐渐减小，地基中心处的竖向位移基本相同；监测点 2 位于路基与地基接触处，该处原土较固化土位移相差约 1.6cm，在路基顶部位移相差最大，相差约 4.8cm；在路基坡脚处，原土路基竖向位移为 6.5cm，而固化土路基仅为 1.2cm，可见采用固化土充填路基后路基稳定性明显提高。

9.2.4.2　塑性区分析

原土及固化土塑性区分布如图 9.43 所示（彩色版见书后）。

彩色版图 9.43 中紫色区域为塑性区，由于原土的强度较低，沉降量较大，原土路基与部分地基形成了塑性区，路基沉降区下部地基形成较宽塑性区；而固化土路基未进入塑性区，路基沉降区下部形成了一个由路基与地基接触处向下逐渐变窄的塑性区，可见固化土提升了路基的强度，路基沉降量降低，路基沉降对地基的影响范围也随之降低。

9.2.4.3　剪应力及剪应变增量分析

路基剪应力云图如图 9.44 所示（彩色版见书后），坡脚处监测点水平位移曲线如图 9.45 所示，原土及固化土剪应变增量见图 9.46（彩色版见书后）。

从图 9.44 可以看出，原土和固化土在坡脚处形成应力较高区域，同时向下延伸并贯通至地基底部；而固化土强度增加，沉降量降低，沉降区影响范围减小。图 9.45 显示，坡脚处（监测点 5）原土水平位移为 2.18cm，而固化土水平位移仅为 0.49cm，固化土水平位移明显小于原土。

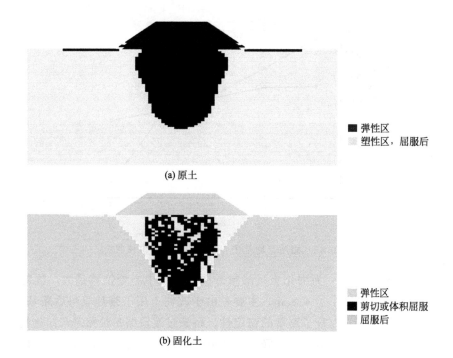

■ 弹性区
▨ 塑性区，屈服后

(a) 原土

▨ 弹性区
■ 剪切或体积屈服
▨ 屈服后

(b) 固化土

图 9.43　原土及固化土塑性区分布

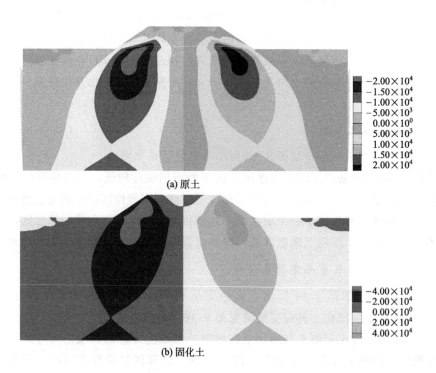

-2.00×10^4
-1.50×10^4
-1.00×10^4
-5.00×10^3
0.00×10^0
5.00×10^3
1.00×10^4
1.50×10^4
2.00×10^4

(a) 原土

-4.00×10^4
-2.00×10^4
0.00×10^0
2.00×10^4
4.00×10^4

(b) 固化土

图 9.44　原土及固化土剪应力云图

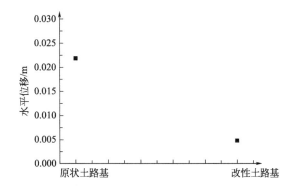

图 9.45　坡脚处监测点水平位移图

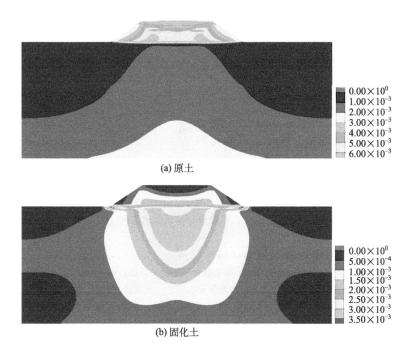

图 9.46　原土及固化土剪应变增量

由图 9.46 可以看出,原土路基强度较低,在路基与地基接触处中心位置剪应变变化最快,向外至路基坡脚处,剪应变增量逐渐降低,同时存在由坡顶延伸至坡脚处滑动面;固化土提升了路基强度,剪应变增量明显减小,路基的滑动面的位置比原土路基滑动面更靠近路基边坡外缘。

9.2.4.4　固化土作为路基填料优势分析

联合修复铬污染土能否用于路基垫层填料,在无毒性浸出基础上,其根本是要满足路基的变形及稳定性要求。数值模拟结果说明,无论位移分析、塑性区分析,还是剪应力和剪应变增量分析,固化土都表现出明显的优势,可作为路基填料使用。

另外,结合研究,从强度指标等角度分析,也具有明显优势,具体分析如下。

① 依据《公路路基设计规范》(JTG D30—2015)[9],CBR(填料最小强度)是评价

252　重金属铬堆存场地土壤-地下水污染控制与修复

路床填料的重要指标。利用 CBR 可以推测相应的土基回弹模量，国内外给出了大量经验公式。Powell 等[10]的试验研究表明，回弹模量与 CBR 值存在如下关系：

$$E = 17.6 \mathrm{CBR}^{0.64} \tag{9.8}$$

根据规范要求，采用式(9.8)计算可知，路基中路床部位的回弹模量不小于 67MPa，上路堤不小于 50MPa，下路堤不小于 36MPa。

由联合修复后的固化土体应力-应变关系曲线可得固化土的模量很高，可达 1080MPa，远大于压实度 96％普通土的模量，表明固化土在结构层和车辆荷载作用下变形会很小。

② 联合修复后固化土体无侧限抗压强度达 12.66MPa，远大于压实度 96％普通土的强度。

③ 从干湿循环和冻融循环耐久性来看，联合修复后的固化土具有较强的耐久性，满足作为路基填料使用的要求。

相比而言，原污染土不仅含有有毒污染物，而且回弹模量、抗压强度都较差，无法与固化土相比。

参考文献

[1]　赵万有，郑玉兰，关连微．铬渣对地下水、土壤、蔬菜污染机制的研究 [J]．环境保护科学，1994，20（1）：15-19.

[2]　EPA，U. S. A. Handbook on Treatment of Hazardous Waste Leachate [S]．PB87-152328/REB，1987.5-8.

[3]　任欣，刘丸平，刘金洁，等．铬（Ⅵ）在粘土衬层中迁移转化的研究 [J]．环境科学研究，1994，7（4）：25-30.

[4]　李季．铬渣山的危害 [J]．新农业，1989（11）：1-2.

[5]　孙萍．铬渣的防渗堆放 [C] //中国金属学会．冶金循环经济发展论坛，2008：322-323.

[6]　刘长河，兰铁刚．铬渣堆场地下混凝土防渗墙技术及应用 [J]．无机盐工业，2005，37（3）：45-47.

[7]　菲利普·B·贝蒂恩特．地下水污染迁移与修复 [M]．施周等译．北京：中国建筑工业出版社，2010.

[8]　刘波，韩彦辉．FLAC 原理、实例与应用指南 [M]．北京：人民交通出版社，2005.

[9]　JTG D30—2015 公路路基设计规范 [S]．

[10]　邢庆涛．湖淤积高液限粘土用作路基填料的物理力学特性研究 [D]．济南：山东大学，2015.

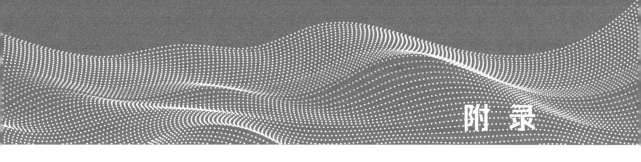

附　录

铬渣污染治理环境保护技术规范（暂行）

（HJ/T 301—2007）

1　适用范围

本标准适用于铬渣的解毒、综合利用、最终处置及这些过程中所涉及的铬渣的识别、堆放、挖掘、包装和运输、贮存等环节的环境保护和污染控制，铬渣解毒产物和综合利用产品的安全性评价，以及环境保护监督管理。

本标准适用于有钙焙烧工艺生产铬盐产生的含铬废渣。对其他铬盐生产工艺产生的含铬废渣以及其他含六价铬固体废物的处理处置参照本标准执行。

2　原则

2.1　环境安全第一。在铬渣污染治理中，以铬渣无害化处置为第一目标，在铬渣处理处置过程中防止产生二次污染，不提倡使用有毒有害物质。任何解毒工艺必须与综合利用或最终处置工艺结合，保证铬渣污染治理全过程环境安全。

2.2　在确保不产生二次污染的前提下，鼓励对铬渣进行综合利用。

2.3　确保铬渣综合利用产品的长期安全性。

3　规范性引用文件

本标准内容引用了下列文件中的条款。凡是不注日期的引用文件，其有效版本适用于本标准。

GBZ 2 工作场所有害因素职业接触限值

GB 3095 环境空气质量标准

GB 3838 地表水环境质量标准

GB 4915 水泥工业大气污染物排放标准

GB 5750 生活饮用水卫生标准检验方法

GB 5085.3 危险废物鉴别标准　浸出毒性鉴别

GB 6566 建筑材料放射性核素限量

GB 6682 分析实验室用水规格和实验方法

GB 8978 污水综合排放标准

GB 9078 工业炉窑大气污染物排放标准

GB 12463 危险货物运输包装通用技术条件

GB/T 15506 水质　钡的测定　原子吸收分光光度法

GB/T 15555.1-15555.12 固体废物　浸出毒性测定方法

GB 15562.2 环境保护图形标志　固体废物贮存（处置）场

GB/T 16157 固定污染源排气中颗粒物测定和气态污染物采样方法

GB 16889 生活垃圾填埋污染控制标准

GB/T 17137 土壤质量　总铬的测定　火焰原子吸收分光光度法

GB 18484 危险废物焚烧污染控制标准

GB 18597 危险废物贮存污染控制标准

GB 18599 一般工业固体废物贮存、处置场污染控制标准

HJ/T 2 环境影响评价技术规范

HJ/T 19 环境影响评价技术规范　非污染生态影响

HJ/T 20 工业固体废物采样制样技术规范

HJ/T 55 大气污染物无组织排放监测技术规范

HJ/T 91 地表水和污水监测技术规范

HJ/T 164 地下水环境监测技术规范

HJ/T 166 土壤环境监测技术规范

HJ/T 299 固体废物　浸出毒性浸出方法　硫酸硝酸法

HJ/T 300 固体废物　浸出毒性浸出方法　醋酸缓冲溶液法

CJ/T 3039 城市生活垃圾采样和物理分析方法

JT 3130 汽车危险货物运输规则

GSB 08—1337 中国 ISO 标准砂

JC/T 681—1997 行星式水泥胶砂搅拌机

JJG 196—1990 常用玻璃量器检定规程

危险废物经营许可证管理办法（国务院令第 408 号）

道路危险货物运输管理规定（交通部令 2005 年第 9 号）

危险废物转移联单管理办法（国家环境保护总局令第 5 号）

国家危险废物名录（环发〔1998〕89 号）

4　术语和定义

下列术语和定义适用于本标准。

4.1　铬渣

有钙焙烧工艺生产铬盐过程中产生的含六价铬的废渣。

4.2　铬渣的解毒

将铬渣中的六价铬还原为三价铬并将其固定。

4.3　铬渣的干法解毒

在高温下利用还原性物质将铬渣中的六价铬还原为三价铬并将其固定。

4.4　铬渣的湿法解毒

在液态介质中利用还原性物质将铬渣中的六价铬还原为三价铬并将其固定，或利用沉

淀剂使其固定。

4.5　铬渣的综合利用

经过解毒处理的铬渣用作路基材料和混凝土骨料以及用于水泥生产、制砖及砌块、烧结炼铁等。

4.6　铬渣的最终处置

经过解毒处理的铬渣进入生活垃圾填埋场或一般工业固体废物填埋场填埋。

4.7　铬渣的处理处置

铬渣的解毒、综合利用、最终处置及这些过程中所涉及的铬渣的识别、堆放、挖掘、包装、运输、贮存等环节。

4.8　含铬污染物

除铬渣之外的其他沾染铬污染物的固体废物，包括铬污染土壤、渣土混合物、拆解废物、建筑废物、报废设施等。

4.9　铬渣污染场地

铬的污染控制指标超过国家标准要求的土壤与地下水环境，包括铬渣堆放场所下的土地、厂房拆毁场地等及其地下水。

4.10　铬渣的堆放

铬渣在不符合 GB 18597 要求的场地或设施中放置。

4.11　铬渣堆放场所

不符合 GB 18597 要求的铬渣及相关废物放置场地或设施。

4.12　铬渣的贮存

铬渣在符合 GB 18597 要求的场地或设施中放置。

4.13　铬渣贮存场所

符合 GB 18597 要求的铬渣及相关废物放置场地或设施。

5　铬渣的识别

5.1　应根据铬渣堆存状况和环境影响评价结果初步判断铬渣污染场地的范围。

5.2　应根据监测结果确定铬渣污染场地的范围。

5.3　可通过感观判断区分铬渣堆放场所内的铬渣和含铬污染物。

铬渣一般呈松散、无规则的固体粉末状、颗粒状或小块状，总体颜色呈灰色或黑色并夹杂黄色或黄褐色；长时间露天放置后外表明显有黄色物质渗出，下层侧面明显有黄色物质渗出，渗出液呈黄色。

5.4　感官判断不能确定废物属性时，应按照 HJ/T 20 采集样品，并进行鉴别。铬渣的基本特性如下：

（1）按照 CJ/T 3039 现场测定铬渣的密度，一般在 0.9～1.3kg/L 之间；

（2）按照 GB/T 15555.12 测定铬渣的腐蚀性，铬渣的浸出液一般呈碱性；

（3）铬渣的主要化学成分和含量范围见表 1。

表 1　铬渣的主要化学成分和含量

成分	SiO_2	Al_2O_3	CaO	MgO	Fe_2O_3	Cr_2O_3	六价铬
含量范围/%	4～11	6～10	23～35	15～33	7～12	2.5～7.5	1～2

6 铬渣的堆放

6.1 本标准中铬渣的堆放仅限于历史遗存的原铬渣堆放场所,禁止将本标准实施后产生的铬渣放置在铬渣堆放场所。

6.2 应尽量按照 GB 18597 的要求对现有铬渣堆放场所进行改造。

6.3 应按照 GB 15562.2 的要求在铬渣堆放场所的出入口或沿渣场道路旁设立警示标志。

6.4 应采取措施防止铬渣流失,包括:

(1) 铬渣堆放场所应配备专门的管理人员,禁止无关人员和车辆进入铬渣堆放场所,对出入的人员和车辆进行检查和记录;

(2) 铬渣堆放场所内的任何作业应征得管理人员的同意,管理人员应对堆放场所内的所有作业活动进行记录。

6.5 应采取措施防止雨水径流进入铬渣堆放场所,包括:

(1) 设立挡水堰;

(2) 设立雨水导流沟渠,根据情况布设排水设备。

6.6 应采取措施防止或减少铬渣渗滤液排入地面、土壤和水体,防止或减少铬渣粉尘污染空气环境,包括:

(1) 设立收集沟、集液池和集液井;

(2) 将渗滤液收集在容器中;

(3) 将收集的渗滤液返回生产工艺,或进入工业污水处理厂处理后达标排放;

(4) 对堆放场所进行必要的覆盖、遮挡。

7 铬渣的挖掘

7.1 应根据铬渣挖掘后续工作的进度来确定铬渣的挖掘进度和挖掘量,禁止多点任意挖掘。

7.2 挖掘过程中出现硬化的地面、紧密土壤层、岩层与铬渣形成巨大外观反差等情况时可判断为污染场地,不再作为铬渣继续挖掘。

7.3 挖掘时尽量在渣场内对铬渣进行筛分、磨碎等预处理,筛分出的物质应堆放在渣场内。

7.4 以下情况应停止挖掘作业并采取适当防护措施:

(1) 恶劣天气情况,如四级风以上,降水(雨、雪、雾)等气候条件;

(2) 现场积存大量渗滤液或雨水;

(3) 可导致污染扩大的其他情况。

7.5 每天的挖掘作业结束时应打扫现场,保持整洁。

7.6 应对挖掘作业进行详细记录,包括下列内容:

(1) 挖掘时间;

(2) 挖掘量或车次;

(3) 场地特殊情况;

(4) 天气情况;

(5) 安全记录等。

8 铬渣的包装和运输

8.1 严禁将铬渣与其他危险废物、生活垃圾、一般工业固体废物混合包装与运输。

8.2　需要对铬渣进行包装时，其包装应满足下列要求：

（1）满足 GB 12463 的要求；

（2）包装物表面应有标识，标识应包括"铬渣"字样、重量、危害特性、相关企业的名称、地址、联系人及联系方式、发生意外污染事故时的应急措施等内容；

（3）应保证包装完好，如有破损应重新包装或修理加固；

（4）使用过的包装物应经过处理和检查认定消除污染后方可转作其他用途。

8.3　铬渣的运输应遵守 JT 3130 和《道路危险货物运输管理规定》的相关要求。

8.4　铬渣的运输应执行《危险废物转移联单管理办法》。

8.5　铬渣的运输应采用陆路运输，禁止采用水路运输。运输单位应采用符合国务院交通主管部门有关危险货物运输要求的运输工具。

8.6　铬渣的运输应选择适宜的运输路线，尽可能避开居民聚居点、水源保护区、名胜古迹、风景旅游区等环境敏感区。

8.7　运输过程中严禁将铬渣在厂外进行中转存放或堆放，严禁将铬渣向环境中倾倒、丢弃、遗撒。

8.8　铬渣的运输过程中应采取防水、防扬尘、防泄漏等措施，在运输过程中除车辆发生事故外不得进行中间装卸操作。

8.9　在铬渣的堆放、解毒和综合利用场所内，应保证铬渣的装卸、转运作业场所粉尘浓度满足 GBZ 2 的要求。

8.10　铬渣的装卸作业应遵守操作规程，做好安全防护和检查工作。卸渣后应保持车厢清洁，污染的车辆及工具应及时洗刷干净。洗刷物与残留物应处理后达标排放或安全处置，不得任意排放。

9　铬渣的贮存

9.1　铬渣贮存场所的设计、选址、运营、监测、关闭应符合 GB 18597 的相关要求，并与地区危险废物处理设施建设规划一致。

9.2　铬渣贮存场所应设置防护设施如围墙、栅栏，按照 GB 15562.2 的要求设置警示标志，并配备应急设施和人员防护装备。

9.3　铬渣在集中式贮存设施中应单独隔离存放，禁止与其他生产原料或废物混合存放。

9.4　铬渣的贮存不得超过一年。

9.5　铬盐生产企业和铬渣处理处置及综合利用企业的铬渣周转场地应遵循本标准的要求。

10　铬渣的解毒

10.1　铬渣的干法解毒

10.1.1　干法解毒设施应配备自动控制系统和在线监测系统，以控制转速（回转窑）、进料量、风量、温度等运行参数；并在线显示运行工况，包括气体的浓度、风量、温度、设施各位置的气体浓度等。

10.1.2　应根据铬渣成分确定还原剂的用量，铬渣与还原剂应在进入解毒设施之前混合均匀。

10.1.3　采用回转窑进行干法解毒时，为保证还原气氛，应控制进入回转窑的空气量，确保窑气中的 CO 和 O_2 含量有利于高温还原反应的进行。

窑内高温区的温度不应低于 850℃，窑尾的温度尽量控制在 350～450℃ 之间。

应保证铬渣在窑内充分的停留时间，不应低于 45min。

10.1.4　出窑的铬渣应在密闭状态下立即使用水淬剂进行降温，使之迅速冷却。水淬剂一般选择 $FeSO_4$ 溶液，浓度不宜低于 0.3g/L。

10.1.5　干法解毒设施应配备脱硫净化装置和除尘装置，并对尾气中的粉尘、SO_2 和 CO 浓度进行在线监测。

10.1.6　铬渣干法解毒设施的大气污染物排放应满足表 2 的要求（该要求亦见附录 D），排放气体的分析方法按照 GB 18484 进行。

表 2　铬渣干法解毒设施的大气污染控制指标限值

污染控制指标	烟气黑度 /（林格曼级）	烟（粉）尘 /（mg/m³）	CO /（mg/m³）	SO_2 /（mg/m³）	铬及其化合物 /（mg/m³）
限值（级别）	1	65	80	200	4.0

10.2　铬渣的湿法解毒

10.2.1　在选择湿法解毒工艺路线时应确保不引入可能造成新的环境污染的物质。

10.2.2　应根据铬渣的成分确定合适的工艺条件，包括铬渣粒度、还原反应的液固比、pH 值，同时应保证充分的反应时间。

10.2.3　固液混合相还原应满足以下要求：

（1）铬渣和酸液的混合反应后物料的 pH 值应小于 5；

（2）根据铬渣的粒度确定酸液和铬渣的液固比；

（3）根据液固比、pH 值确定单次反应时间，应保证足够的反应时间。

10.2.4　固液分离后对液相进行还原应满足以下要求：

（1）二次溶出时铬渣和酸液的混合反应物料的 pH 值控制在 5～6；

（2）酸液和还原剂的加入量应确保酸溶六价铬得到还原。

10.3　铬渣解毒过程中作业场所的粉尘浓度应满足 GBZ 2 的要求（见附录 D）。

10.4　铬渣解毒产生的废水应尽量返回工艺流程进行循环使用。如需要外排时，应进行处理，满足 GB 8978 的要求（见附录 D）后排放。

10.5　解毒后的铬渣，必须满足其后续处理处置的相应要求。如不满足则应重新进行处理，满足标准后方可进行综合利用或最终处置。

11　铬渣的综合利用

11.1　铬渣的主要综合利用途径包括用作路基材料和混凝土骨料，用于生产水泥、制砖及砌块、烧结炼铁和用作玻璃着色剂。

11.2　铬渣用作路基材料和混凝土骨料

铬渣经过解毒、固化等预处理后，按照 HJ/T 299 制备的浸出液中任何一种危害成分的浓度均低于表 3 中的限值（该要求亦见附录 D），则经过处理的铬渣可以用作路基材料和混凝土骨料。

表3　铬渣作为路基材料和混凝土骨料的污染控制指标限值

序号	成分	浸出液限值/(mg/L)
1	总铬	1.5
2	六价铬	0.5
3	钡	10

11.3　铬渣用于生产水泥

11.3.1　铬渣用于制备水泥生料时，应根据工艺配料的要求确定铬渣的掺加量。铬渣的掺加量不应超过水泥生料质量的5%。

11.3.2　铬渣用作水泥混合材料时，必须经过解毒。解毒后的铬渣按照HJ/T 299制备的浸出液中的任何一种危害成分的浓度均应低于表3中的限值（该要求亦见附录D）。

11.3.3　解毒后的铬渣作为水泥混合材料，其掺加量应符合水泥的相关国家或行业标准要求。

11.3.4　利用铬渣生产的水泥产品除应满足国家或水泥行业的品质标准要求外，还应满足以下要求：

（1）利用铬渣生产的水泥产品经过处理后，按照附录A的方法进行检测，其浸出液中的任何一种危害成分的浓度均应低于表4中的限值（该要求亦见附录D）。

表4　利用铬渣生产的水泥产品的污染控制指标限值

序号	成分	浸出液限值/(mg/L)
1	总铬	0.15
2	六价铬	0.05
3	钡	1.0

（2）利用铬渣生产的水泥产品经过处理后，按照附录B的方法进行检测，其中水溶性六价铬含量应不超过0.0002%（质量分数，该要求亦见附录D）。

（3）利用铬渣生产的水泥产品中放射性物质的量应满足GB 6566的要求（见附录D）。

11.3.5　利用铬渣生产水泥的企业的大气污染物排放应满足GB 4915的要求（见附录D）。

11.4　铬渣用于制砖或砌块

11.4.1　铬渣替代部分黏土或粉煤灰用于制砖及砌块时，必须经过解毒。解毒后的铬渣按照HJ/T 299制备的浸出液中的任何一种危害成分的浓度均应低于表3中的限值（该要求亦见附录D）。

11.4.2　利用铬渣生产的砖及砌块成品经过处理后，按照附录C的方法进行检测，其浸出液中的任何一种危害成分的浓度均应低于表5中的限值（该要求亦见附录D）。

表5　利用铬渣生产的砖及砌块产品的污染控制指标限值

序号	成分	浸出液限值/(mg/L)
1	总铬	0.3
2	六价铬	0.1
3	钡	4.0

11.4.3 利用铬渣生产的砖及砌块禁止用于修建水池。

11.5 铬渣用于烧结炼铁

11.5.1 应根据烧结炼铁产品的需要确定铬渣的掺加量，以满足高炉炼铁质量标准为限。

11.5.2 在铬渣的筛分、转运、配料、进仓、出仓等操作处应设置收尘装置。

11.6 铬渣综合利用作业场所的粉尘浓度应满足 GBZ 2 的要求（见附录 D）。

11.7 利用铬渣烧结炼铁、制砖及砌块的企业的炉窑废气排放应满足 GB 9078 的要求（见附录 D）。

11.8 铬渣综合利用过程中产生的废水应尽量返回工艺流程进行循环使用。如需要外排时，应进行处理，满足 GB 8978 的要求（见附录 D）后排放。

11.9 各种元素浓度的测定方法见表 6。

表 6 浸出液中元素浓度的分析方法

编号	元素	分析方法	标准
1	铬	直接吸收火焰原子吸收分光光度法	GB/T 15555.6
2	六价铬	二苯碳酰二肼分光光度法	GB/T 15555.4
3	钡	原子吸收分光光度法	GB/T 15506

12 铬渣的最终处置

12.1 铬渣进入生活垃圾填埋场

12.1.1 铬渣经过解毒、固化等预处理后，按照 HJ/T 300 制备的浸出液中任何一种危害成分的浓度均低于表 7 中的限值（该要求亦见附录 D），则经过处理的铬渣可以进入符合 GB 16889 的生活垃圾填埋场进行填埋。

表 7 铬渣进入生活垃圾填埋场的污染控制指标限值

序号	成分	浸出液限值/(mg/L)
1	总铬	4.5
2	六价铬	1.5
3	钡	25

12.1.2 进入生活垃圾填埋场的铬渣质量不得超过当日填埋量的 5%。

12.2 铬渣进入一般工业固体废物填埋场

铬渣经过解毒、固化等预处理后，按照附 HJ/T 299 制备的浸出液中任何一种危害成分的浓度均低于表 8 中的限值（该要求亦见附录 D），则经过处理的铬渣可以进入符合 GB 18599 的第二类一般工业固体废物填埋场进行填埋。

表 8 铬渣进入一般工业固体废物填埋场的污染控制指标限值

序号	成分	浸出液限值/(mg/L)
1	总铬	9
2	六价铬	3
3	钡	50

12.3 各种元素浓度的测定方法见表 6。

13 铬渣处理处置的监测与结果判断

13.1 铬渣解毒产物和综合利用产品的监测

13.1.1 铬渣解毒产物和综合利用产品的采样

（1）在铬渣解毒或综合利用产品生产流水线上采取铬渣的解毒产物或综合利用产品样品；

（2）每 8 小时（或一个生产班次）完成一次监测采样；

（3）每次采样数量不应少于 10 份，在 8 小时（或一个生产班次）内等时间段取样；

（4）每份样品的最低采样量为 0.5kg。

13.1.2 采取的每份样品应破碎并混合均匀，按照第 11、12 章的要求进行分析。

13.1.3 监测结果判断

当铬渣解毒产物或综合利用产品的监测结果同时满足以下两个要求时，方可视为合格：

（1）样品的超标率不超过 20%；

（2）超标样品监测结果的算术平均值不超过控制指标限值的 120%。

13.2 铬渣处理处置场所和设施的监测

13.2.1 应在铬渣处理处置前和处理处置过程中对铬渣处理处置场所的土壤和地下水定期进行监测（监测要求见附录 D），作为评价铬渣的处理处置过程是否对土壤和地下水造成二次污染的依据。

13.2.2 铬渣处理处置场所和设施的监测采样方法如下：

（1）颗粒物和气态污染物的采样按照 GB/T 16157 进行；

（2）污水的采样按照 HJ/T 91 进行；

（3）地下水的采样按照 HJ/T 164 进行；

（4）土壤的采样按照 HJ/T 166 进行。

13.2.3 铬渣处理处置场所和设施的监测方法如下：

（1）污染物排放浓度按照相应排放标准规定的监测方法进行；

（2）地下水中六价铬含量的监测按照 GB 5750 进行；

（3）土壤中总铬含量的监测按照 GB/T 17137 进行。

14 铬渣处理处置的污染控制

14.1 铬渣处理处置应制定实施环境保护的相关管理制度，包括下列内容：

（1）管理责任制度：应设置环境保护监督管理部门或者专（兼）职人员，负责监督铬渣处理处置过程中的环境保护及相关管理工作；

（2）污染预防机制和处理环境污染事故的应急预案制度；

（3）培训制度：应对铬渣处理处置过程的所有作业人员进行培训，内容包括铬渣的危害特性、环境保护要求、应急处理等方面的内容；

（4）记录制度：应建立铬渣处理处置情况记录簿，内容包括每批铬渣的来源，数量，种类，处理处置方式，处理处置时间，处理处置过程中的进料速率，监测结果，解毒产物和综合利用产品去向，运输单位，运输车辆和运输人员信息，事故等特殊情况；

(5) 监测制度：应按照第 13 章的要求，对铬渣的处理处置过程和处理处置结果进行监测；

(6) 健康保障制度：应按照国家相关规定定期对铬渣处理处置过程的所有作业人员进行体检；

(7) 资料保存制度：应保存处理处置的相关资料，包括培训记录、处理处置情况记录、转移联单、环境监测数据等。

14.2　铬渣处理处置设施和场所的建设应符合国家相关标准的要求。禁止在 GB 3095 中的环境空气质量功能区对应的一类区域和 GB 3838 中的地表水环境质量一类、二类功能区内建设铬渣处理处置设施和场所。

14.3　铬渣处理处置过程中因铬渣的装卸、设备故障以及检修等原因造成洒落的铬渣应及时清扫和回收。

14.4　收（除）尘装置收集的含铬粉尘应就近进入处理处置的工艺流程，不得随意处置。

14.5　铬渣处理处置的质量控制

14.5.1　连续解毒处理后的铬渣应分班次堆放，间歇解毒处理后的铬渣应分批次堆存，以便取样进行解毒效果的监测。

14.5.2　铬渣解毒产物应按照 13.1 的要求进行监测。如果铬渣解毒产物不满足 13.1 的要求，应对自上次监测合格后至本次监测的全部铬渣重新进行解毒处理，直至满足要求为止。

14.5.3　铬渣综合利用的产品应按照 13.1 的要求进行监测。如果综合利用的产品不满足 13.1 的要求，应对自上次监测合格后至本次监测的全部产品重新进行加工，直至满足要求为止。

14.6　铬渣处理处置企业应每两个月向当地环境保护行政主管部门提交一次监测报告，监测报告将作为地方环境管理部门对铬渣污染治理工作进行监督管理与验收的依据。

14.6.1　监测数据应由获得国家质量监督检验检疫总局颁发的计量认证合格证书的实验室分析取得。

14.6.2　监测数据应包括下列内容：

(1) 按照 14.5 要求测定的质量控制数据；

(2) 按照 13.1、13.2 要求测定的环境监测数据。

14.6.3　铬渣处理处置单位自我监测的最小监测频率（该要求亦见附录 D）为：

(1) 铬渣处理处置场所的空气和废水的监测频率为每个月一次；土壤和地下水的监测频率为铬渣处理处置活动开始前监测一次，之后每年一次。

(2) 铬渣干法解毒设施尾气的监测频率为每 3 个月一次（第 10.1.5 条中规定的在线监测项目应保存在线监测结果以备当地环境保护行政主管部门检查）。

(3) 铬渣解毒量大于（含等于）500t/月的，每解毒 500t 对解毒产物进行 1 次监测；铬渣解毒量小于 500t/月的，每个月对解毒产物进行 1 次监测。

(4) 铬渣综合利用设施尾气的监测频率为每 2 个月一次（铬及其化合物的监测频率为每 6 个月一次）。

(5) 铬渣综合利用产品产量大于（含等于）1 万吨/月的，每生产 1 万吨对综合利用产品进行 1 次监测；铬渣综合利用产品产量小于 1 万吨/月的，每个月对综合利用产品进行 1 次监测。

利用铬渣生产的水泥产品的放射性物质的量每年监测一次。

14.7 铬渣处理处置过程结束后，应向当地环境保护行政主管部门提交铬渣处理处置总结报告，应包括以下材料：

(1) 危险废物转移联单；

(2) 处理处置情况记录；

(3) 监测报告；

(4) 其他相关材料。

15 铬渣污染治理的环境管理

15.1 铬渣污染调查

15.1.1 铬渣污染治理项目实施前，应进行铬渣污染调查。调查前应制定调查方案，内容包括调查方法、调查表格设计、调查步骤和调查内容等。

15.1.2 调查方法包括现场勘察及取样分析、查阅档案资料、走访知情人等。

15.1.3 调查表格应包括调查内容中所要求的相关信息。

15.1.4 调查步骤应包括：

(1) 了解铬渣产生企业的背景资料；

(2) 现场调查与采样，包括铬渣、土壤、地下水和附近水源地（如饮用水井、池塘、水渠、河流、湖泊等）样品；

(3) 走访企业职工，了解铬渣产生情况与去向；

(4) 走访企业周围常住居民，了解铬渣产生情况与去向；

(5) 查阅地方企业经济统计资料；

(6) 完成现场调查表；

(7) 分析样品；

(8) 调查总结。

15.1.5 调查内容应包括：

(1) 铬盐的生产工艺、生产规模、生产年限、历年铬盐生产量、销售量；

(2) 铬渣年产生量、历年铬渣产生总量、其他含铬废物量；

(3) 铬渣堆存方式、堆存位置、占地面积、堆存量；

(4) 铬渣处理处置的方式和数量；

(5) 铬渣污染现状；

(6) 其他相关记录。

15.1.6 调查结束时应提交调查报告，调查报告应作为铬渣污染治理方案的设计依据。

15.1.7 现场调查过程中应采取必要的安全防护措施。

15.2 铬渣污染治理方案

15.2.1 铬渣污染治理项目实施前，应制定铬渣污染治理方案。并将治理方案报当地环境保护行政主管部门备案，作为对铬渣污染治理工作进行监督管理与验收的依据。

15.2.2 铬渣污染治理方案应包括以下内容：

(1) 铬渣的数量；

(2) 铬渣污染治理的工艺分析，包括处理方式、处理能力与处理周期；

（3）管理责任制度；

（4）污染预防机制和环境污染事故应急预案；

（5）培训方案；

（6）处理处置情况记录方案；

（7）监测方案；

（8）资料保存方案。

15.3 环境影响评价

15.3.1 在铬渣污染治理项目实施前，应进行环境影响评价。

15.3.2 环境影响评价在满足国家相关法律法规和 HJ/T 2、HJ/T 19 等标准要求的同时，还应包括以下内容：

（1）铬渣处理处置过程中的污染控制要求和具体措施；

（2）铬渣解毒产物和综合利用产品的达标效果评价；

（3）铬渣综合利用产品的长期安全性及其风险评价。

15.3.3 环境影响评价报告的工程分析部分应如实反映铬渣污染治理项目中所使用的原材料、工艺等信息。

15.4 应对处理处置的全过程进行监督管理，监督管理工作报告作为对铬渣污染治理工作进行验收的依据。

15.4.1 铬渣的挖掘、包装与运输过程的监督管理应包括：

（1）挖掘量与识别出的铬渣量的一致性；

（2）挖掘现场的环境监测数据；

（3）危险废物转移联单；

（4）相关记录。

15.4.2 铬渣解毒过程的监督管理应包括：

（1）铬渣解毒设施的运行状况及相关记录；

（2）铬渣解毒过程污染控制设施的运行状况及相关记录；

（3）铬渣解毒产物的监测与企业自我监测数据；

（4）铬渣解毒场所和设施的监测与企业自我监测数据。

15.4.3 铬渣综合利用过程的监督管理应包括：

（1）铬渣综合利用企业设施的运行状况及相关记录；

（2）铬渣综合利用过程污染控制设施的运行状况及相关记录；

（3）铬渣综合利用产品的监测与企业自我监测数据；

（4）铬渣综合利用场所和设施的监测与企业自我监测数据。

15.4.4 环境管理部门的监测频率（该要求亦见附录 D）为：

（1）铬渣处理处置场所的空气和废水的监测频率为每 6 个月一次；土壤和地下水的监测频率为铬渣处理处置活动开始前监测一次，之后每年一次。

（2）铬渣干法解毒设施尾气的监测频率为每 4 个月一次（烟气黑度、铬及其化合物的监测频率为每 6 个月一次）。

（3）铬渣解毒产物的监测频率为每 3 个月一次。

（4）铬渣综合利用设施尾气和产品的监测频率为每 6 个月一次（铬及其化合物的监测

频率为每 12 个月一次）。

15.5 铬渣污染治理的验收

15.5.1 铬渣污染治理工作结束后应进行验收。

15.5.2 铬渣污染治理的验收应包括以下内容：

（1）污染治理方案；

（2）环境影响评价报告；

（3）处理处置总结报告；

（4）监督管理工作报告。

附录 A 利用铬渣生产的水泥产品中重金属浓度的测定方法（略）

附录 B 水泥中水溶性六价铬的测定 二苯碳酰二肼分光光度法（略）

附录 C 利用铬渣生产的砖及砌块产品中重金属的测定方法（略）

附录 D 铬渣处理处置的监测内容汇总表

附录 D 铬渣处理处置的监测内容汇总表

<table>
<tr><th colspan="2" rowspan="2">处理处置环节</th><th rowspan="2">监测对象</th><th rowspan="2">监测指标</th><th rowspan="2">指标限值</th><th colspan="2">最小监测频率</th></tr>
<tr><th>处理处置单位自我检测</th><th>环境管理部门监测性监测</th></tr>
<tr><td colspan="2" rowspan="5">铬渣处理处置场所</td><td rowspan="2">作业场所空气</td><td rowspan="2">粉尘</td><td>TWA:8mg/m^3</td><td rowspan="2">每个月 1 次</td><td rowspan="3">每 6 个月 1 次</td></tr>
<tr><td>STEL:10mg/m^3</td></tr>
<tr><td>废水</td><td>总铬</td><td>1.5mg/m^3</td><td>每个月 1 次</td></tr>
<tr><td>土壤</td><td>总铬</td><td rowspan="2">监测指标含量在铬渣处理处置后不应增加</td><td rowspan="2">铬渣处理处置活动开始前监测一次，之后每年 1 次</td><td rowspan="2">铬渣处理处置活动开始前监测一次，之后每年 1 次</td></tr>
<tr><td>地下水</td><td>六价铬</td></tr>
<tr><td colspan="2" rowspan="5">铬渣的干法解毒</td><td rowspan="5">设施尾气</td><td>粉尘</td><td>65mg/m^3</td><td rowspan="3">在线监测，保存检测结果备当地环境保护行政主管部门检查</td><td rowspan="3">每 4 个月 1 次</td></tr>
<tr><td>SO_2</td><td>200mg/m^3</td></tr>
<tr><td>CO</td><td>80mg/m^3</td></tr>
<tr><td>烟气黑度（林格曼级）</td><td>1</td><td rowspan="2">每 3 个月 1 次</td><td rowspan="2">每 6 个月 1 次</td></tr>
<tr><td>铬及其化合物</td><td>4mg/m^3</td></tr>
<tr><td rowspan="9">铬渣解毒的产物</td><td>用作路基材料和混凝土骨料</td><td rowspan="3">浸出液</td><td>总铬</td><td>1.5mg/L</td><td rowspan="9">铬渣解毒量大于（含等于）500t/月的，每解毒 500t 监测 1 次；铬渣解毒量小于 500t/月的，每个月监测 1 次</td><td rowspan="9">每 3 个月 1 次</td></tr>
<tr><td>用作生产水泥的混合材料</td><td>六价铬</td><td>0.5mg/L</td></tr>
<tr><td>用于制砖和砌块</td><td>钡</td><td>10mg/L</td></tr>
<tr><td rowspan="3">进入生活垃圾填埋场</td><td rowspan="3">浸出液</td><td>总铬</td><td>4.5mg/L</td></tr>
<tr><td>六价铬</td><td>1.5mg/L</td></tr>
<tr><td>钡</td><td>25mg/L</td></tr>
<tr><td rowspan="3">进入一般工业固体废物填埋场</td><td rowspan="3">浸出液</td><td>总铬</td><td>9mg/L</td></tr>
<tr><td>六价铬</td><td>3mg/L</td></tr>
<tr><td>钡</td><td>50mg/L</td></tr>
</table>

续表

处理处置环节	监测对象	监测指标	指标限值	最小监测频率	
				处理处置单位自我检测	环境管理部门监测性监测
铬渣用于生产水泥	设施尾气	颗粒物	50mg/m³	每2个月1次	每6个月1次
		SO₂	200mg/m³		
		氮氧化物（以 NO₂ 计）	800mg/m³		
		铬及其化合物	4mg/m³	每6个月1次	每12个月1次
	利用铬渣生产的水泥产品浸出液	总铬	0.15mg/L	产品产量大于(含等于)1万吨/月的,每生产1万吨产品监测1次;产品产量小于1万吨/月的,每个月监测1次	每6个月1次
		六价铬	0.05mg/L		
		钡	1.0mg/L		
	利用铬渣生产的水泥产品	水溶性六价铬含量	0.0002%		
		放射性物质的量	满足 GB 6566 的要求	每年1次	—
铬渣用于制砖和砌块	设施尾气	烟(粉尘)	隧道窑: 一级:禁排 二级:200mg/m³ 三级:300mg/m³ 其他窑: 一级:禁排 二级:200mg/m³ 三级:400mg/m³	每2个月1次	每6个月1次
		SO₂	一级:禁排; 二级:850mg/m³ 三级:1200mg/m³		
		铬及其化合物	4mg/m³	每6个月1次	每12个月1次
	利用铬渣生产的制砖和砌块产品浸出液	总铬	0.3mg/L	产品产量大于(含等于)1万吨/月的,每生产1万吨产品监测1次;产品产量小于1万吨/月的,每个月监测1次	每6个月1次
		六价铬	0.1mg/L		
		钡	4.0mg/L		
铬渣用于烧结炼铁	设施尾气	烟(粉尘)	一级:禁排 二级:100mg/m³ 三级:150mg/m³	每2个月1次	每6个月1次
		SO₂	一级:禁排 二级:2000mg/m³ 三级:2860mg/m³		
		铬及其化合物	4mg/m³	每6个月1次	每12个月1次

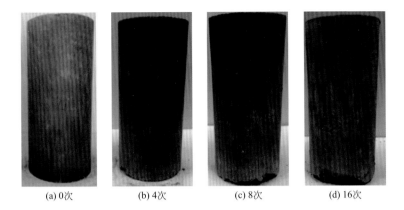

(a) 0次　　　　(b) 4次　　　　(c) 8次　　　　(d) 16次

图 6.40　固化铬污染土试样随干湿循环外观变化

(a) 0次　　　　(b) 4次　　　　(c) 8次　　　　(d) 16次

图 6.50　复合制剂固化铬污染土试样随冻融循环外观变化

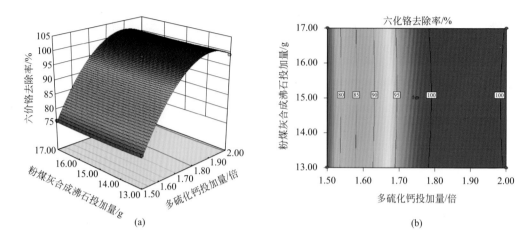

图 7.15　CaS$_x$ 投加量与粉煤灰合成沸石投加量对 Cr(Ⅵ) 去除率影响

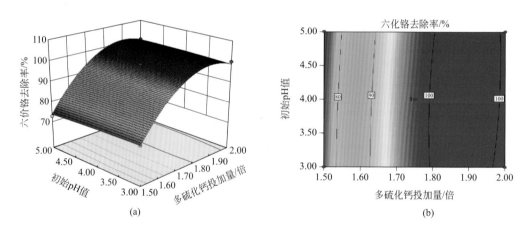

图 7.16　CaS$_x$ 投加量与初始 pH 值对 Cr(Ⅵ) 去除率的影响

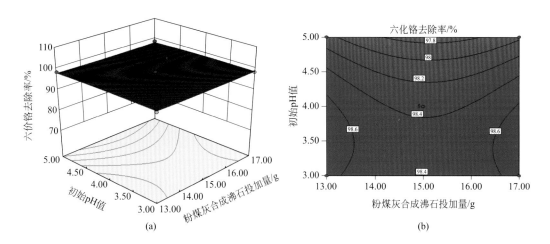

图 7.17　粉煤灰合成沸石投加量与初始 pH 值对 Cr(Ⅵ) 去除率的影响

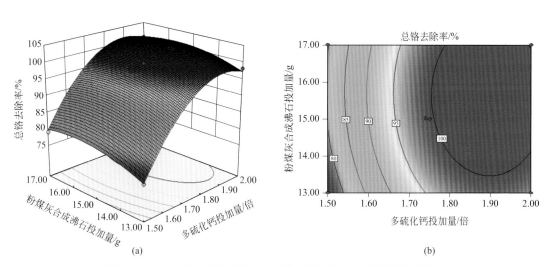

图 7.18　CaS$_x$ 投加量与粉煤灰合成沸石投加量对总铬去除率的影响

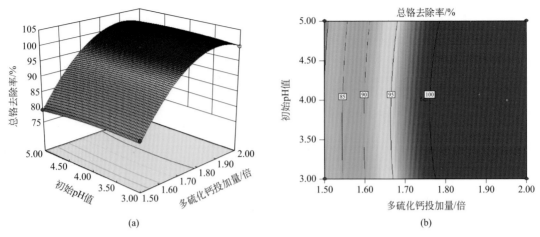

图 7.19 CaS$_x$ 投加量与初始 pH 值对总铬去除率的影响

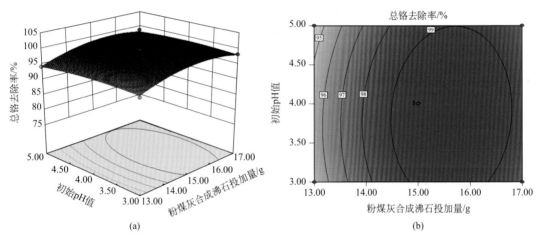

图 7.20 粉煤灰合成沸石投加量与初始 pH 值对总铬去除率影响

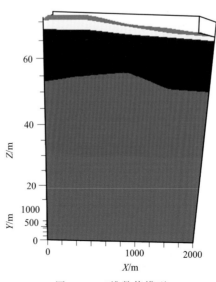

图 9.1 三维数值模型

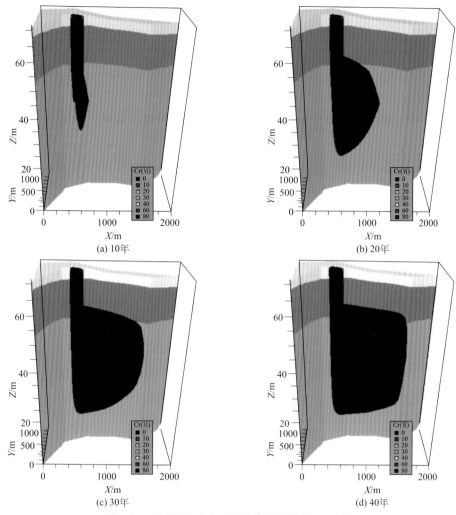

(a) 10年

(b) 20年

(c) 30年

(d) 40年

图 9.10　Cr(Ⅵ) 浓度立面分布图（单位：mg/L）

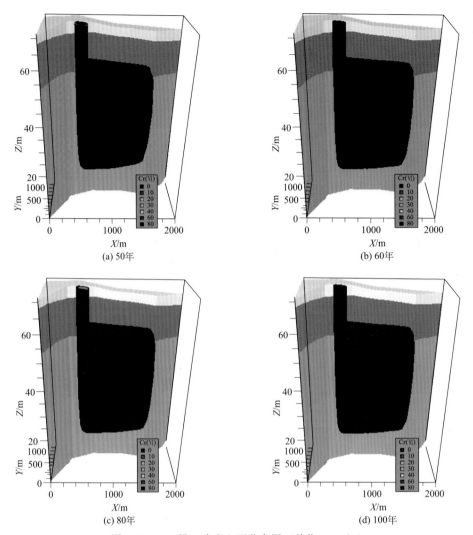

(a) 50年   (b) 60年

(c) 80年   (d) 100年

图 9.16 Cr(Ⅵ) 浓度立面分布图 (单位：mg/L)

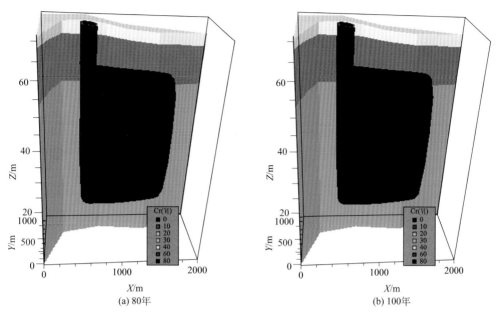

图 9.21 Cr(Ⅵ)浓度立面分布图(单位:mg/L)

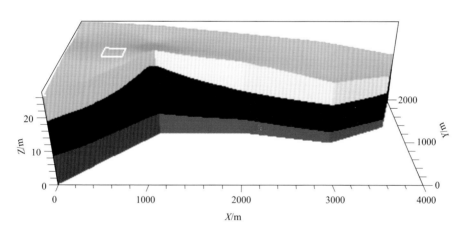

图 9.22 三维数值模型

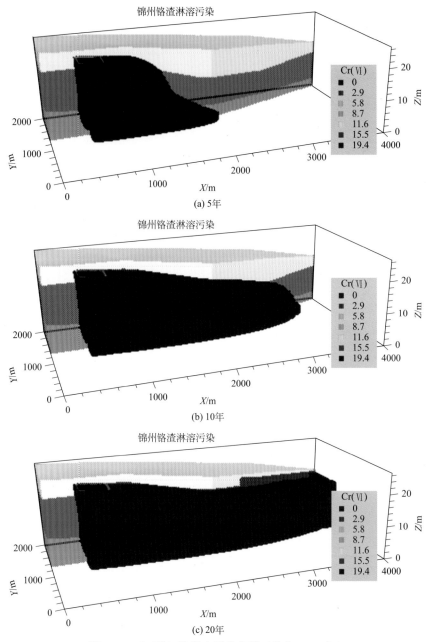

图 9.30　Cr(Ⅵ) 浓度立面分布图（单位：mg/L）

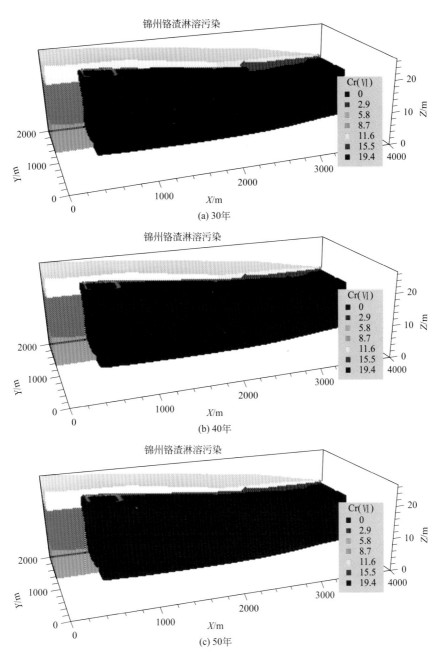

图 9.35 Cr(Ⅵ) 浓度立面分布图 (单位：mg/L)

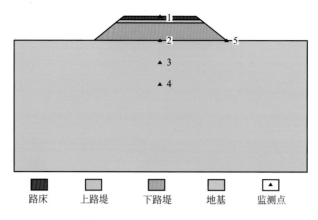

路床　　上路堤　　下路堤　　地基　　监测点

图 9.38　计算模型及监测点布置

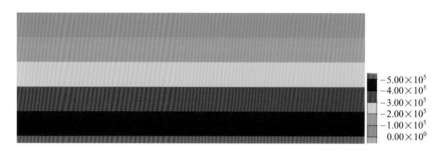

$$-5.00 \times 10^5$$
$$-4.00 \times 10^5$$
$$-3.00 \times 10^5$$
$$-2.00 \times 10^5$$
$$-1.00 \times 10^5$$
$$0.00 \times 10^0$$

图 9.40　地基初始竖向应力云图

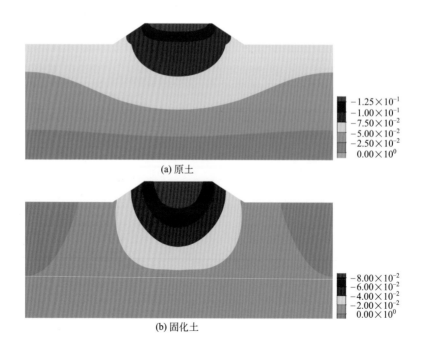

$$-1.25 \times 10^{-1}$$
$$-1.00 \times 10^{-1}$$
$$-7.50 \times 10^{-2}$$
$$-5.00 \times 10^{-2}$$
$$-2.50 \times 10^{-2}$$
$$0.00 \times 10^0$$

(a) 原土

$$-8.00 \times 10^{-2}$$
$$-6.00 \times 10^{-2}$$
$$-4.00 \times 10^{-2}$$
$$-2.00 \times 10^{-2}$$
$$0.00 \times 10^0$$

(b) 固化土

图 9.41　原土与固化土路基沉降量云图

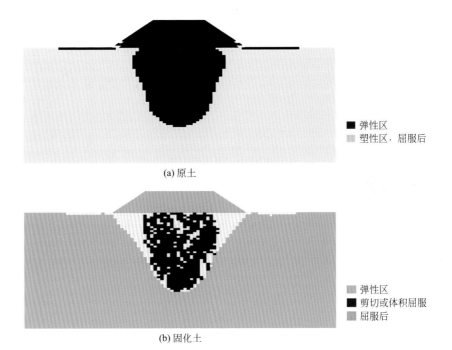

弹性区
塑性区，屈服后

(a) 原土

弹性区
剪切或体积屈服
屈服后

(b) 固化土

图 9.43 原土及固化土塑性区分布

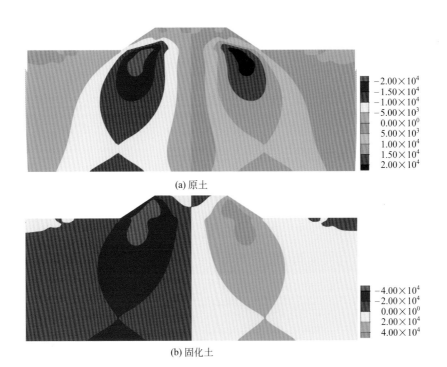

-2.00×10^4
-1.50×10^4
-1.00×10^4
-5.00×10^3
0.00×10^0
5.00×10^3
1.00×10^4
1.50×10^4
2.00×10^4

(a) 原土

-4.00×10^4
-2.00×10^4
0.00×10^0
2.00×10^4
4.00×10^4

(b) 固化土

图 9.44 原土及固化土剪应力云图

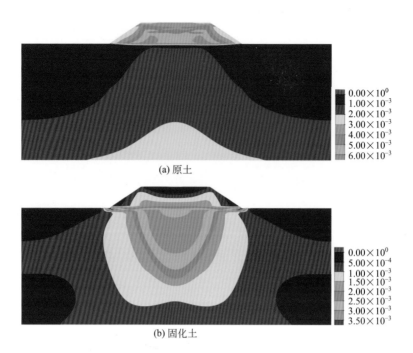

(a) 原土

(b) 固化土

图 9.46 原土及固化土剪应变增量